# 图解室内设计入门

[日本]原口秀昭　著
高向鹏　刘新环　译

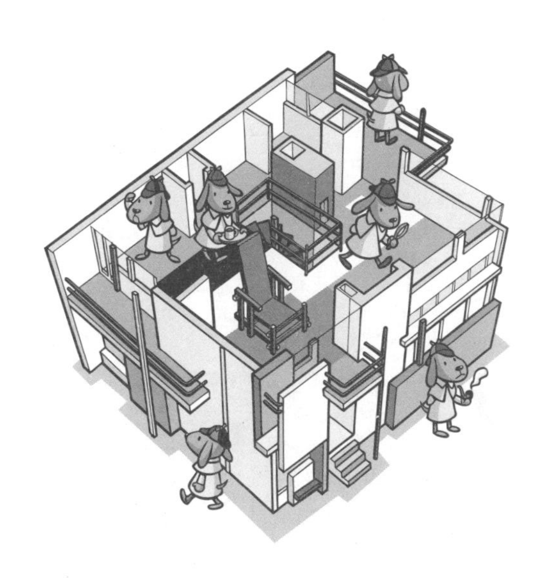

江苏凤凰科学技术出版社 · 南京

江苏省出版局著作权合同登记号　图字：10-2022-61



**图书在版编目（CIP）数据**

图解室内设计入门 / (日) 原口秀昭著；高向鹏，刘新环译. -- 南京：江苏凤凰科学技术出版社，2023.4
ISBN 978-7-5713-3484-0

Ⅰ. ①图… Ⅱ. ①原… ②高… ③刘… Ⅲ. ①室内装饰设计—图解 Ⅳ. ① TU238.2-64

中国国家版本馆 CIP 数据核字 (2023) 第 045855 号

图解室内设计入门

| | |
|---|---|
| 著　　者 | [日本] 原口秀昭 |
| 译　　者 | 高向鹏　刘新环 |
| 项目策划 | 曹　蕾　杨　琦 |
| 责任编辑 | 赵　研　刘屹立 |
| 特约编辑 | 杨　琦 |
| 出版发行 | 江苏凤凰科学技术出版社 |
| 出版社地址 | 南京市湖南路 1 号 A 楼　邮编：210009 |
| 出版社网址 | http：//www.pspress.cn |
| 总 经 销 | 天津凤凰空间文化传媒有限公司 |
| 总经销网址 | http：//www.ifengspace.cn |
| 印　　刷 | 河北京平诚乾印刷有限公司 |
| 开　　本 | 889 mm×1194 mm　1/32 |
| 印　　张 | 9.5 |
| 字　　数 | 152 000 |
| 版　　次 | 2023 年 4 月第 1 版 |
| 印　　次 | 2023 年 4 月第 1 次印刷 |
| 标准书号 | ISBN 978-7-5713-3484-0 |
| 定　　价 | 68.00 元 |

# 前言

笔者在大学的制图室中感受到教学的限制，因此，大约 8 年前，为了学习建筑相关知识，开始使用博客。为了让学生能够多来阅览，常以“图解 + 漫画”的方式上传到网站。一开始是以学生为导向的博客，慢慢地有越来越多业界人士以及经营不动产的人士都来造访我的博客。接着，渐渐地演变成大家会提出意见或建议。于是插图也配合这些读者的意见慢慢改变。如此从博客文章结集出版的“图解入门”系列共有 6 本。除了要感谢出版社予以再版之外，包括韩国、中国等，都陆续引进了版权。

教导学生室内装修设计时，如果只是教“石膏板从哪里来，是什么样的技术”等层面，学生们只会觉得无聊而想睡觉，因此我会从历史上著名建筑师的室内设计开始讲起。学生比较喜欢的是赖特（Frank Lloyd Wright）、麦金托什（Charles Rennie Mackintosh）、高迪（Antoni Gaudi）等人既有质感又留有些许装饰功能的室内设计。密斯 · 凡 · 德 · 罗（Ludwig Mies Van der Rohe）和勒 · 柯布西耶（Le Corbusier）所实现的无装饰空间，以现在的眼光来看是司空见惯的事，没有什么特别有趣的地方。不过在古典主义、哥特式到近代建筑的无装饰的变迁中，可以看出在装饰即将消失的 20 世纪初设计最耀眼的时刻。不依靠样式的抽象装饰，仍保有持续发展的可能，我想今后也会有备受重视的设计。在本书中，以这样的作品为焦点，列举了许多例子进行说明。在日本的室内装修设计中，以现代的室内设计观点来学习宗教建筑，能学到的东西很少，因此我直接将之省略，改以书院造、数寄屋造、民宅、茶室住宅等建筑的内部设计为重点。此外，日本明治之后的样式建筑、近代建筑等，皆是从西方引进的设计，得从西方开始说起，所以还是干脆一并省略。

阅读记载室内设计历史与创作者的著作时，常常是在谈家具的历史或者椅子的历史，但本书不偏重家具，而是包括室内装修设计、家具、空间等，都会用心地讲述室内装修设计的整体内容。结果，说明历史的实例部分占了超过 150 页，这在室内装修设计的书籍中算是相当特别的篇幅。谈完室内装修设计的历史实例后，关于室内装修设计的材料、收口、门窗、门窗的金属构件、窗帘、百叶窗、设备等，可以派上用场的知识都会予以解说。

本书中着墨不多的木造轴组、木材或家具的尺寸等，请参见拙作《图解木结构建筑入门》。另外，若是想取得室内装潢师资格，我想《“室内装潢师试验”超级记忆术》（彰国社）可以作为参考。期待以本书作为契机，让大家能够获得更精准、更深入的相关知识。

原口秀昭

2012 年 7 月

# 目录

**问：**“室内设计”的英文“interior design”中的“interior”是指什么？

**答：**内部、室内的意思。

“in”是表示内侧的词缀，“interior”是内、内部、室内的意思，由此转化为内装、窗帘、百叶窗、家具、照明、餐具等广义的含义。

- 带有“ex”的“exterior”就是外部的意思。建筑中的外装，一般是指阳台、步道、车库、门、围墙、花园等外部结构。
- 人类最早的室内设计或许是从洞窟开始的。除了作为躲避风雨或猛兽的屏障之外，昏暗光线所烘托出的曲线空间，也有点像是待在妈妈腹中的感觉。不管建筑师是不是知道洞窟这件事，都可以将它当作建筑中潜在的或说较具根源性的意象。

**问：** 柱式是什么？

**答：** 起源于古希腊、古罗马的圆柱，依其上下的形式，分为多利克式、爱奥尼亚式、科林斯式等柱式。

多利克式没有基座，是简约而坚固的形式；爱奥尼亚式的特征是柱头有平滑卷纹的优雅形式；科林斯式以复杂的柱头为特征。

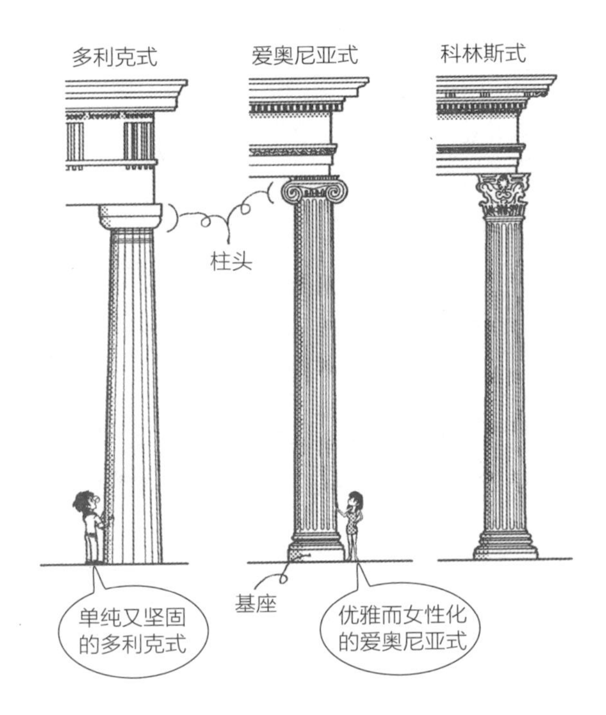


- 除了上述三种形式，还有托斯卡纳式、复合式等。有些情况下需要严格地选择适合的柱式形式，或者另外在基本形式上加入创意的设计。
- 在追求规范的古希腊、古罗马古典主义建筑中，一般都有使用柱式。建筑中说到古典，就是指古希腊、古罗马。所谓古典主义建筑，是以古希腊、古罗马的建筑为典范，包括文艺复兴式、巴洛克式、新古典主义等都是古典主义。

**问：** 檐口是什么？

**答：** 柱式最上部突出的水平带。

柱的上方所承载的水平材整体称为檐部，而在最上方往前突出的水平部分就是檐口。墙壁最上部作为装饰的水平带亦称檐口。

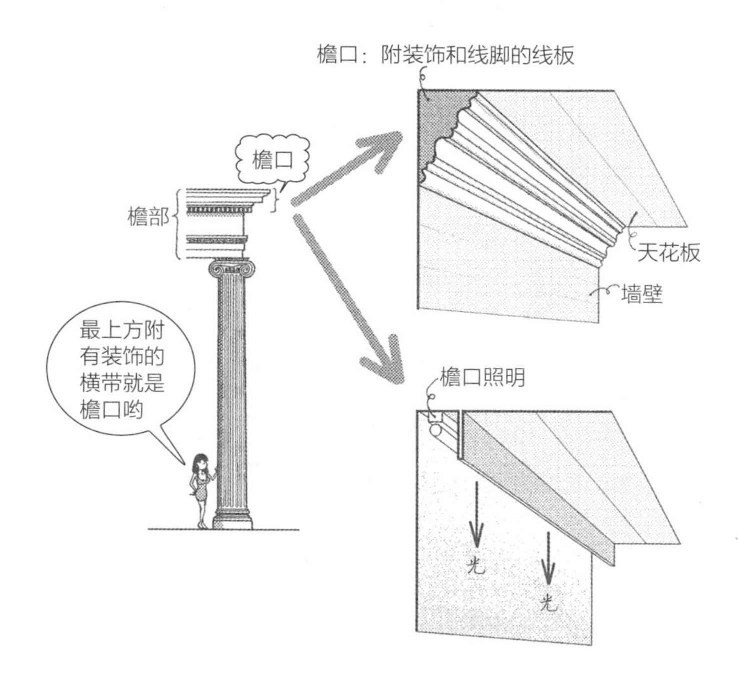


- 装饰在内装墙面与天花板面周围（边缘）的材料为线板，刻上装饰的线板也称为檐口。
- 突出且有装饰的水平带称为线脚。在线脚当中，位于墙壁最上部的就是檐口。
- 所谓檐口照明（线板照明），是指在天花板与墙壁的连接处附近，安装隐藏照明的板材，让光从下方透出的一种照明方式。另外也有在天花板留设凹槽，在槽中安装照明器具的方式。

**问：**线脚是什么?

**答：**突出墙面的装饰水平带。

"mold"是指用模具制造东西，从西方的装饰作法衍生而来的用语。将相同的断面构成连续带状，日文称为"缲形"，即"线脚"之意。"缲"是雕刻使之凹陷的意思。而位于墙壁最上部的线脚就是檐口。

线脚

- 墙壁最上部的横材为线板，最下部的横材为踢脚板。附在线板、踢脚板上的即是线脚。除了用于线板、踢脚板之外，线脚还可以用在许多地方，包括墙壁的中间、柱等。

**问：** 拱、拱顶、穹顶是什么？

**答：** 使用圆弧在墙壁上开设洞口，就形成拱；将拱朝同一方向延伸成隧道状，称为拱顶；把拱旋转成碗状，则是穹顶（dome）。



在砌石或砌砖而成的砌体结构墙壁上开设洞口，可以形成拱。相邻石头之间，只有压力作用。

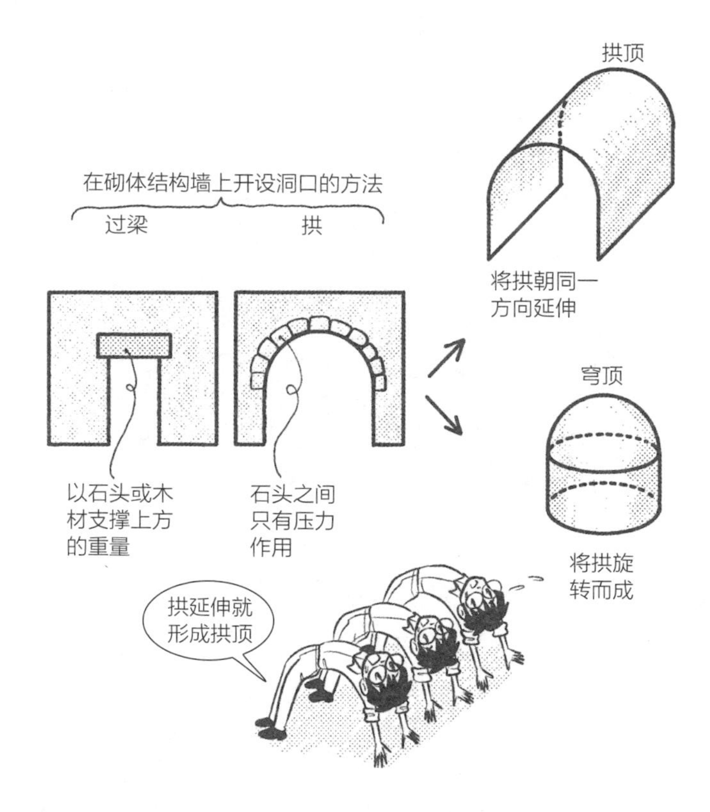


- 以水平放置的石头或木材（过梁）来支撑上方重量的开口方法，会因过梁的大小而有限制。另一方面，拱可以用小石头或砖来堆砌出大型开口。古罗马是建筑物大量使用拱、拱顶、穹顶等结构技术的全盛时期，对于近现代的室内设计影响甚巨。

**问：** 拱顶、穹顶的内面有做成格子状的吗？

**答：** 建筑史上有非常多的实例。

古罗马万神殿的穹顶内面，就是以台阶状的嵌板覆盖的花格顶棚。

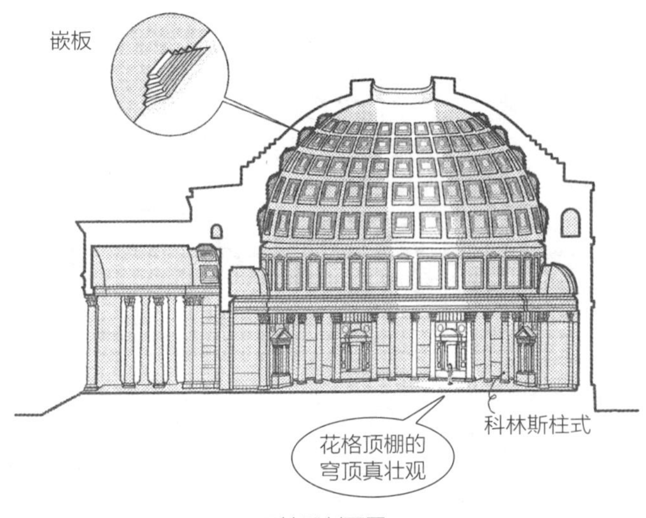


万神殿剖面图

- 各个嵌板皆雕刻成台阶状，为了从下方就可以清楚地看见雕刻形状，以由内而外的凹陷方式雕刻，优点之一是重量随之变轻。在许多古典主义建筑物中，都使用了这样有花格顶棚的穹顶设计。当然，多数拱顶或平面顶棚也会采用花格顶棚的设计方式。
- 万神殿穹顶的高度与宽度相同，为直径约 43 m 的半球状。穹顶以无筋混凝土建造。穹顶自上而下逐渐增厚，如此一来，可以避免向外的张力让穹顶崩坏。万神殿是造访罗马时必看的建筑之一。

**问：** 古希腊、古罗马的古典主义如何演进？

**答：** 文艺复兴 ➞ 矫饰主义 ➞ 巴洛克 ➞ 洛可可。

文艺复兴时期所复兴的古代样式，在往矫饰主义（文艺复兴后期）、巴洛克、洛可可推进的同时，呈现过于激进的状态。为了与之抗衡，严格的新古典主义兴起。后来，为了与过于严格的新古典主义抗衡，又有了新巴洛克的出现。

古典主义的演进（欧洲建筑的保守主流）

- 在欧洲建筑中，古典主义的系统定位为保守主流。从样式的变迁来看，是以单纯与复杂、静态与动态的方式，一来一往，呈现对立的态势。
- 穹顶英文（dome）的语源为拉丁文的“家”（domus），除了圆形顶棚、圆形屋顶，亦有家、屋顶、覆盖顶棚、大教堂之意。

**问：**穹顶内侧与外侧的形状会不一样吗？

**答：**外观与内观的不同，会有双层的设计，通常是为了隐藏结构体，文艺复兴以来有许多这样的实例。

布鲁内莱斯基（Filippo Brunelleschi，1377—1446）设计的圣母百花大教堂（Cattedrale di Santa Maria del Fiore，1436，意大利佛罗伦萨），在八角形的尖头形穹顶内侧，有另一个八角形穹顶，穹顶与穹顶之间藏有拱肋来增加强度。

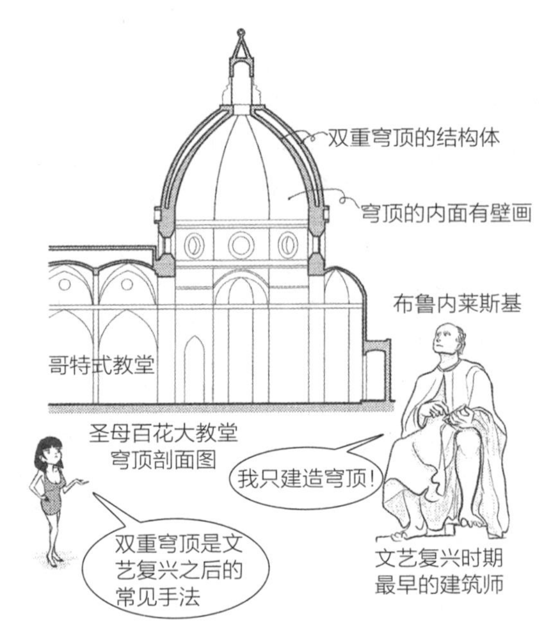


- 文艺复兴（renaissance）在法文中有“再生”之意，文艺复兴运动是中世纪之后的 14—16 世纪自意大利兴起，而后扩展至整个欧洲的运动。在建筑方面，以将古希腊、古罗马的古典、古代样式重新再生和复兴为发展主轴。
- 虽然布鲁内莱斯基只负责穹顶的架构，但结果却获得了文艺复兴时期最早的建筑师的荣耀。
- 穹顶内侧的绘画，是以壁画的技术描绘而成的。先将灰泥涂在墙壁上，在灰泥未干之前以颜料描绘图案，颜料会渗入石灰层中。待灰泥干燥后，表面即形成坚硬而透明的皮膜。

**问：** 有椭圆形的穹顶吗？

**答：** 有，如下图的巴洛克作品等。

博罗米尼（Francesco Borrommini，1599—1667）设计的四泉圣嘉禄堂（San Carlo alle Quattro Fontane，1668，意大利罗马），在蜿蜒墙面的上方就是椭圆形穹顶。

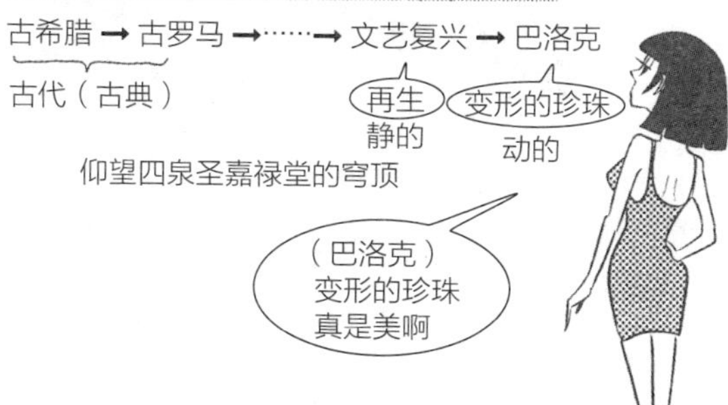


- 巴洛克（baroque）一词源自葡萄牙文，有“变形的珍珠”之意。特征为强调凹凸、波浪、跃动的形状，以及过多的装饰。
- San Carlo 为圣人圣嘉禄之名，Quattro Fontane 则是“四个喷泉”的意思，在教堂矗立的十字路口，四个角落各有一个喷泉。而在椭圆形穹顶上方，刻有于自然光下会浮现几何图形的浮雕，令人叹为观止。

**问：** 穹顶表面会画上错视法画作吗？

**答：** 可见于帕拉第奥（Andrea Palladio，1508—1580）的作品中。

帕拉第奥的圆厅别墅（La Rotonda，1567，意大利维琴察郊外）的墙面、顶棚、柱式的柱和檐部，以及拱等，都画有错视法壁画，借以增加建筑的深度。

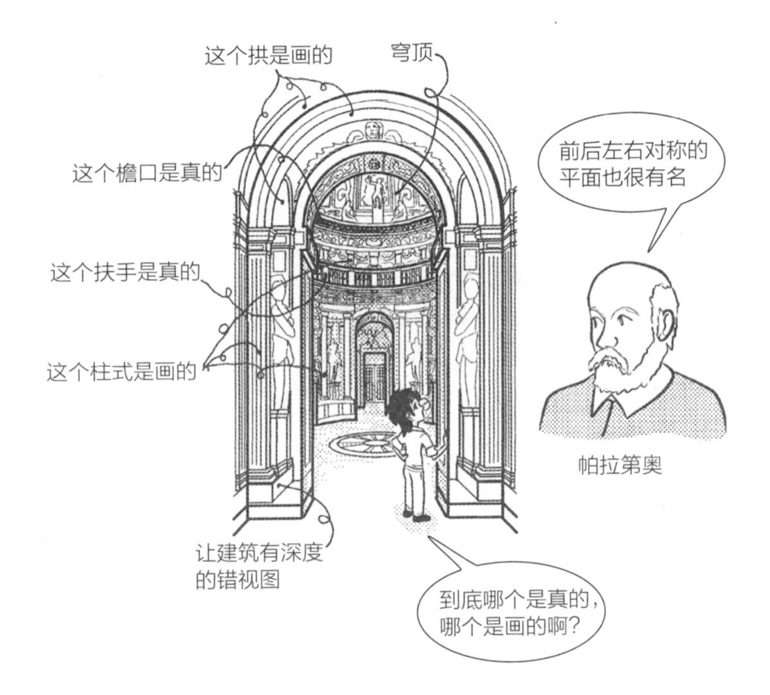


圆厅别墅的圆形大厅

- 意大利文 maniera 原为“技法”之意，利用技法完成的建筑样式，称为矫饰主义（Mannerism）。在文艺复兴全盛时期，古典主义的发展到了强弩之末，因此文艺复兴后期变成了追求技法的时代。如今若提到矫饰主义，大都指使用现有的制作技法，呈现出有些矫揉造作而不真实的意思。
- 在顶棚绘上天空、云朵甚至天使等，在文艺复兴之后相当常见，这种手法可让顶棚看起来像天空一般。然而，在建筑重点部位装饰以错视画的实例仍不多见。

问：有在无嵌板等的平滑穹顶上加上精致装饰的例子吗？

答：如下图，可见于洛可可样式的室内。

居维里耶（Franciois de Cuvillies，1695—1768）设计的阿马林堡镜厅（Hall of Mirrors，Amalienburg，1739，德国慕尼黑），顶棚和墙面布满精致的金色装饰。墙壁不使用柱式，而是以细曲线状框缘作为分段。

阿马林堡的镜厅

- 洛可可式的特征是避开古典的样式，使用纤细的曲线进行微雕装饰，不用柱对墙面进行分段，而是采用曲线的边框。洛可可（Rococo）的语源来自石贝装饰（rocaille），以岩石、贝壳、植物的叶子等作为装饰样式的主题，宫殿本身为高雅的巴洛克式，镜厅或别宫等处采用了纤细的洛可可式。
- 安装在四周的镜子，让精致装饰有了无限延伸的效果。穹顶形顶棚也有非常精致的装饰。这样的室内设计可以让压迫感和庄严感消失，表现出建筑的纤细感。

**问：**花格顶棚穹顶是万神殿以后出现的吗？

**答：**古典主义建筑物中有非常多的实例。

卡尔·弗里德里希·申克尔（Karl Friedrich Schinkel，1781—1841）的新古典主义代表作——老美术馆（Altes Museum，1828，德国柏林）圆形大厅，就是类似万神殿的花格顶棚穹顶。嵌板为两段雕塑，里面再进行雕刻和色彩设计。

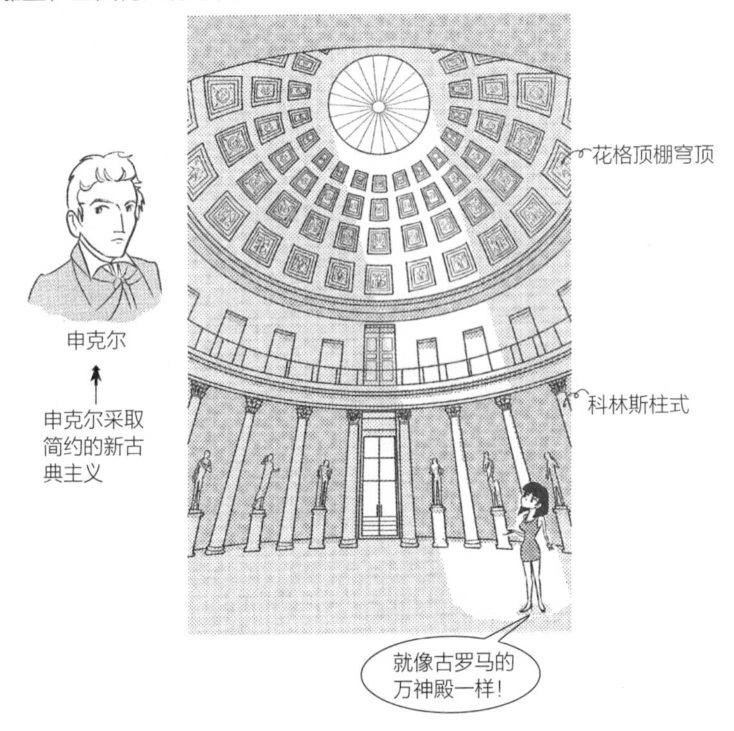


老美术馆的圆形大厅

- 在巴洛克、洛可可等过度装饰的时代之后，从 18 世纪后半叶至 19 世纪初，兴起了新古典主义，严格地以考古学姿态，采用古希腊、古罗马的建筑作为建造范本，为了区别文艺复兴时期的古典主义，因此加上“新”字作为区别。
- 辰野金吾（1854—1919）设计的东京车站（1914），重建后的丸之内口的顶棚就是花格顶棚穹顶。

**问：**有以展示美术作品为主的住宅室内设计吗?

**答：**建筑史上常见于美术爱好者家中。

约翰 · 索恩（Sir John Soane，1753—1837）私宅（1813，英国伦敦）带有穹顶的房间中，美术品展示在挑高三层、直达天花板的狭窄空间。

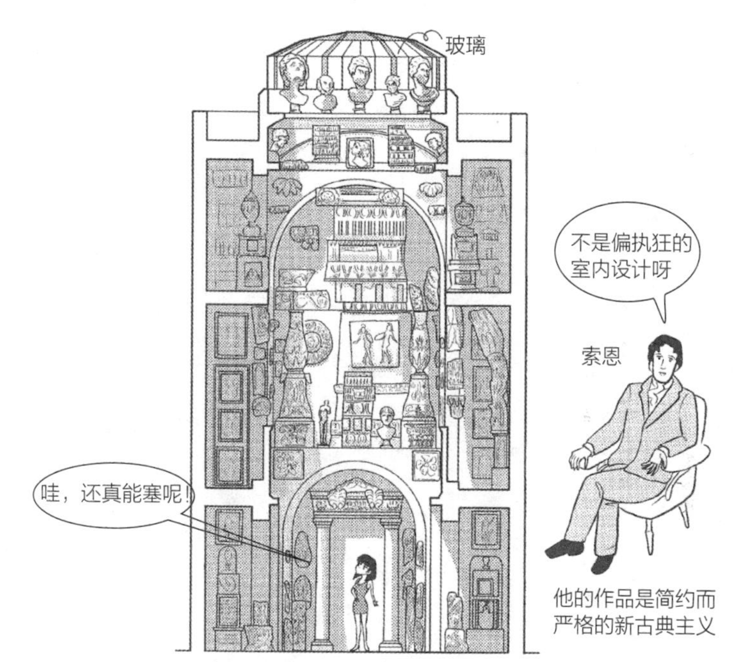


索恩私宅（穹顶）

- 这座宅邸不像美术馆那样以并排的方式展示，而是以立体逐层堆叠法来摆设的，如此一来，房间给人的感觉就像偏执狂般永无止境地延伸。索恩私宅由既存的连栋房屋改造而成，现为开放给公众参观的索恩美术馆，建议到伦敦时务必造访。
- 索恩以建筑师的身份活跃于 18 世纪末兴起的新古典主义运动中，新古典主义采用古希腊、古罗马的柱式，不同于过度装饰的巴洛克、洛可可，是简约又严格的古典主义。他的著名作品包括英格兰银行（Bank of England，1788—1833）的扩建项目。

**问：**有以挑高楼梯为重点的室内设计吗？

**答：**常见于巴洛克时期以后。

查尔斯 · 加尼叶（Charles Garnier，1825—1898）设计的巴黎歌剧院（Opera de Paris，1875），自门厅向上的楼梯挑高空间，高雅风尚的设计正是豪华绚烂的新巴洛克代表作。

巴黎歌剧院

● 歌剧院的门厅在非演出时间也可以参观，内部参观则是预约制。

**问：** 新古典主义与新巴洛克有何不同?

**答：** 相较于新古典主义严格而单纯地复兴古典样式，新巴洛克采取曲线、椭圆、装饰等多样的动态手法来表达繁复的复古风格。

比较申克尔与加尼叶的作品便一目了然。就像文艺复兴 → 巴洛克的进程一样，是由新古典主义 → 新巴洛克发展的。



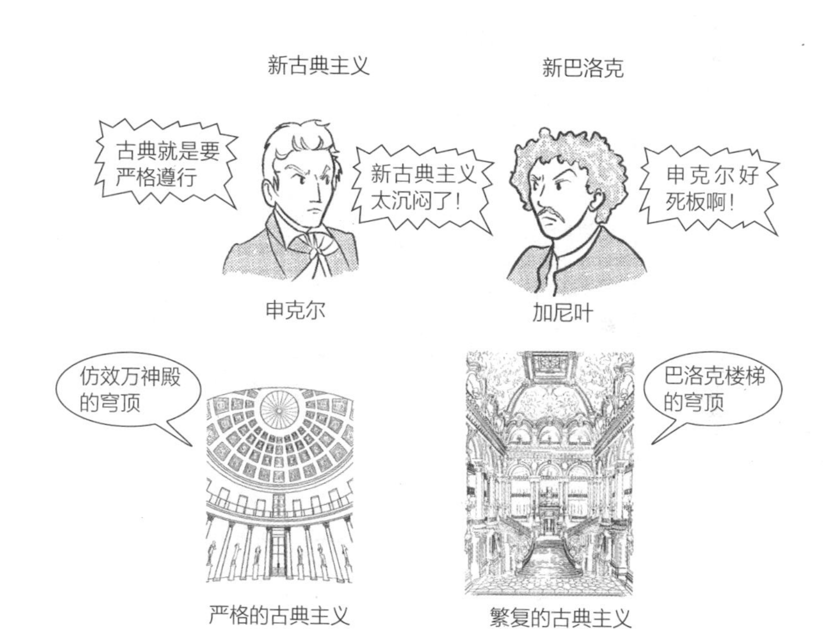

**问：** 欧洲中世纪的建筑样式是什么？

**答：** 罗马式（Romanesque）和哥特式（Gothic）。

古希腊、古罗马与近代的文艺复兴、巴洛克之间，有中世纪的罗马式和哥特式。

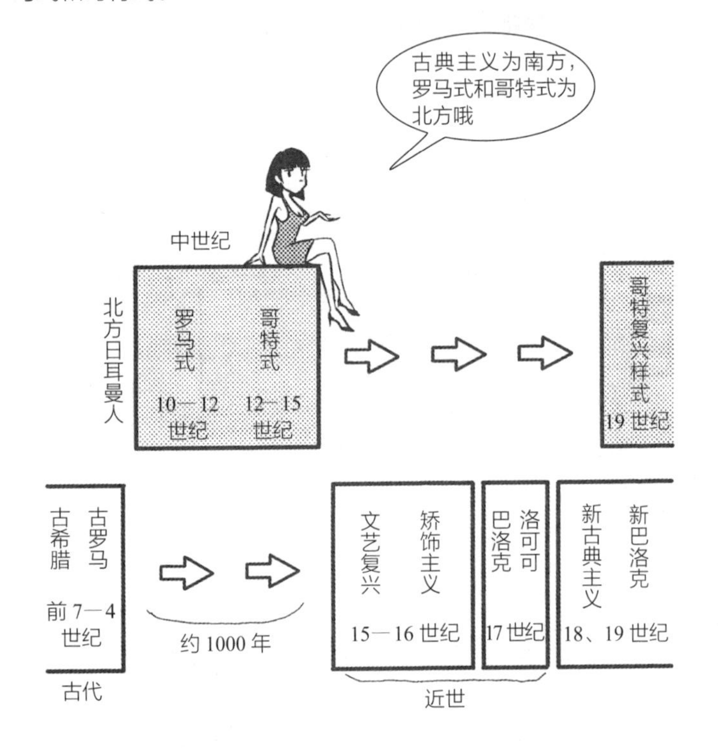


- 罗马式（Romanesque）为“罗马风格”之意，到了罗马帝国后期，成为早期基督教建筑起源的建筑样式。哥特式（Gothic）一词有着“像哥特人一样野蛮”的意思，为罗马式进化的样式。罗马式、哥特式皆是由修道院或教会建筑发展而来的样式。
- 古典主义源自阿尔卑斯山以南及地中海沿岸，在其持续发展的同时，与之相对的中世纪样式则是源于阿尔卑斯山以北。南方为古典主义，北方是中世纪建筑。在此之后的哥特式时期，建造了许多类似英国国会大厦（House of Parliament，1852）的建筑。

问：罗马式的拱是什么形状？

答：多为半圆拱形。

将半圆拱并排为隧道状而成的筒形拱顶，以及将筒形拱顶交叉而成的交叉拱顶，常用于罗马式教堂的天花板。由于交叉拱顶结构不够稳固，故发展出在棱线上装饰拱肋的固定方式。

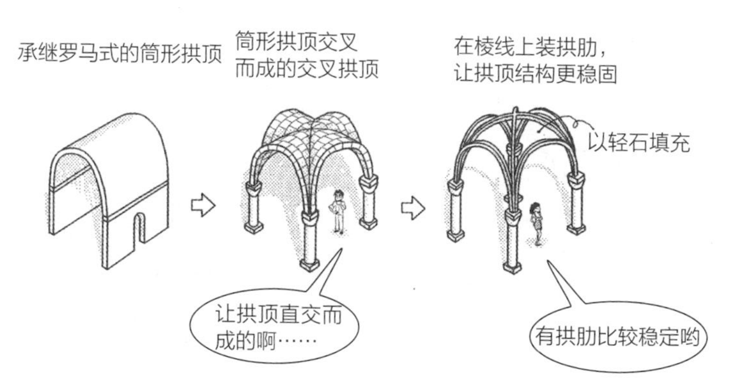


- 半圆拱为罗马式的基本形式，后来在哥特式中大量采用尖拱。
- 在厚墙上开设小型拱时，会形成幽暗的室内空间，看过哥特式大教堂后，再看地方的罗马式建筑，就会感受到由厚墙所打造出的简约又强大的空间感和厚重感，还有光线被限缩后产生的对光源的珍视感。笔者最推荐的造访地点为英国北部的德伦大教堂（Durham Cathedral，11—13 世纪），以及德国中部的玛利亚拉赫大修道院（Maria Laach Abbey，12 世纪）。

**问：** 哥特式的拱是什么形状？

**答：** 前端有尖头的尖拱。

若是以高度相同的半圆拱组成交叉拱顶，其对角线的棱线会形成不稳定的非半圆。要让对角线的棱线成为半圆，其高度必须高于边缘的拱。将前端做成尖拱，除了高度可以平齐之外，结构也比较稳定。

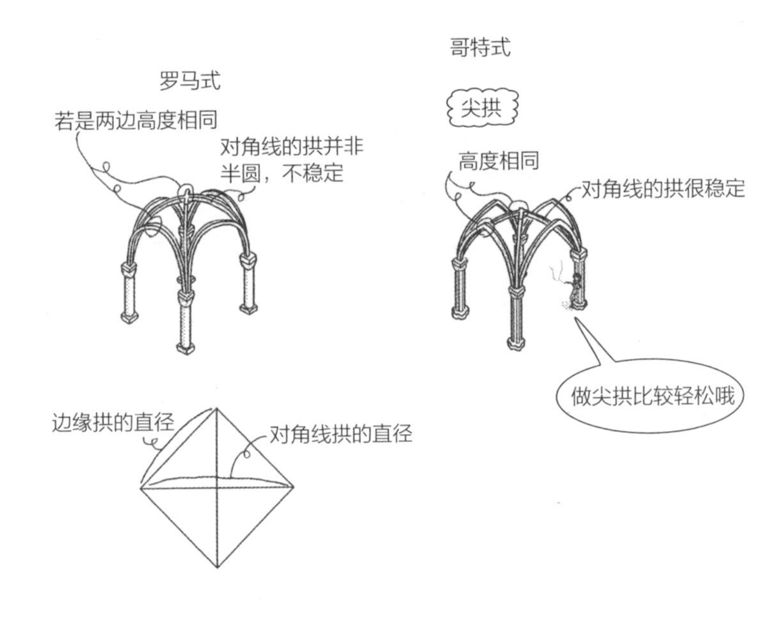


- 哥特式教堂杰作众多，包括巴黎圣母院（Cathédrale Noter Dame de Paris，13 世纪）、巴黎圣礼拜堂（La Sainte-Chapelle，13 世纪）、亚眠圣母大教堂（Cathédrale Notre Dame de Chartres，13 世纪）等，笔者最推荐的是拉昂圣母院（Cathédrale Notre Dame de Laon，13 世纪）。

**问：** 扇形拱顶是什么？

**答：** 如下图，呈扇形的拱顶。

在英国哥特式全盛时期，多为复杂交错线状元素而构成的天花板，如椰叶或扇子形状的拱顶。

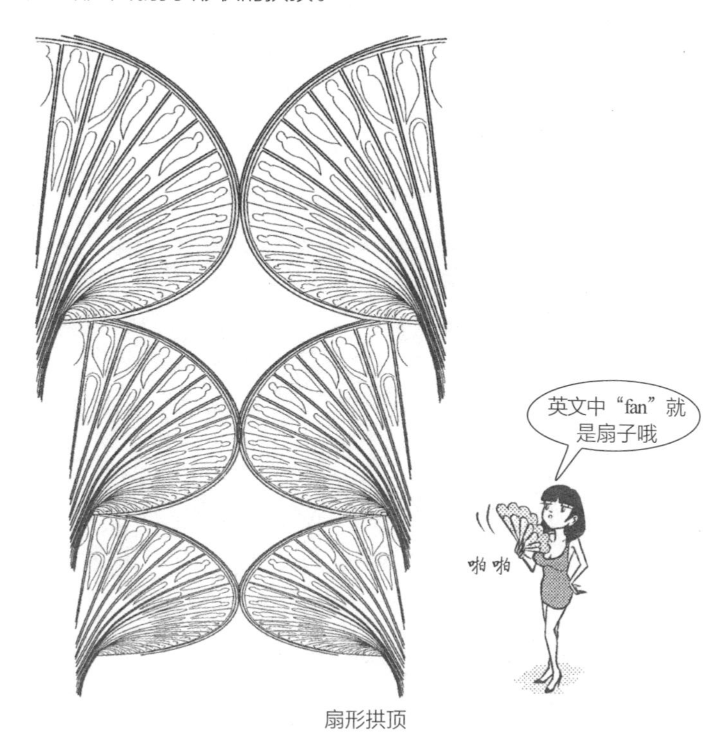


扇形拱顶

- 剑桥的国王学院礼拜堂（King's College Chapel，16 世纪）有非常雄伟的扇形拱顶（fan vault）。
- 哥特式（Gothic）一词有着“像哥特人一样野蛮”的意思，带着有些古怪、令人生畏的造型，相较于放在多晴朗天气的意大利、法国等处，多晦暗天光的英国等地或许更适合这种风格。迪士尼乐园中像是“幽灵公馆”等鬼屋，都是以哥特式建筑为主。19 世纪的英国兴起了哥特复兴运动，让哥特式建筑再次重生。哥特复兴建筑的比例和造型令人咋舌，感觉有些恐怖，与优雅的古典主义不同，充满了特殊的魅力。

**问：** 窗花格是什么？

**答：** 如下图，分割窗户、拱、拱顶的装饰，分枝状的图案。

窗花格从哥特式教堂的窗饰发展而来，其样式随时代而朝纤细、复杂化的方向发展。窗花格与彩色玻璃（stained glass）结合，形成繁复的哥特式之美。

窗花格

- 莫奈画了好几幅著名的鲁昂圣母大教堂（Cathédrale Notre-Dame de Rouen，16 世纪）作品，在其后的圣马可卢教堂（Église Saint-Maclou，16 世纪）就可以看见细致精巧的窗花格。

问：悬挑式拱形支撑是什么？

答：如下图，在从墙壁伸出的水平材上，以斜撑材补强，进而支撑屋顶的架构法。



悬挑式拱形支撑是从中世纪英国教会和庄园领主的宅邸开始发展的架构法。用石头砌筑拱顶成本高且工期长，因此当时的小教会和宅邸的屋顶架构盛行使用悬挑式拱形支撑的建造方式。

- 桁架是以三角形作为组合的结构方式。用石头砌筑成拱顶的大教堂中，屋顶也是以木造桁架作为支撑。现在多用于体育馆屋顶的支撑结构。
- 在庄园领主宅邸中，称为大厅的大空间经常设计成露出屋顶架构的宽阔空间。

**问：** 有以洞窟意象打造的室内设计吗？

**答：** 建筑史上有很多以洞窟意象打造的作品。

---

高迪（Antoni Gaudi，1852—1926）设计的圣家族教堂（Sagrada Familia，1882，西班牙巴塞罗那），幽暗的洞穴感从入口附近一直延伸到内部，感觉就像来到洞窟或钟乳石洞。同样是高迪作品的巴特罗之家（Casa Batllo，1906，西班牙巴塞罗那）和米拉之家（Casa Mila，1907，西班牙巴塞罗那），内部设计也让人联想到洞窟和钟乳石洞。

圣家族教堂入口

- 圣家族教堂的外观融入了哥特式的要素，同时又整个跳脱出来，演变成令人惊叹的造型。关于其设计灵感，也有另一种说法是来自巴塞罗那近郊的蒙特塞拉特（Montserrat）。

问：如何打造洞窟式室内设计？

答：墙壁与天花板之间不设界限，大量使用不规则的曲面和曲线。

下图为高迪设计的巴特罗之家（1906）二楼的中央会客室。从墙壁到天花板式是没有接缝的连续曲面，窗户和家具也使用许多曲线，天花板面以照明为中心而呈涡卷状。

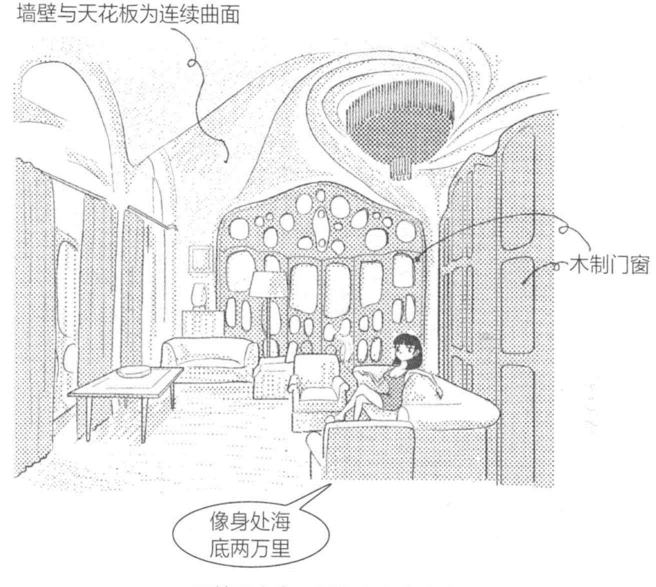


巴特罗之家二层的中央会客室

- 巴特罗之家的内部结构和外立面都曾经过大改造。其室内环境让人不禁联想到海底洞窟的墙面、天花板等，以灰泥制作而成，而墙壁表面则做成像是水面波纹或鱼鳞之类的模样。
- 墙壁和天花板的造型，是在基础上涂抹以熟石灰加入石灰岩粉或黏土混合而成的粉饰灰泥，之后再涂绘出所需的造型。
- 打开上图正面的木制门窗会连接到旁边的房间，右侧的木制门窗则通往祭室。

**问：**可以从建筑结构体中独立出来打造洞窟般的曲面吗？

**答：**相较于将天花板或墙壁从结构体中分离出来，有更多实例是以与结构体一体化的曲面来打造墙壁与天花板的。

巴特罗之家是既存建筑改建，也就是以所谓“装饰体”打造出与结构体之间分离的空间。

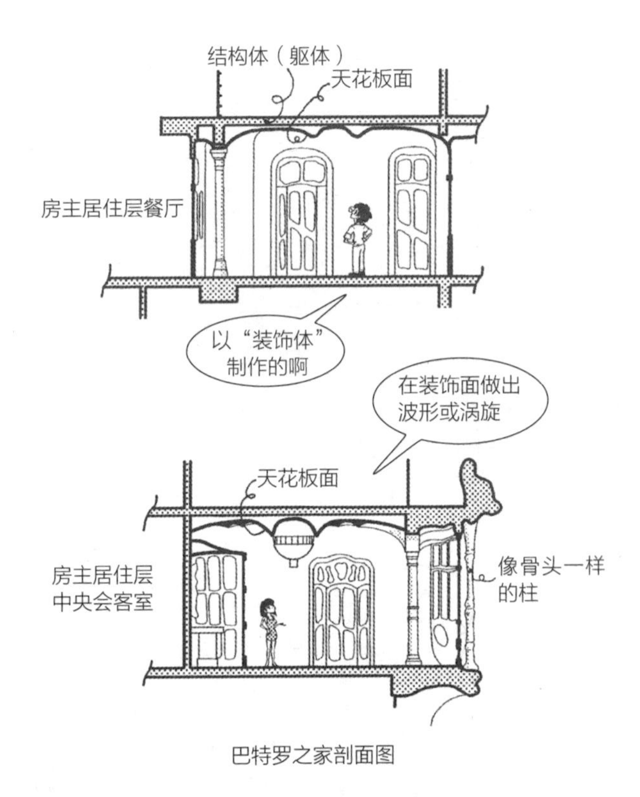


巴特罗之家剖面图

- 高迪的作品经常可见借裸露在外部的拱或拱顶等结构体，来表现洞窟的感觉。
- 建筑史上可以看到很多从结构中独立出来，再制作曲面的作品。自近代开始，建筑师们就倾向于避免营造从结构独立出来的装饰空间。这个概念是考量整体构成的结果。若将室内设计独立出来，是较不适宜的设计方式。

**问：**门扇等的平面方向（水平方向）可以做成蜿蜒起伏状吗？

**答：**如下图，为了呈现曲面的效果，会有蜿蜒起伏的情况。

巴特罗之家的房主居住层中央会客室以木制门窗作为隔断，不仅将立面设计为曲线状，平面方向也蜿蜒起伏，强调出整间房屋如洞窟般布满波浪拍打形成的曲面。

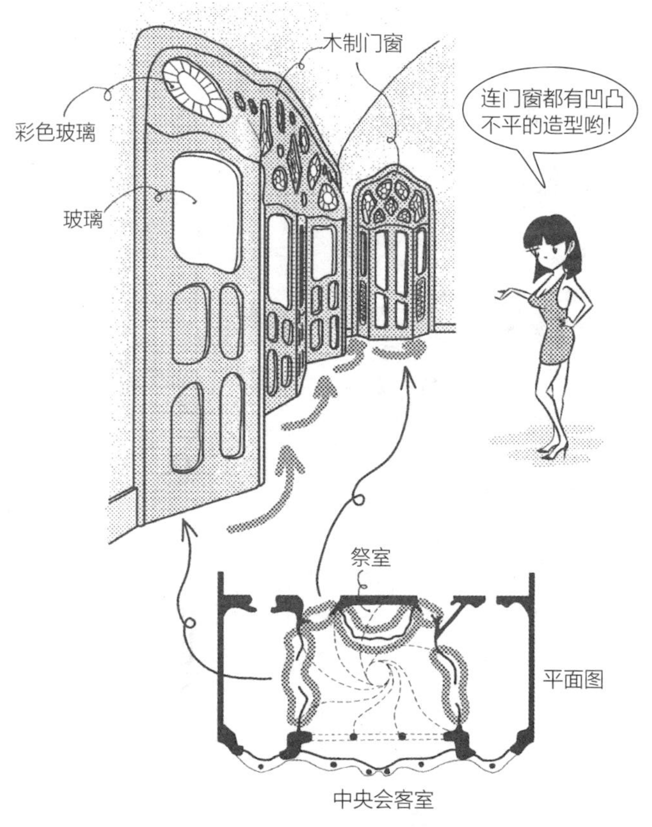


巴特罗之家的房主居住层中央会客室

- 中央会客室的左右为邻房，后方为祭室，由于三面皆为蜿蜒起伏的木制门窗，整个房间的墙壁呈现弯弯曲曲的样子。

**问:** 铁栅门可以设计成曲线形状吗?

**答:** 由于铁容易加工，所以可以设计成平面曲线和立体曲线。

高迪设计的米拉之家（1907，西班牙巴塞罗那）公共空间的入口大门，正如下图般是在平面上敲打出曲线的形状。

米拉之家的公共空间入口

- 米拉之家的入口是焊接铁板所形成的平面，将铁板加以弯折，或是以模具铸造，再进行焊接……高迪的建筑经常以此作为细部装饰。若从内侧看出去，格栅会将街头分隔成各种漂亮的剪影。
- 欧洲建筑物的下层部分经常为了防盗而使用铁格栅，或是配合石块的外观而使用黑色格栅铁窗或格栅门，这些后来都成为重要的设计组成元素。位于巴黎的贝朗榭公寓［Castel Berange，吉马德（Hector Guimard），1898］，其入口处的格栅门，就是著名的新艺术代表作品之一（参见 R063）。

**问：** 有援用骨头的设计吗？

**答：** 高迪的惯用手法。

下图为巴特罗之家通往房主居住层的楼梯。将楼梯侧面的木制饰面板，设计成恐龙脊背的模样。各个零件就像脊椎一样，一个一个分开制作，再连接成一个长形构件。



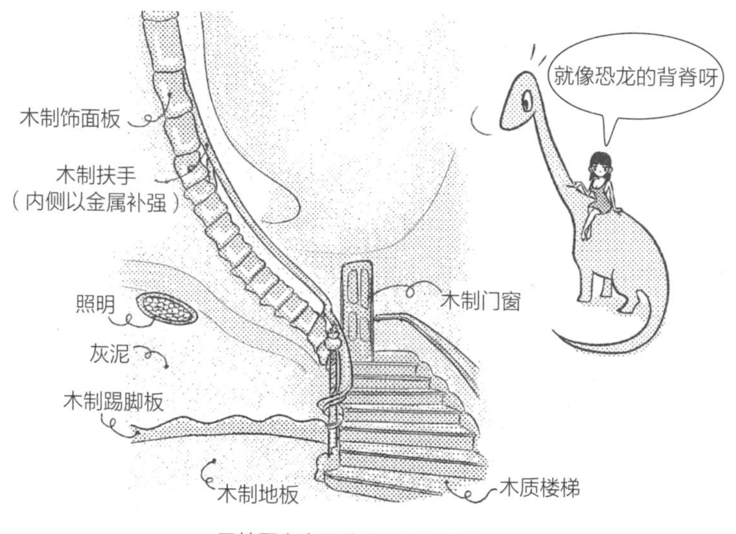


巴特罗之家通往房主居住层的楼梯

- 高迪的骨头设计以巴特罗之家最为著名。在高迪的工作室中，墙壁上悬挂着 50 cm 高的铁制骸骨，除了作为标本之外，同时也是高迪建筑设计或室内设计的灵感来源。
- 在骨关节的设计上，现代常用钢骨铰接，这时就会看到如机器人般的关节设计。

**问：** 凹间是什么？

**答：** 墙壁一部分凹陷的部分，形成一个小房间的空间。

下图为巴特罗之家房主居住层前室中安装壁炉的凹间。这个以瓷砖、陶器、石材等打造出的凹间，就像洞窟中的小洞穴一样。

巴特罗之家的房主居住层
前室壁炉前的凹间

- 凹间（alcove）是以在阿拉伯文中有拱顶之意的“alqobban”为词根，原指墙面上有拱状、拱顶状、穹顶状的凹陷的意思。

**问：** 木制的椅子可以做成曲线、曲面吗？

**答：** 由于木头容易加工，很轻松就能制作成曲面形状。

巴特罗之家的双人座扶手椅，包括座面、椅背、扶手和椅脚等，全部的轮廓都是曲线，而且每个面都是曲面状。由于椅背是用四片木板组合而成，因此表面的木纹呈菱形。

● 椅脚的部分附有样式化设计的曲线。

**问：**可以用瓷砖做出曲面的家具吗？

**答：**多数例子是以小马赛克瓷砖或瓷砖碎拼铺贴而成。

高迪设计的奎尔公园（Park Güell，1914，西班牙巴塞罗那）长椅，就是以色彩鲜艳的瓷砖（陶片）碎拼铺贴而成。

奎尔公园的长椅

- 瓷砖碎拼的马赛克拼贴，是高迪的弟子茹若尔（Josep Maria Jujol，1879—1949）所创造的拼贴样式。
- 马赛克拼贴需要在现场进行施工，根据瓷砖的形状和颜色，一边调整，一边进行拼贴。如今需要石块或瓷砖碎拼的地方，大概只剩下浴室或店铺的墙面了。常见以 25 mm 见方的马赛克瓷砖做曲面拼贴。

**问:** 草原式住宅、美国风住宅是什么?

**答:** 赖特(Frank Lloyd Wright，1867—1959)为自己设计的住宅所命名的风格。

赖特的住宅作品大致可分为前期的草原式住宅与后期的美国风住宅。前期所保有的彩色玻璃等装饰设计，在后期作品中几乎不可见。



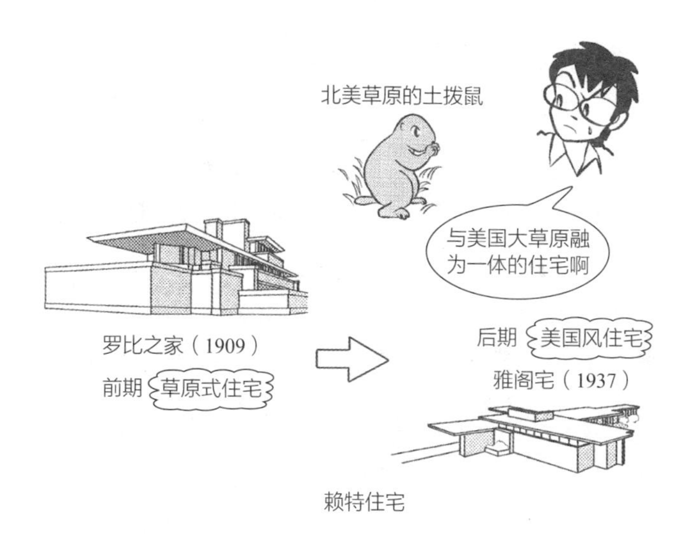


赖特住宅

- 草原式(praitie)一词是大草原的意思，美国风则是从小说中撷取的用语。赖特的前期设计多为大型宅邸，后期则多是以一般家庭为导向设计的小型住宅，称为美国风住宅。
- 赖特热衷于发展生根于大地，与自然融为一体的有机设计方式。“有机设计”是赖特经常提到的词汇，相对于近代建筑中无机的、机械的设计方法，这类建筑设计多使用自然素材，并与自然融为一体。

**问：** 赖特的住宅中的平面中心是什么？

**答：** 壁炉。

威利茨住宅（Willitts House，1902，芝加哥）是十字形平面的典型范例，在中央安装壁炉，壁炉周围是房间，房间之间不以门作为间隔，使其成为暧昧的连续空间。房间的交界处立有纵栅，使人顺着格栅行走的同时，还可以在壁炉侧围合出长椅的安装空间。这就是赖特强调的空间流动感。

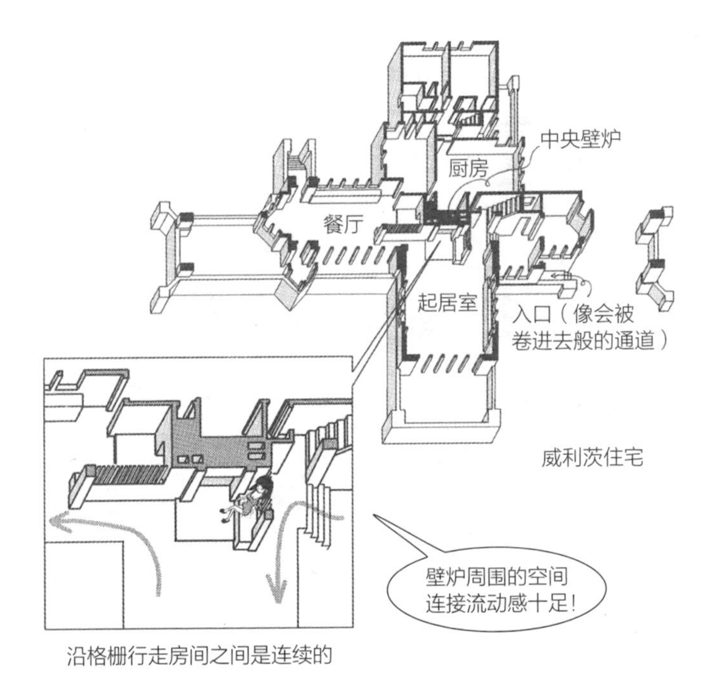


威利茨住宅

沿格栅行走房间之间是连续的

- 无论草原式住宅还是美国风住宅，都有许多将壁炉安装在建筑物平面中心的例子。
- 将壁炉安装在房屋的中心的手法，在 16—18 世纪的美国殖民地时期，也常用在木造箱型建筑。以砖或石头等沉重的大型建材所打造的壁炉，使用后可以保持室内环境的温度。

**问：**如何装饰草原式住宅的墙壁和天花板？

**答：**用木制边沿（镶边饰）或边框等环绕装饰。

罗比之家（Robie House，1909）的柱角附有木框，天花板则有横向的木制边沿，以等间隔方式安装。



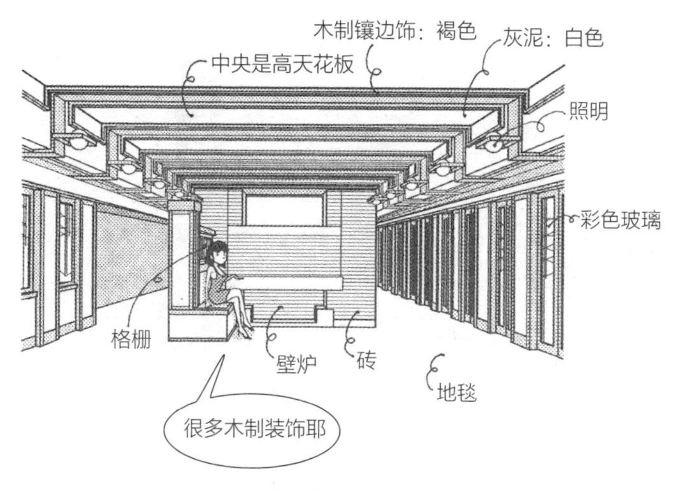


罗比之家的起居室

- 位于美国芝加哥市的罗比之家保存至今，并且开放参观，来到芝加哥绝不能错过。现存的赖特十字形平面的草原式住宅作品，可以入内参观的少之又少，笔者在芝加哥南部的坎卡基（Kankakee），有幸得以进入参观作为餐厅使用的布莱德利住宅（B.Harley Bradley House，1900），不过这已是二十多年前的事了，不知道目前的情况如何。

**问：**赖特设计过不平坦的天花板吗？

**答：**设计过许多具倾斜度的天花板或拱顶天花板等。

赖特的作品超过 400 个，光是天花板就有各种各样的形式。昆利宅［Avery Coonley House，1908，美国伊利诺伊州河滨市（Riverside）］的天花板配合屋顶倾斜，日文称为船底天花板（如船底弧形的天花板）。和罗比之家一样，昆利宅装饰了许多木制镶边饰。

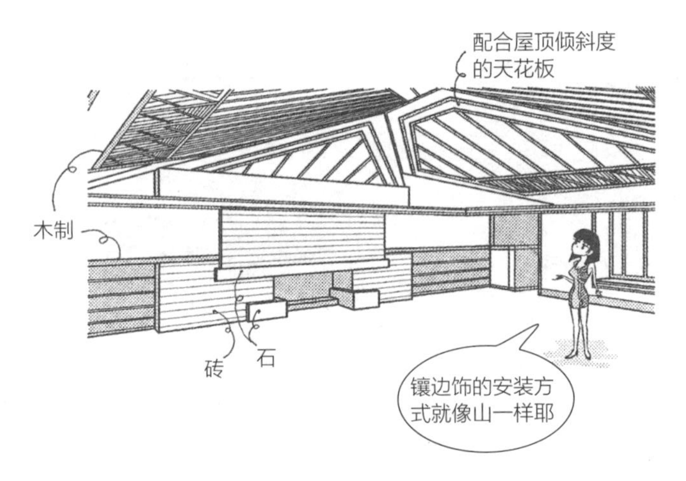


昆利宅的起居室

- 1910 年，在柏林举办的赖特作品展中曾介绍草原式住宅，并在同年出版了赖特作品集。赖特将箱形建筑改变为十字形建筑的设计方式，对欧洲的近代建筑形式带来很大的影响。
- 配合屋顶的倾斜，船底天花板常能得到较高的空间，但与此同时，屋顶的内侧空间随之消失，没有该空间就无法进行换气，夏天的炽热空气会顺着屋顶直接向下传递，让室内变得非常炎热，这是这种设计最大的缺点。因此，使用船底天花板时，必须采取相当缜密的换气对策和隔热对策。

**问：** 赖特设计的彩色玻璃的特征是什么？

**答：** 以直线、斜线、圆形、三角形等的几何学的、抽象的圆形组合而成。

几乎看不到取自具象事物的图案。罗比之家起居室的彩色玻璃是以锐角的斜线组合而成，利用线条疏密程度的不同来形成对比强烈的图案。只在一些重点部位嵌入有色玻璃。

罗比之家起居室的彩色玻璃

- 罗比之家的车库门，就是使用类似彩色玻璃设计的方格门。
- 彩色玻璃经常用于前期的草原式住宅，到了后期的美国风住宅中几乎没有使用。

**问：**赖特使用过圆形装饰吗？

**答：**经常使用。

巴恩斯达尔宅（Aline Barnsdall House，1924，美国洛杉矶）的壁炉，在石头浮雕上使用圆形和三角形做装饰。圆形有强烈的中心性，而且左右对称，但下图中的圆形设计大幅倾向于左侧，形成具现代感的装饰图案。

巴恩斯达尔宅的壁炉

- 巴恩斯达尔宅的外观让人联想到玛雅建筑。日本芦屋市的山邑家住宅（Tazaemon Yamamura House，1918，今为淀川钢铁迎宾馆）也有同样的外观设计。这两个地方都可以入内参观。
- 除了山邑家住宅之外，赖特在日本的作品还有自由学园（Jiyu Gakuen Girls' School，1921，东京）、帝国饭店（Imperial Hotel Tokyo，1923，东京；本馆于 1968 年拆除，现今其正面的一部分已移至名古屋的明治村博物馆保存），都可以入内参观，建议建筑和室内设计相关人士务必造访。

**问：** 赖特会将自然岩石纳入室内设计吗？

**答：** 流水别墅（Fallingwater，1936，美国宾夕法尼亚州的熊溪河畔）的壁炉周围地板上就有岩石突出来，那些岩石在兴建这栋建筑物之前即已存在。

坐落于河畔岩石边的流水别墅，是外观仿佛与自然融为一体的建筑物，室内也有原生的岩石。壁炉是横向砌长形岩石而成，与靠近天花板的棚架相呼应，强调出水平线。



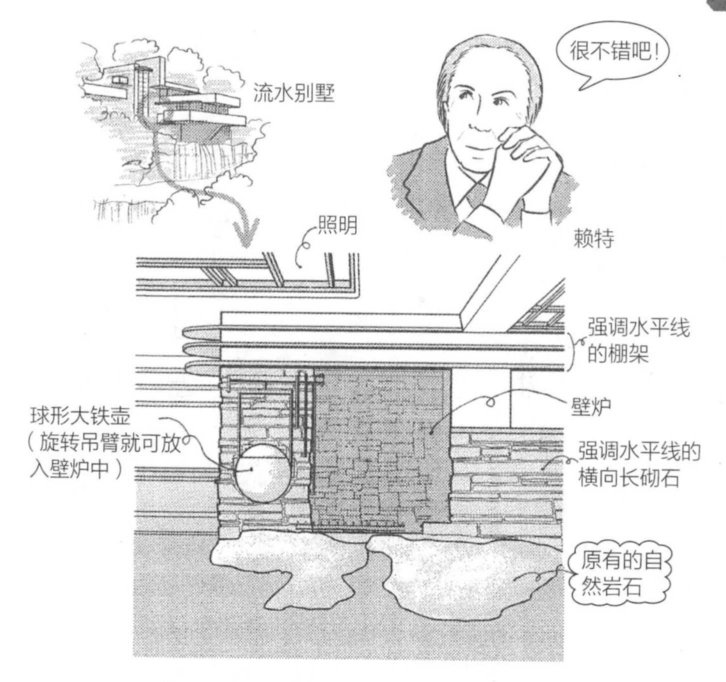


- 在赖特众多的住宅作品中，最著名的便是流水别墅。赖特渡过事业低潮期后，也曾来到日本发展，流水别墅的设计让他的事业重新复活，并且获得划时代的成就。自此之后，赖特的美国风住宅渐渐地取代了草原式住宅。
- 流水别墅位于匹兹堡郊外，开车需要两个小时，可以入内参观。笔者曾两度造访，亲见时真切感受到赖特真是个天才！

**问：**赖特如何在平面上使用墙壁和玻璃？

**答：**常用的手法是，在可开窗眺望的面崖侧配置玻璃窗，相反的面山侧配置 L 形墙壁。

流水别墅内侧的客房位于面山侧，以 L 形包围出墙壁，并在 L 形的角落安装壁炉，面崖侧则配置玻璃窗。整个流水别墅的墙壁都是横向长砌石，借此与棚架一起强调出水平线。

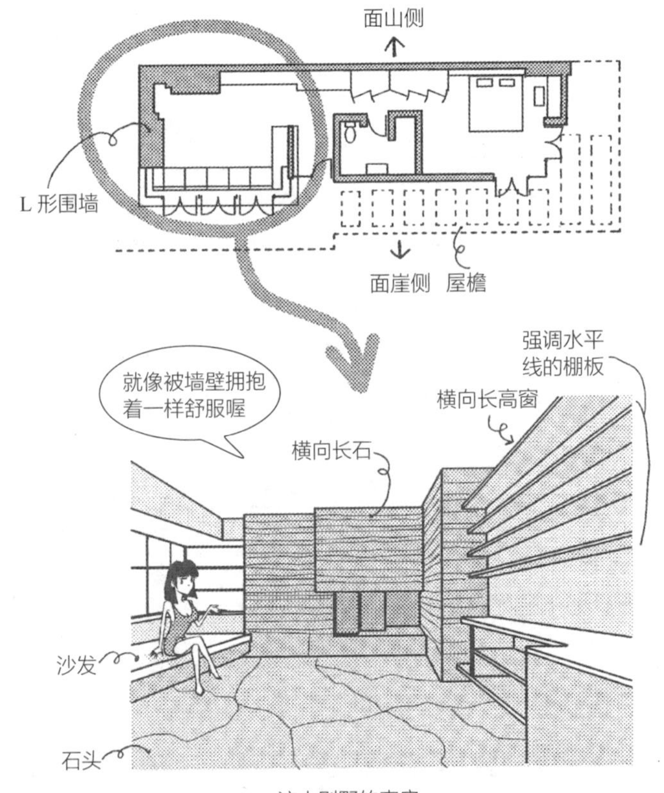


流水别墅的客房

- 作为赖特作品中的佼佼者，流水别墅的客房部分是以空间感和被墙壁包围的舒适感取胜，让人不禁想要在此住上一晚。

问：赖特会使用六角形、三角形的网格，以及平行四边形的网格来构成平面吗？

答：实例很多。

汉纳住宅（Hanna Honeycomb House，1936，美国加利福尼亚州斯坦福大学）的平面就是以六角形网格构成，形成美丽的蜂巢式平面住宅。完全没有直角相交的墙壁，空间连续且平顺地相接。

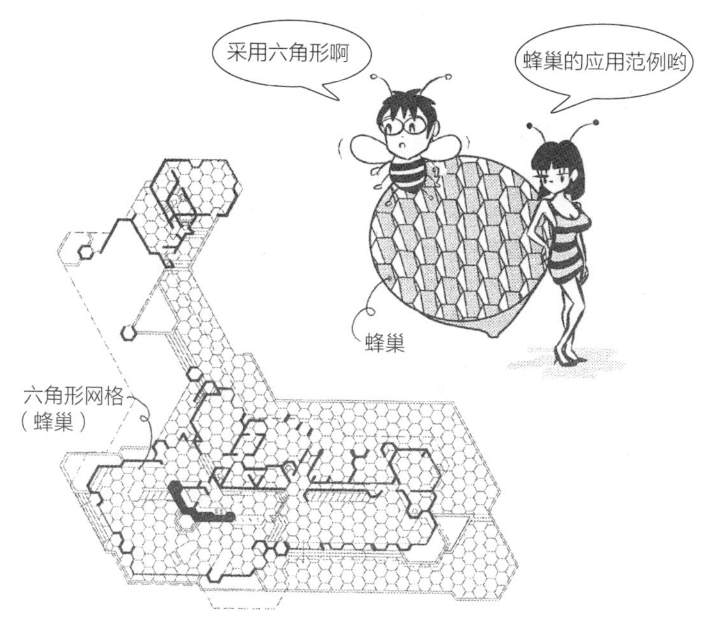


哈那之家平面图

- 前期的草原式住宅采取了不均等的双层网格，后期的美国风住宅多采用均质网格，如正方形、平行四边形、六边形、三角形、圆形等。赖特追求各种不同形式的网格。
- 汉纳住宅位于旧金山郊外，在斯坦福大学附近。笔者造访时，由于该建筑物正作为私人住宅使用，无法入内参观，但从马路侧可见的外观来看，明显可以看出墙壁与屋顶是以蜂巢状构成。包括为了强调水平线而在墙壁或屋檐天花板处安装的木制护墙板（clapboard）等，都能感受到其建筑之美。
- Honeycomb 为“蜂巢”之意，纸门所使用的蜂巢芯材就是这种结构形式。

**问：**赖特设计过螺旋状空间吗？

**答：**古根海姆博物馆（Guggenheim Museum，1959，美国纽约）是赖特作品中螺旋状空间的代表范例。

中央挑高空间周围配置了螺旋状廊道，参观者可以先搭电梯到最上层，再沿着斜面慢慢往下欣赏画作。赖特另一作品莫里斯商店（Morris Store，1948，美国旧金山）中只有部分使用圆弧状斜面，不像古根海姆美术馆中是充分利用。

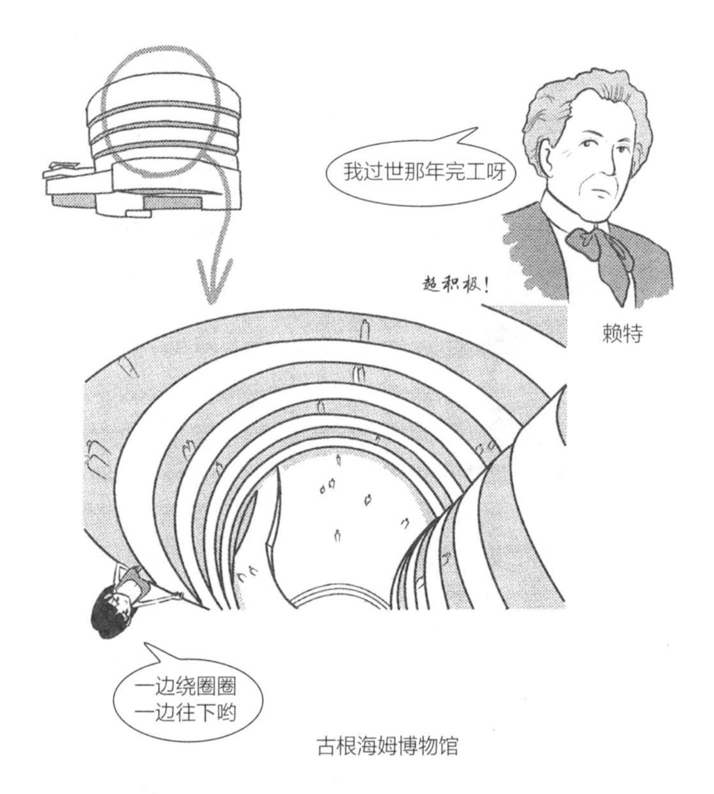


古根海姆博物馆

- 圆弧状斜面逐渐向上，让人有向外扩张的错觉，中央设有天窗。虽然柯布西耶曾经设想过在展览性建筑中设计四边形螺旋式具有穿透性的斜面，但将螺旋设计付诸实施的第一人是赖特。

**问：** 索耐特设计的家具特征是什么？

**答：** 以曲木做成的可量产的简约设计。

迈克·索耐特（Michael Thonet，1796—1871）开发出以高温水蒸气使木头软化并加以弯曲为曲木的技术，生产出没有繁琐细部、设计简约的“14 号椅”（No.14 chair，1859）。

**问：** 高背椅是什么？

**答：** 如下图，椅背较高的椅子。

最著名的高背椅作品是麦金托什（Charles Rennie Mackintosh，1868—1928）配置在希尔宅（Hill House，1904，英国格拉斯哥近郊）的梯椅。

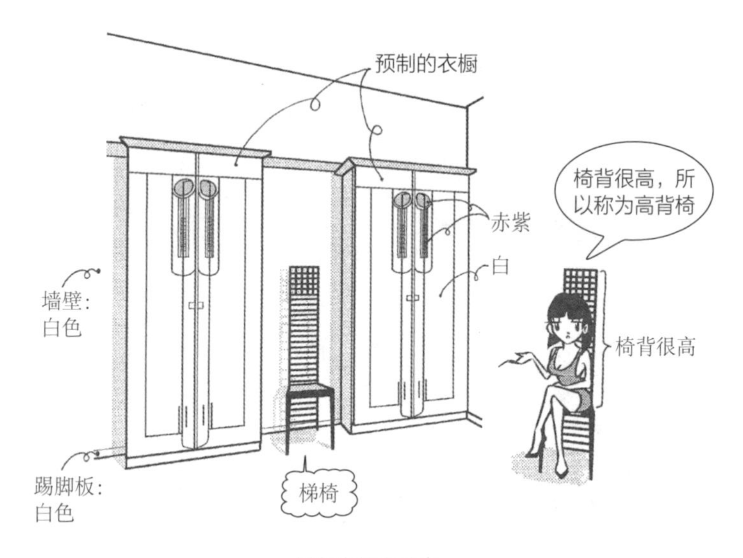


希尔宅的主卧室

- ladder 是阶梯，梯椅（ladder chair）就是将椅背做成阶梯状的设计，因此也称为 ladder back chair。
- 位于格拉斯哥近郊的希尔宅可以入内参观。此地还有格拉斯哥艺术学院（Glasgow School of Art）、柳茶室（Willow Tearooms，参见 R048）等，请务必前往参观。

**问：** 近代建筑中有在白色墙壁上描绘花卉图案的设计吗?

**答：** 近代初期，麦金托什的设计作品中有这样的实例。

麦金托什曾在白色墙壁上描绘喜爱的玫瑰主题。希尔宅各处的白色墙壁上都有利用印刷模板绘制的抽象化淡红紫色（玫瑰色）的玫瑰，以及浅绿色叶片。

希尔宅的主卧室剖面图

- 所谓印刷模板，是在墙壁上放置镂空模板，再以附有涂料的笔或海绵，从模板上方涂刷过去，进而描绘出图案的一种方法。
- 麦金托什在 20 世纪初的众多作品，对同时代的设计师来说可谓影响深远，特别是在装饰方面，其影响力备受肯定。
- 近代建筑已将装饰从建筑中排除，但近代初期留下了与过去不同的更为抽象化、超脱一般的装饰。装饰消失前的建筑作品，与完全没有装饰的作品比较，又有另一种不同的魅力。笔者还是学生时，看过许多格拉斯哥和维也纳的建筑作品，非常了解装饰的力量。

**问：** 近代建筑中有在照明器具上添加花卉图案的设计吗？

**答：** 麦金托什设计的照明器具使用了花卉图案。

希尔宅起居室的托架照明上使用的彩色玻璃，便是设计成玫瑰的图案。装饰的细致框架以铅制成。

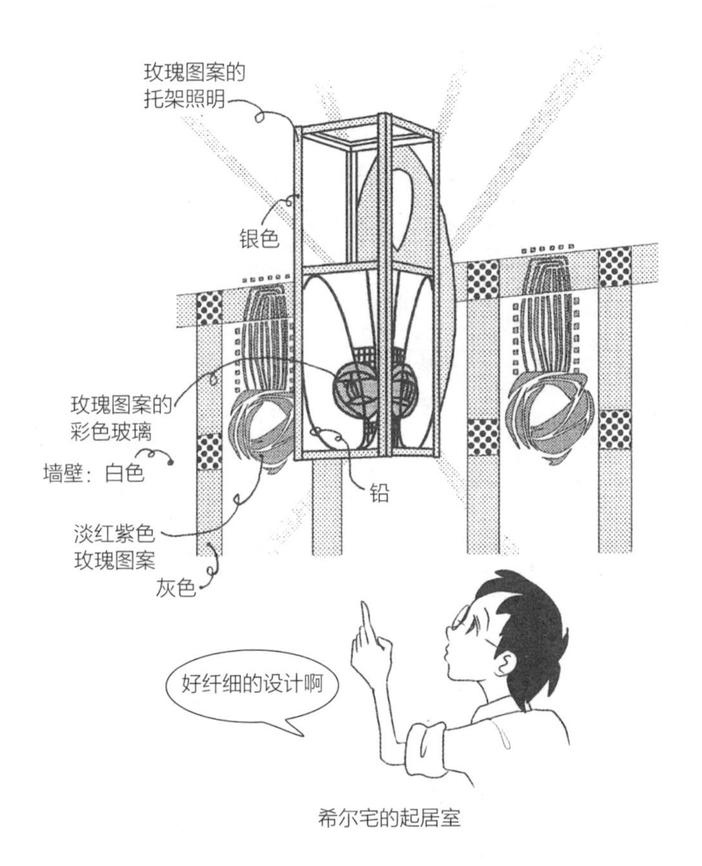


希尔宅的起居室

- 托架是指从墙壁突出的框架，用以装饰在墙壁上的照明器具等物件。
- 麦金托什设计的照明器具常用玫瑰图案、格栅、正方形网格等，再加上纤细的金属线组成。

问：麦金托什的玫瑰主题是什么样的形状？

答：如下图，不是分别描绘花瓣，而是以椭圆形闭合曲线重叠而成，并重复排列近直线来表现叶子和花茎。

由于这种装饰是以抽象化的曲线组成，配置在近代建筑的白色墙壁或天花板上也不会觉得不协调。



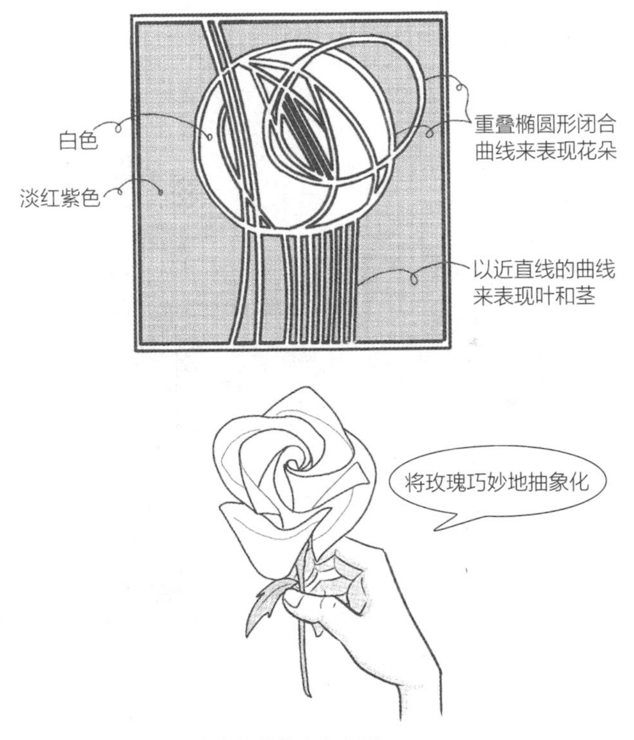


麦金托什的玫瑰主题

● 上图为格拉斯哥艺术学院（1909）会议室家具的部分装饰。

**问：** 麦金托什描绘过以树木来点缀通道的设计吗？

**答：** 麦金托什曾描绘过以线条重叠出圆形、椭圆形等的通道树木设计。

下图取自艺术爱好者之家（House for an Art Lover，方案图，1902）的外观通道。上面描绘了玫瑰般的图案。

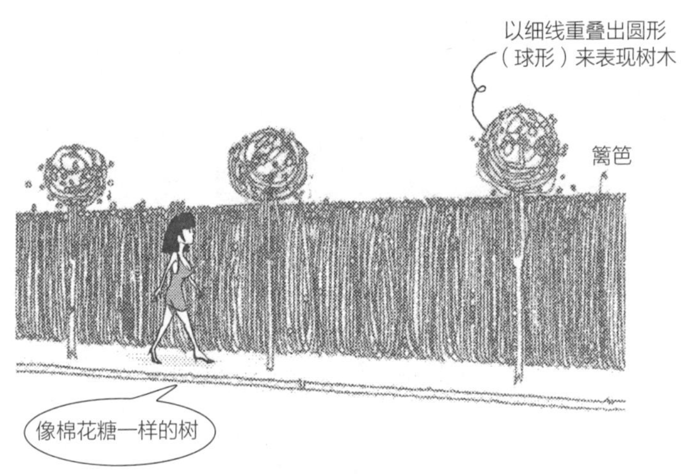


艺术爱好者之家方案外观通道的树木图案

- 一般来说，作为点缀通道的树木图案，与设计本体的建筑物或室内设计不同，多是随意绘制，或是以照片拼接而成的图案。

**问：** 除了玫瑰之外，麦金托什还有以什么物体作为主题来设计曲线图案？

**答：** 以柳木、女性发丝、洋装等作为主题。

下图取自艺术爱好者之家（方案图）的音乐室内部通道。墙壁上描绘了女性长发的图案。



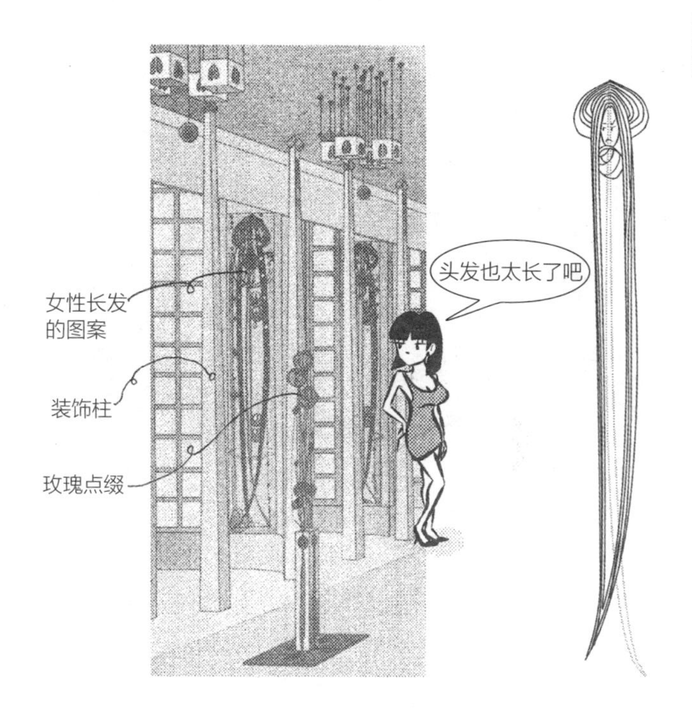


- 植物根茎或藤蔓的曲线，还有女性的长发等，常出现在喜爱曲线的新艺术设计师或其他创作者的设计主题中。
- 1899 年，德国中部的达姆施塔特（Darmstadt）建设了艺术家村，作为展览会场。在名为《室内装饰》（*Zeitschirift fur lnnendekoration*）杂志主办的设计竞赛中诞生的，就是艺术爱好者之家。相较于英国，麦金托什对欧洲大陆艺术家的影响更为深远。

**问：**有在镜子上加入装饰的设计师吗？

**答：**柳茶室（1903）在墙面装饰的镜子上添加了装饰。

加入铅制框架装饰的镜子并排安装于墙上。

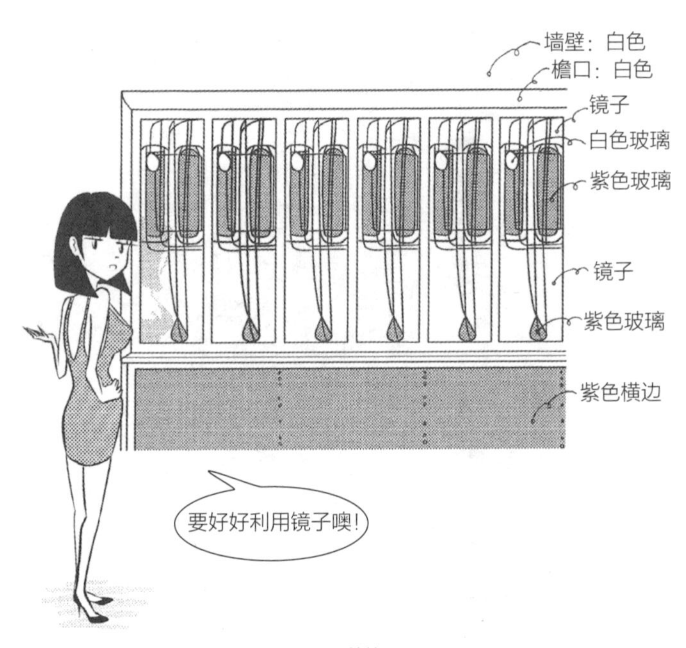


柳茶室的墙面装饰

- 在墙壁侧可以使用镜子，窗户侧可以使用彩色玻璃。
- 透过镜子的反射会让空间变大，装饰看起来也随之增加。从古至今有许多在室内设计中积极使用镜子的例子，如凡尔赛宫镜厅（1682，法国巴黎）和阿马林堡镜厅（1739，德国慕尼黑，参见 R011）等。

**问：**麦金托什的设计中使用过马赛克瓷砖吗？

**答：**在希尔宅的壁炉等处使用过。

在地板或墙壁等处以马赛克瓷砖创作绘画或装饰，自古即有。麦金托什在壁炉侧的墙壁上进行简约的抽象设计。

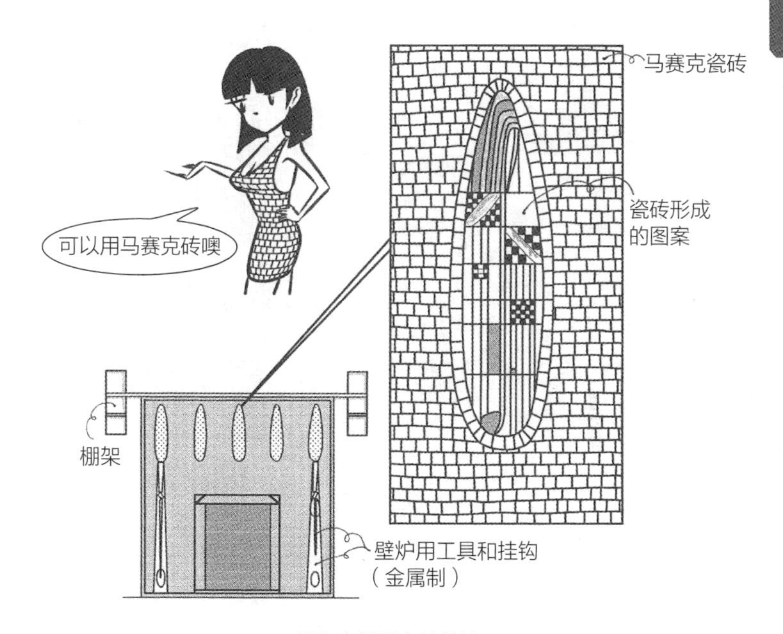


希尔宅起居室的壁炉

- 不到 50 mm 见方的瓷砖为马赛克瓷砖，不过一般在使用上是倾向于 25 mm、30 mm 见方的大小（参见 R203）。现在会事先将许多马赛克瓷砖贴在纸上，再贴到墙上，用水泼湿后让纸片剥离，借以减少拼贴的程序。上图中的马赛克瓷砖是一块一块将大小不均等的小瓷砖粘贴上去，因此呈现非直线形接缝，别有一番风味。

**问：**麦金托什如何运用正方形图案？

**答：**如下图，多半组合数个正方形。

使用正方形时，经常并置连用两个、三个、四个、九个的复数形态。墙壁绘画、瓷砖的图案、门的图案，以及家具的雕饰等，很多地方都可见正方形图案设计。

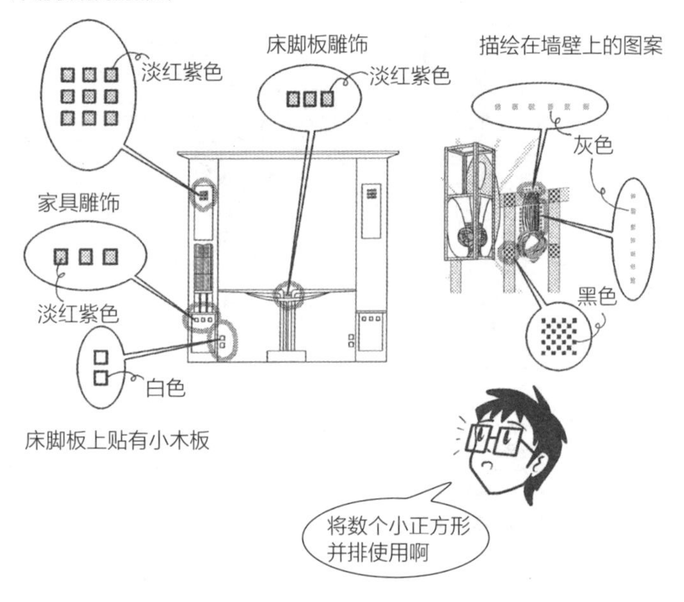


希尔宅中所见的正方形图案

- 正方形图案不同于玫瑰、植物或女性发丝等具象主题，现代也可以简单应用这种图案。事实上，在现代的建筑或室内装修设计中，常在门上嵌入数块正方形玻璃，或贴上四块小正方形瓷砖，抑或利用四块组合成正方形窗户等，应用方式形形色色。

**问：** 麦金托什的设计中有使用正方形网格的装饰吗？

**答：** 曾使用在家具、墙壁、门窗等多处地方。

虽然一般来说建筑经常使用正方形网格或长方形网格，但麦金托什常用的是细线组成的正方形网格。



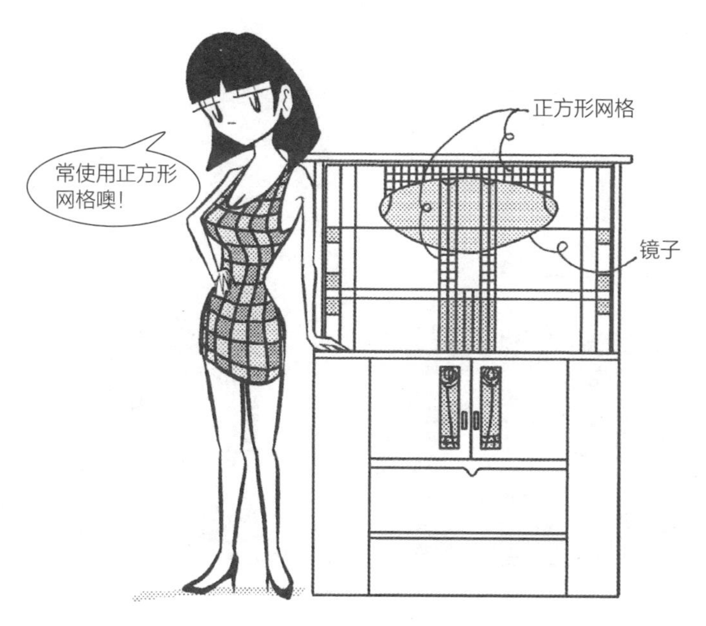


希尔宅主卧室的家具正面图

- 上图中的正方形网格，纵横以线条延伸，强调纵长及横长与正方形之间的对比。

**问：** 麦金托什的设计中有将正方形网格用于曲面上的吗？

**答：** 柳茶室（1903）的椅子（柳木椅）圆弧形椅背，使用了细正方形网格。

利用网格组合出圆弧形，往下方只有纵向格子。从内侧来看，纵向格子就像贴在椅面上的样子。

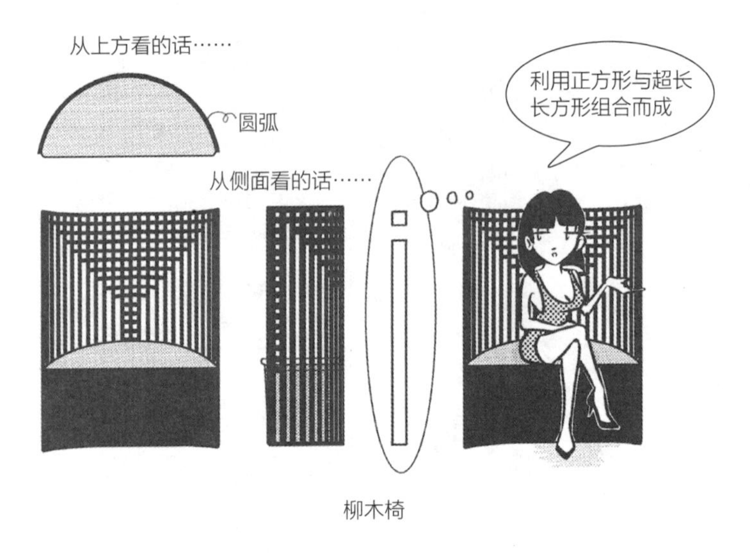


柳木椅

- 柳茶室分为前、后两个大厅，两者设计各异其趣。这个具象征性形状的圆弧形椅背的椅子，放置在两个大厅的中间位置。柳茶室在格拉斯哥艺术学院附近，实际上作为茶馆营业。造访格拉斯哥时千万不要错过。

**问：**麦金托什的设计中有将条纹图案加入墙壁或天花板的案例吗？

**答：**麦金托什设计的德恩盖特街 78 号（78 Derngate，1919）客室，在墙壁、天花板和床单上使用了深蓝色条纹。

如果细看，可以发现少部分使用了黑色条纹。这些条纹不是模板印制的，而是印刷在壁纸上的图案。



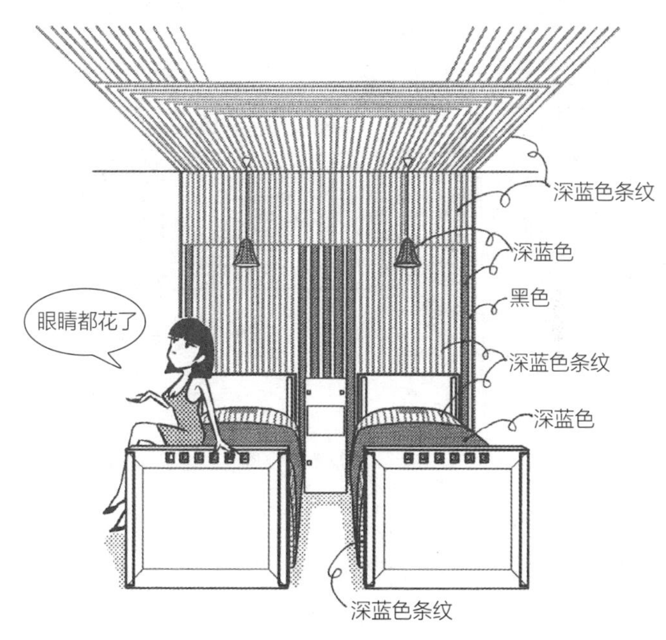


德恩盖特街 78 号的客室

**问：** 麦金托什的设计中有使用纵栅作为楼梯扶手的吗？

**答：** 希尔宅入口大厅的楼梯，使用纵栅并留有横向间隔的设计。

从希尔宅入口往上四个阶梯，折返后再往上四个阶梯的地方，设有长至天花板的大型纵栅。

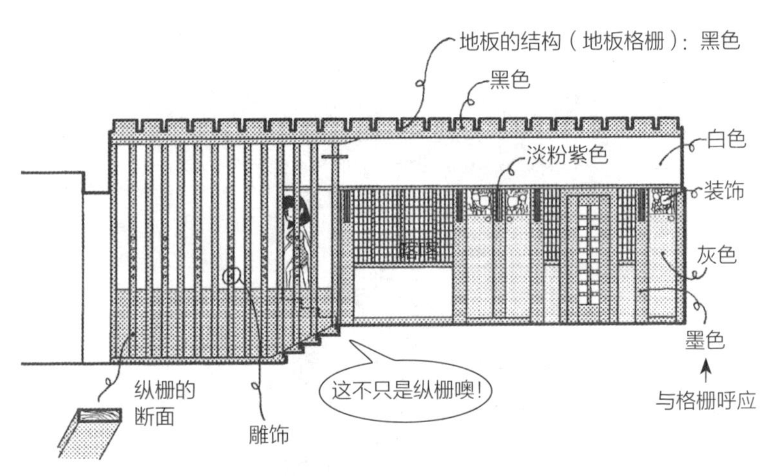


希尔宅的入口大厅剖面图

- 楼梯的纵栅或许很普通，但希尔宅的格栅有许多特别的设计。格栅断面与其说是棒状，不如说是接近条板的形状，表面则加上装饰用的雕饰。把格栅全部涂黑之后，便与装饰在周围墙壁上的黑色木板产生关联性。

**问：**麦金托什的设计中会在格栅的四角部分做雕饰吗？

**答：**麦金托什设计的格拉斯哥艺术学院图书馆（1909），在挑高设置的格栅上做了雕饰。

将柱等的四角部分斜切为倒角，这样的装饰倒角设计在近代并不常见。倒角面的部分会涂上红色、蓝色或黄色。

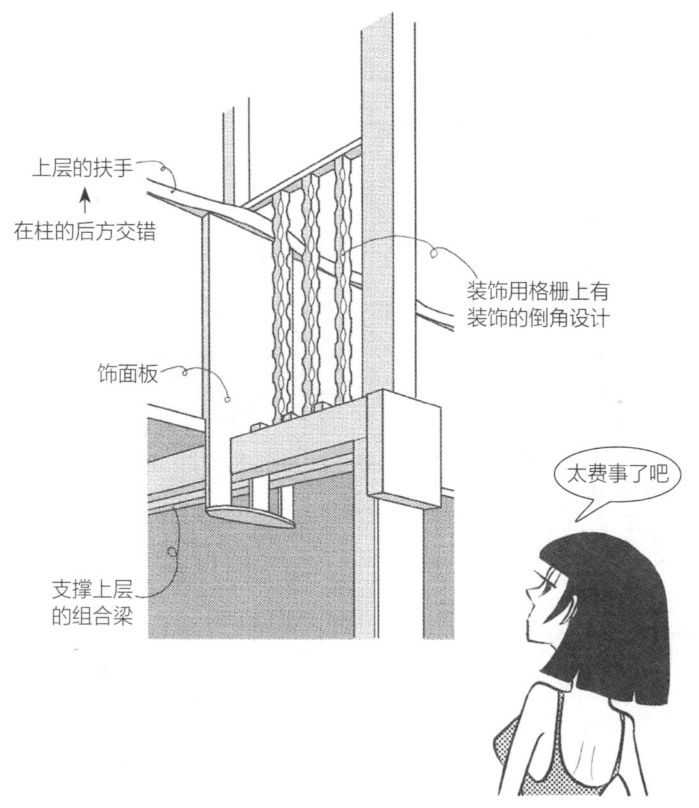


格拉斯哥艺术学院的图书馆

- 上图的倒角设计为英国传统手法，称为马车倒角（wagon chamfer）。wagon 为运货马车，chamfer 是倒角，常用在运货马车上。
- 格拉斯哥艺术学院的图书馆是组合木头构材后予以外露的结构，再加上许多细部的装饰，进而构成线条丰富的空间。

**问：** 麦金托什的铁格栅设计有哪些巧思？

**答：** 在某些部分添加让人认为是花草的造型。

格拉斯哥艺术学院正面的铁格栅，以及从大玻璃面突出的托架等，都是麦金托什的独特设计。那些托架除了作为窗户的支撑，清洁窗户时还能作为临时支架。

格拉斯哥艺术学院正面的铁格栅

- 常见的设计是将植物的整体形态纳入铁格栅中，麦金托什的设计则是选取植物的部分部位，并成为设计主要特色。
- 在卡洛 · 斯卡帕（Carlo Scarpa，1906—1978）的作品中所见的格栅和扶手设计，对铁的运用可说是非常精巧。

问：麦金托什的设计中会在凸窗安装沙发吗?

答：经常这样安装。

大型凸窗会有凹间状的凹陷空间，再加上自窗外洒落的阳光，若安装沙发，将形成令人心旷神怡之处。

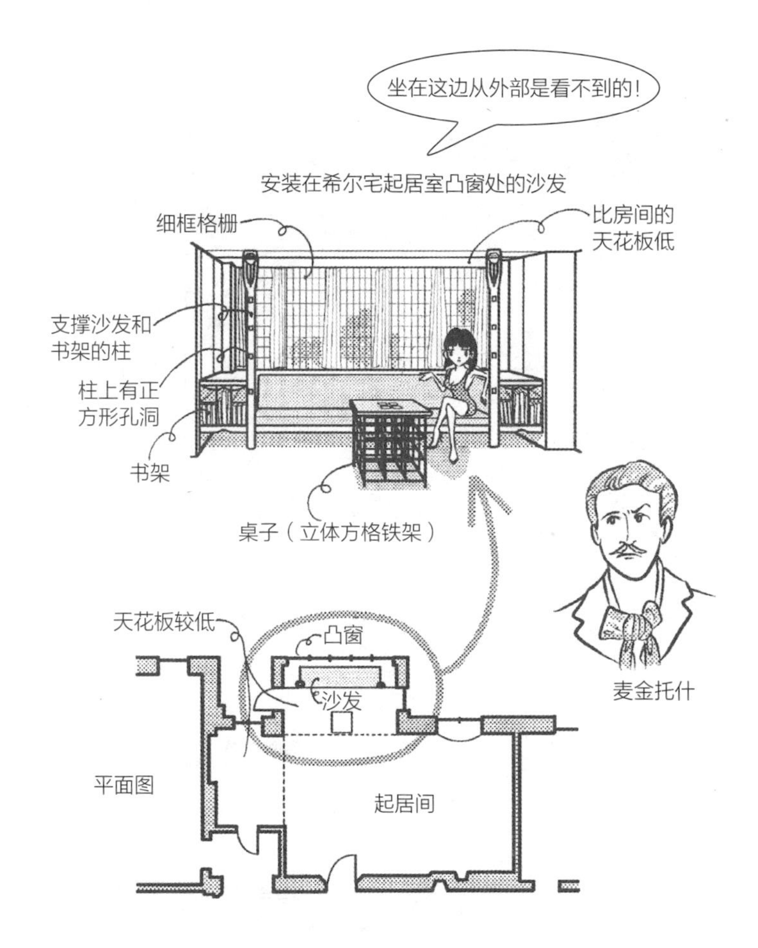


● 设有壁炉的凸窗，是安装沙发的绝佳地点。

问：有将墙壁和天花板涂成黑色的设计案例吗？

答：希尔宅起居室将檐口以上的墙壁和天花板涂成黑色。

白色墙壁上有淡红紫色和浅绿色的装饰，其上的墙壁为黑色，天花板也是黑色，形成对比鲜明的室内空间。

希尔宅的起居室

- 这就像一幅全黑的图画。采用这种手法需要相当大的勇气，如果成功，效果强大。从希尔宅建设时的照片来看，原本从檐口以上都是涂成白色的。
- 在墙壁上半部安装一圈水平带的设计方式，类似日本建筑中的长押，也就是将长押下方与建筑开口上端齐平的设计方式。

**问：** 有吊挂数个小型照明器具的设计吗？

**答：** 这是麦金托什偏好的设计手法。

格拉斯哥艺术学院的图书馆中，小型照明器具自天花板许多地方垂吊而下，呈现出华丽的景象。

格拉斯哥艺术学院图书馆的照明

- 只要有一盏枝形吊灯，就像悬挂了许多蜡烛和灯泡，可以表现出华丽的感觉，而吊挂数个小型照明器具也一样，给人以华丽的印象。现代利用数个吊灯照明或以嵌灯做组合，都是相当有效的设计手法。

问：麦金托什设计了什么样的时钟呢？

答：以正方形为设计基调的时钟。

下图为史杜洛克宅（Sturrock House，1917）的壁炉时钟。数字以正方形里的开孔数表示，每个正方形以螺旋状的线接引在一起。

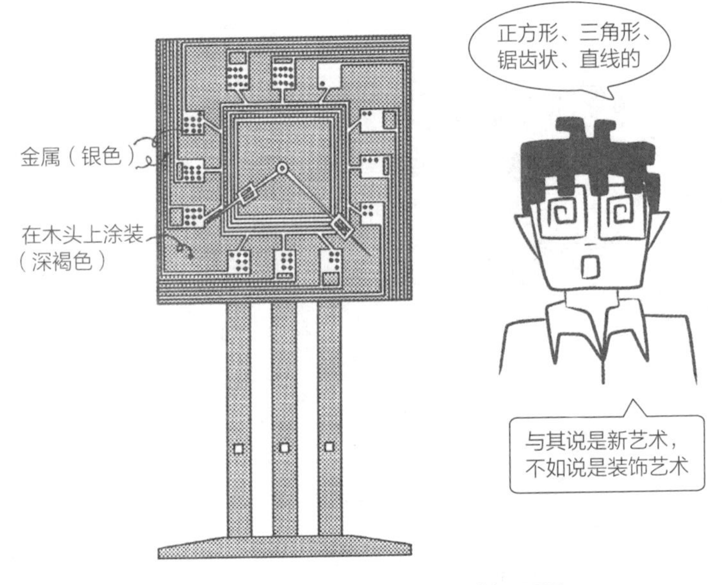


史杜洛克宅的壁炉用时钟正面图

- 与新艺术的曲线设计相较，20 世纪 20 年代发展出的装饰艺术（参见 R061），通常多是使用正方形或三角形的设计，可说是超越时代的先驱设计。

**问：** 新艺术与装饰艺术的设计有什么不同？

**答：** 曲线设计与直线设计的差异。

简而言之，新艺术（art nouvean）是曲线的设计，装饰艺术（art déco）是直线的设计。

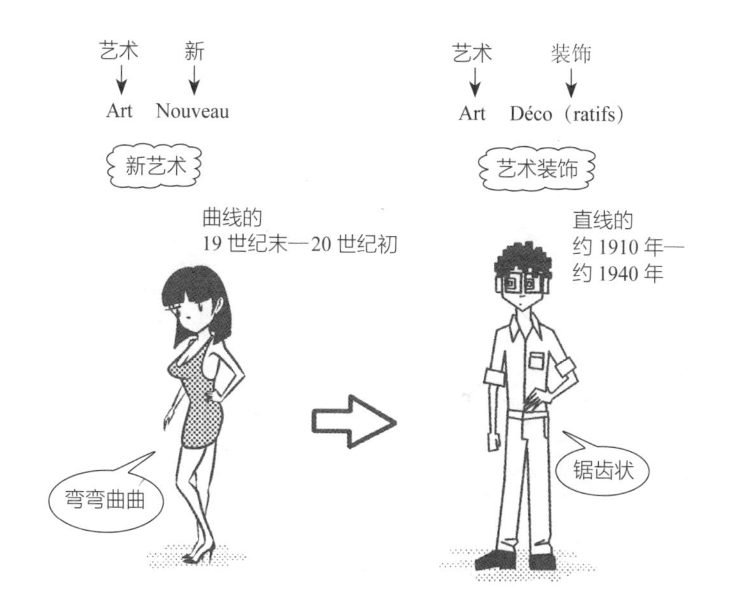


- 新艺术（art nouveau）一词源自巴黎美术商萨穆尔·宾（Samuel Bing）的店名“新艺术之家”（La Maison de i'Art Nouveau），直译就是“新艺术”之意。装饰艺术（art déco）则是以 1925 年举办的国际装饰艺术及现代工艺博览会（Exposition Internationale des Arts Décoraifs et Industriele Modernes）为起源，直译是“装饰艺术”的意思。广义来说，高迪的设计也算是新艺术。
- 装饰艺术始于 1925 年的博览会，因此也称为 1925 样式。另外又因是流行于第一次世界大战与第二次世界大战之间的设计风格，所以亦称大战间样式。
- 不同于新艺术又长又弯的连续自由曲面，装饰艺术的曲线是像描绘边界一般的几何短曲线，或是利用短圆弧等组合而成的装饰设计。装饰艺术的设计主题不是像常春藤般的自然植物，而是较接近机械形式的设计。

**问：** 新艺术是什么？

**答：** 兴起于 19 世纪末至 20 世纪初的欧洲，以植物等作为主题的多样化曲线崭新设计。

奥塔（Victor Horta，1861—1947）的布鲁塞尔自宅（1901），将平钢弯折成常春藤般的曲线，作为扶手等的装饰设计。

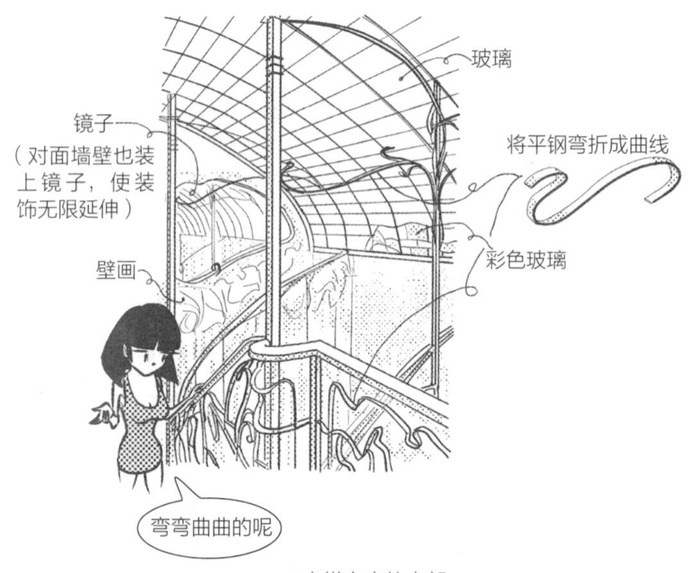


奥塔自宅的内部

- art nouvaeu 在法文中有“新的艺术”的意思。范围包括建筑、室内、工艺品等多方面的设计，其中许多使用铁和玻璃的制品。第一次世界大战后，随着装饰艺术的流行，新艺术逐渐没落。
- 奥塔自宅后来称为奥塔博物馆，可以入内参观。

**问：**新艺术的铁栅门设计是什么样子？

**答：**下图贝朗榭公寓（Castel Beranger，1898）的门是著名的设计范例。

赫克托·吉马德（Hector Guimard，1867—1942）就是以这片门扇闻名世界。



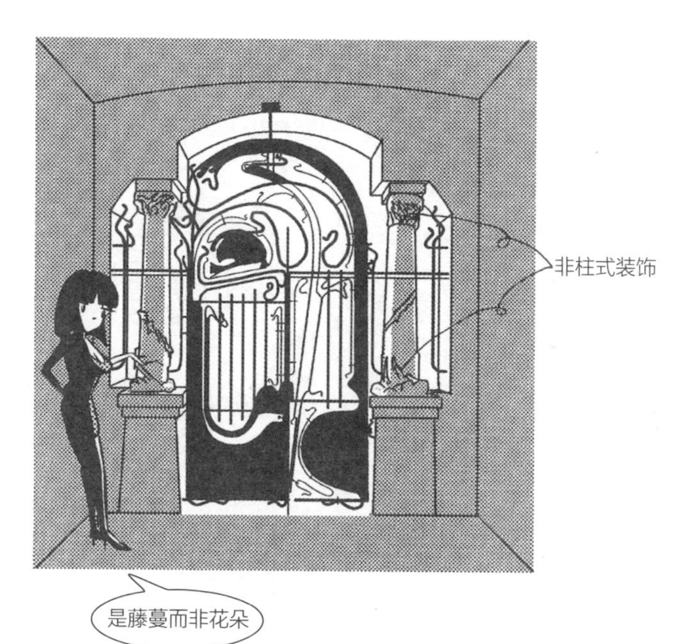


贝朗榭公寓共用部分入口处的铁栅门

- 细长的连续藤蔓般的曲线，与高迪的曲线风格迥异。不以洞窟、海洋、花卉或叶片为主题，而是以花茎或常春藤为主角。
- 借由将铁进行弯折、切断、铸造等方式，打造出如植物般的曲线和曲面。巴黎地铁各处的入口都可以看到吉马德的作品，这也是拜可量产的铸造技术所赐。

**问：** 新艺术的代表性玻璃工艺品是什么？

**答：** 埃米尔·加勒（Charles Martin Emile Galle，1846—1904）的众多作品。

著名的设计作品包括利用色彩、装饰和凹凸的玻璃所制作出来的茶壶和灯具等。

- 加勒赢得1889年巴黎万国博览会一等奖，成为举世闻名的工艺美术家。1901年，他在法国东部的南锡（Nancy）创办了集结建筑师、画家和工艺家的南锡学派。这个学派从建筑到室内设计、家具、工艺品，均进行整体考量。如今走在南锡街头，仍可品味新艺术的装饰魅力。南锡街道的新艺术色彩可是更胜于巴黎。

**问：** 克莱斯勒大厦的设计风格是什么？

**答：** 一般是所谓装饰艺术。

威廉·范·艾伦（William Van Allen，1883—1945）设计的克莱斯勒大厦（Chrysler Building，1930），设计特征是阶梯状重重堆叠拱形而成的顶部。拱的中间加入的三角形设计，晚上会变成照明设备。

装饰艺术的摩天大楼克莱斯勒大厦

- 20 世纪 20—30 年代，随着美国经济发展，纽约曼哈顿建造了许多超高楼层建筑物。受限于斜线限制等法规，这些建筑物的外形多为阶梯状，而顶部也常设计成一段一段的样子。当时这些设计作品统称为纽约装饰艺术。这股建筑风潮一直持续到 1929 年曼哈顿发生经济危机为止。【译注：斜线限制是考量建筑物日照或面前道路宽度等因素，从建筑红线开始以斜率限制建筑物高度的方式】

**问：** 有以锯齿状作为主题的天花板设计吗？

**答：** 罗伯特·阿特金森（Robert Atkinson，1889—1952）操刀的《每日快报》（*Daily Express*）总部大楼（1932，伦敦）室内设计，在玄关大厅的挑高天花板采用锯齿状形式，其上方使用间接照明。

运用银色或金色等金属色，表现出锯齿状、弯曲状的多直角或多锐角设计。

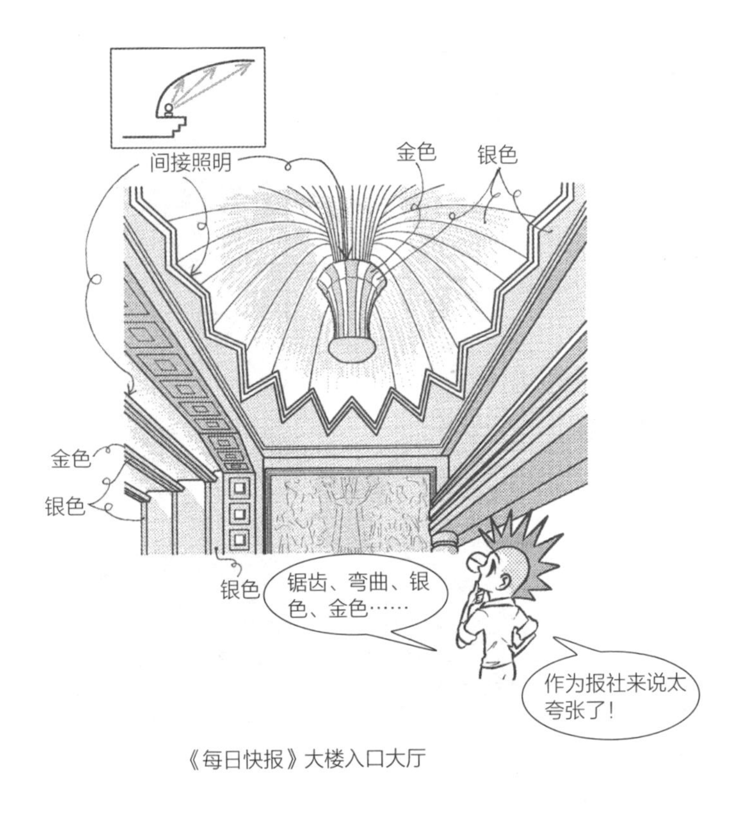


《每日快报》大楼入口大厅

- 这是英国装饰艺术的室内设计代表作。东京港区白金台的东京都庭园美术馆（1933，旧朝香宫殿，宫内省内匠寮工务课设计）也以装饰艺术的设计闻名。

**问：**可以用玻璃砖来做整面墙吗？

**答：**夏洛（Pierre Chareau，1889—1950）设计的玻璃屋（Maison de Verre，1932，巴黎），挑高空间一侧的整面墙壁就是以玻璃砖打造而成。

现今视为理所当然的玻璃砖墙壁，当时可是划时代的崭新设计。



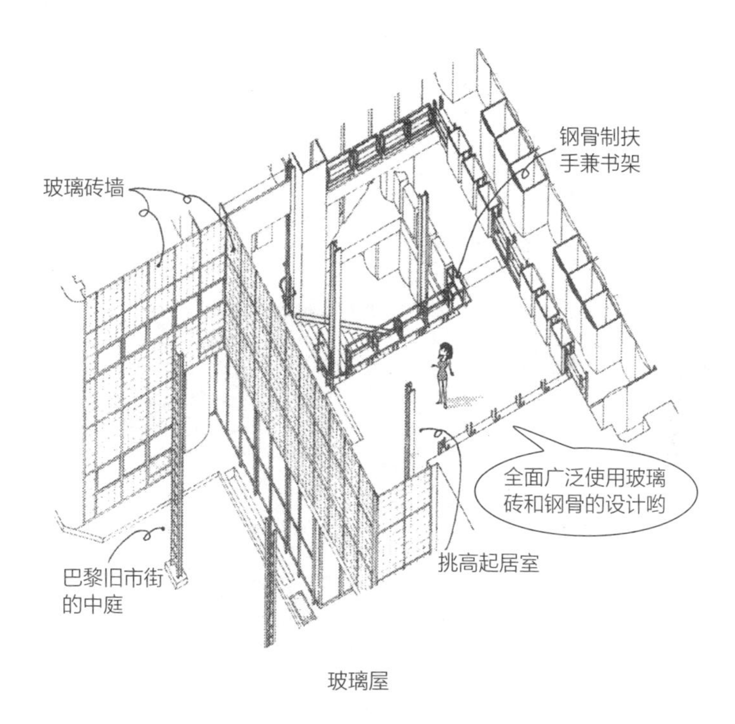


玻璃屋

- 玻璃屋内部的扶手或家具是以山形铁制成，给人简洁有力的印象，在这座为医生设计的家中，挑高空间的内部设计有诊疗室等房间。
- 玻璃屋位于巴黎旧街市，矗立在庭院的深处。笔者还是学生时曾经造访这里，也许因为没有正对着旧街市的街道，而是面对庭院，所以可以与四周环境融合在一起，设计看起来不会太夸张。

**问：** 有用玻璃砖来做地板的例子吗？

**答：** 维也纳邮政储蓄银行（Post Office Savings Bank，1912）的地板是用玻璃砖做的，从天窗洒下的光可以透至下层。

奥托·瓦格纳（Otto Wagner，1841—1918）设计的维也纳邮政储蓄银行，中央出纳大厅的地板大量使用玻璃砖。

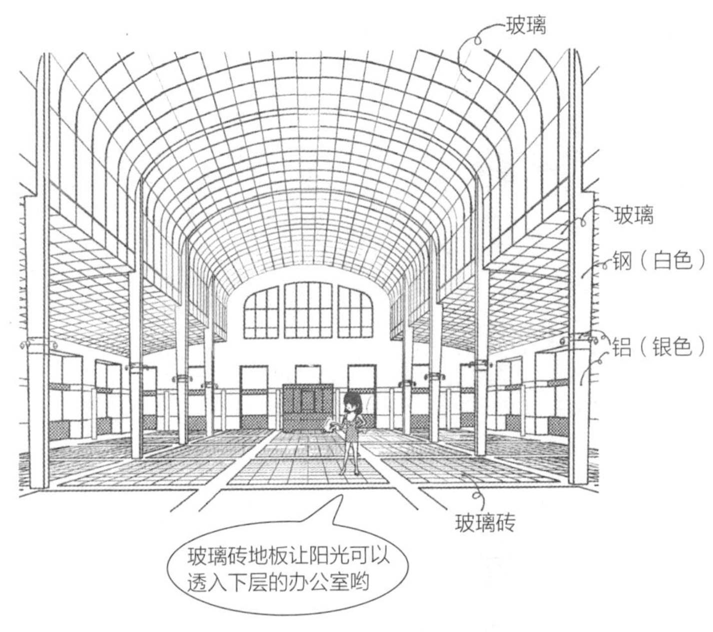


维也纳邮政储蓄银行中央出纳大厅

- 为了提升暖气效率，在玻璃屋顶下，附有平缓曲线的玻璃天花板。人们进入大厅的瞬间，会震惊于整体空间的明亮感，天花板是玻璃，地板也是玻璃，整个空间都被玻璃包围起来。从建筑物整体来看，就像是在庭院加上玻璃的屋顶，而在玻璃屋顶下方则有拱状玻璃天花板悬挂其上。

**问：**空调的出风口会设计成从地板凸出来吗？

**答：**维也纳邮政储蓄银行的中央出纳大厅，在地板上面立着圆筒状的空调出风口。

吹出冷、热空气的铝制管在出风口处附有多片鳞片，管的中段则有环状设计。这些管是具有空调出风口功能的部件，同时呈现柱式般的装饰效果。



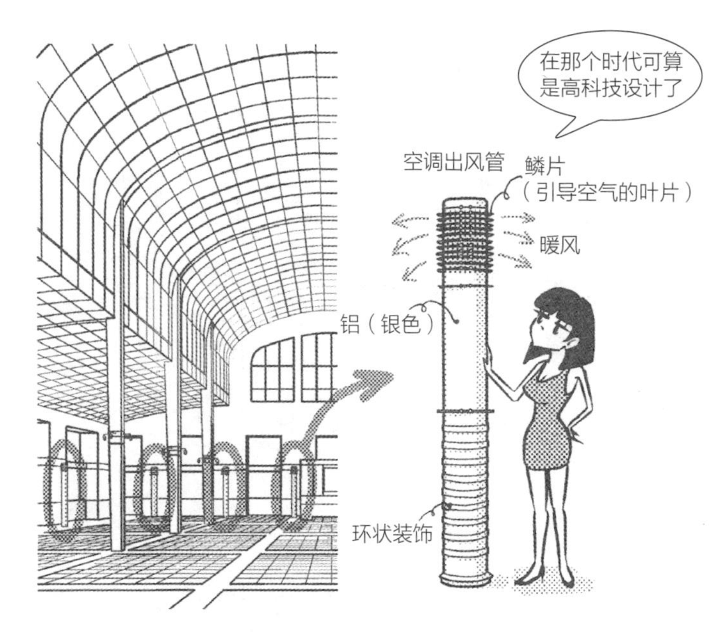


维也纳邮政储蓄银行中央出纳大厅

- 维也纳邮政储蓄银行采用 1903 年的设计竞赛中瓦格纳的设计方案建造，施工阶段弱化了正立面的激进设计，留下中央出纳大厅的崭新设计。

**问：** 有露出螺栓头、铆钉头的设计吗？

**答：** 在维也纳邮政储蓄银行的设计中，固定在外部和内部石板上的螺栓，以及内部钢骨的固定铆钉，都可以看见螺栓头和铆钉头。

维也纳邮政储蓄银行固定在石板上的铝制螺栓头以点状方式排列，外露于石板表面。此外，在中央出纳大厅的柱上，铁制和铝制的铆钉间隔排列。

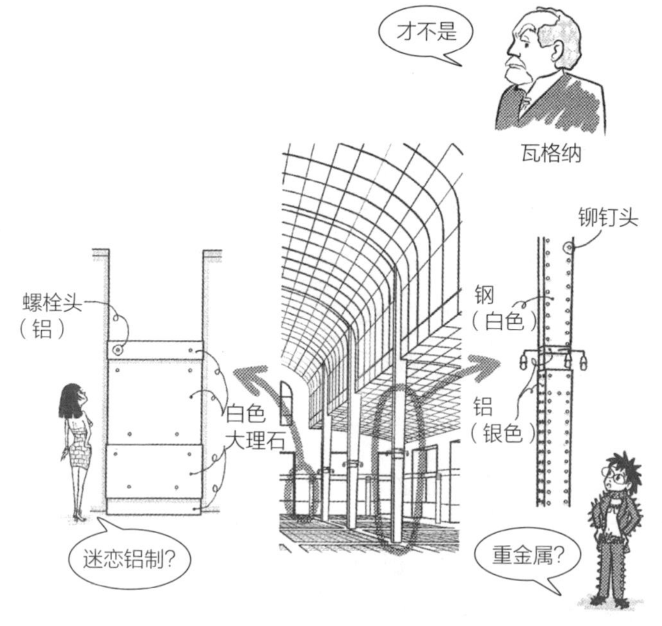


维也纳邮政储蓄银行中央出纳大厅

- 若要将石板铺贴在墙上，大多是用水泥砂浆加以粘结，或是利用金属构件附挂上去，从外面只会看到接缝的部分，像这样以螺栓结合还显露在外的设计，在以石造建筑为主体的欧洲国家，算是较为特异的处理方式。
- 1897 年，瓦格纳与画家克林姆（Gustav Klimt）就像是要与过去的历史做个了断般，结成了所谓分离派（Secession），展开相关的设计运动。他们反对新艺术运动对花形图案的过度使用，更强调运用几何形状等与近代细部装饰相近的设计。从现代的角度来看，那样的新装饰比较引人注目，而且是偏向使用银色或金色等具金属光泽的色彩设计。

**问：** 近代的室内设计中会在地板或墙壁上加入黑色的装饰图案吗？

**答：** 维也纳邮政储蓄银行的地板和墙壁就有如下图的图案。

地板在白色系石板中加入黑色石板，墙壁则在涂成白色的基底上加入黑色装饰图案。如果靠近墙壁的线条细看，会发现那其实不是一个线条，而是两条点线状的图案。

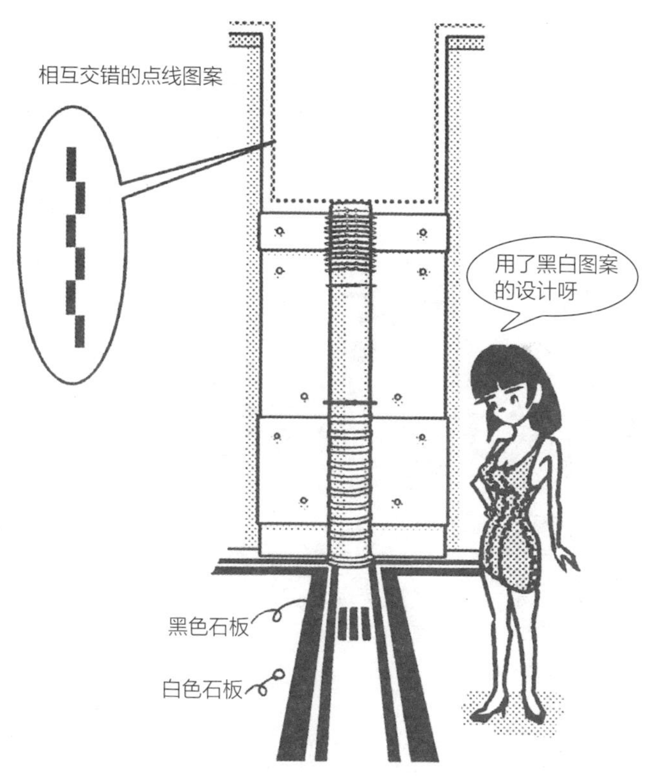


维也纳邮政储蓄银行的地板和墙壁

- 自古以来，地板就常以石板或瓷砖拼贴出图案。近代倾向于使用抽象化且较单纯的设计图案。瓦格纳设计的装饰图案范围广泛，从植物等具象图案到抽象图案都有。在现代的室内设计中，抽象图案仍是相当实用的设计图案。

**问：**除了瓦格纳的作品之外，还有谁会在墙壁上加入装饰图案设计呢？

**答：**瓦尔特·格罗皮乌斯（Walter Gropius，1883—1969）设计的法古斯工厂（Fagus Factory，1911）玄关大厅，就有黑色图案的装饰。

白色墙壁上加入黑色图案，中央的石板上刻有金色文字。墙顶部的图案就像柱式的檐部一样饶富趣味。

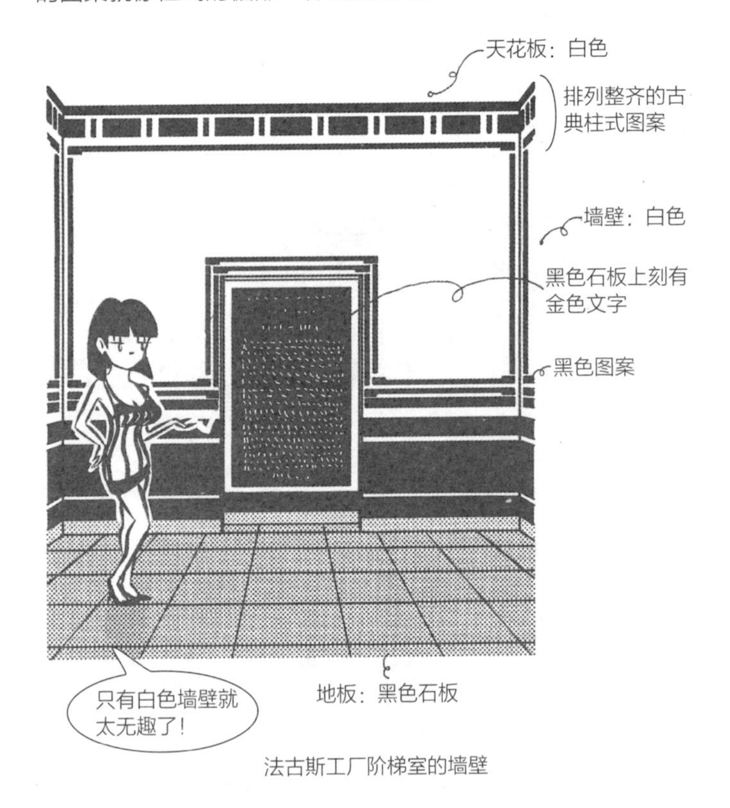


法古斯工厂阶梯室的墙壁

- 格罗皮乌斯是近代艺术运动根据地包豪斯（Bauhaus）的创设者，也是建筑实践者。格罗皮乌斯与阿道夫·迈耶（Adolf Meyer，1881—1929）合作设计了设有大片玻璃立面的法古斯工厂，为初期近代建筑的杰作之一。即使用现今的眼光来看，法古斯的室内设计中使用的装饰图案，仍饶富趣味。

**问：** 方格图案是近代的室内设计手法吗？

**答：** 阿道夫·路斯（Adolf Loos，1870—1933）的室内设计作品中有许多这样的实例。

路斯设计的卡玛别墅（Villa Karma，1904，瑞士）入口大厅，在椭圆形大厅中，利用白色与黑色的石板构成椭圆形的方格图案。

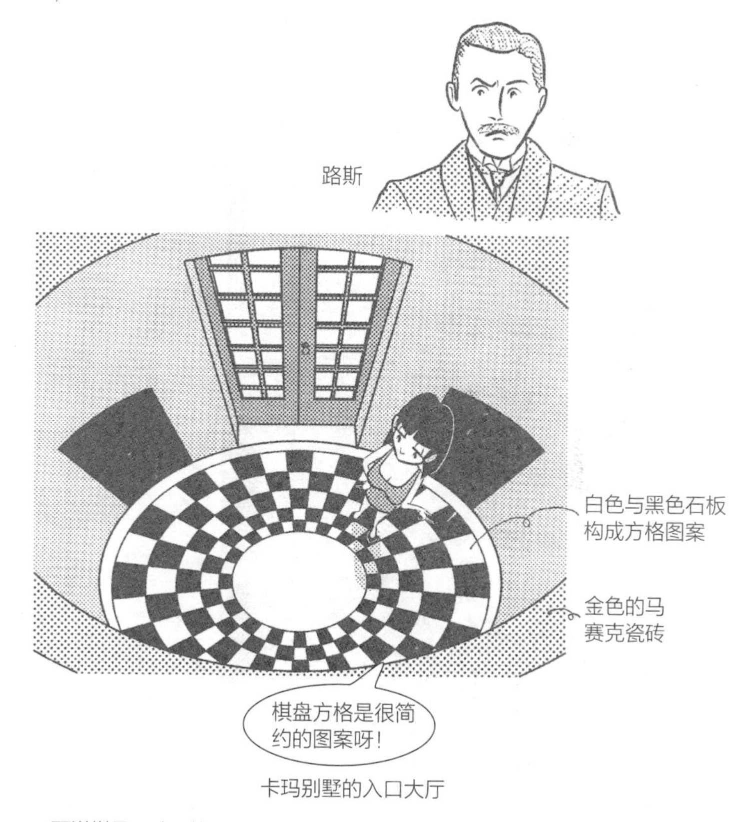


卡玛别墅的入口大厅

- 西洋棋是一种只使用国际象棋棋盘黑格的游戏。国际象棋棋盘在正方形板上设有黑白交错的方格图案。方格图案虽说是装饰，其实也算是一种抽象图案，近代的室内设计中经常使用。
- 卡玛别墅为既有住宅改建。路斯在美国酒吧（American Bar）设计方案中也使用了方格图案。

**问：**有利用镜子让柱子、房梁的体量增加的设计吗？

**答：**路斯设计的美国酒吧（American Bar，1907，奥地利维也纳）墙壁上半部安装了镜子，让天花板的立体格栅看起来更加宽阔。

借由镜子，让表面使用有图案的黑色系石材的柱子和房梁，有体量翻倍的感觉。柱子的宽度看起来是实际宽度的两倍。

美国酒吧

- 路斯的名言是"装饰即罪恶"（1908），针对维也纳分离派的装饰风格加以攻击批评，但其作品其实还是有不少装饰设计。在维也纳是以瓦格纳、路斯和汉斯·霍莱因（Hans Hollein）等人为代表，若要看他们的室内设计，这里是不可错过的地方。
- 使用镜子让装饰看起来比较多、让空间看起来更宽广的手法，在阿马林堡镜厅（参见 R011）或奥塔自宅等许多作品中都曾使用。

**问：** 有像蒙德里安的画作一样，以水平垂直的线、面构成立体，并以原色配色的椅子吗？

**答：** 吉瑞特 · 托马斯 · 里特维德（Gerrit Thomas Rietveld，1888—1964）的红蓝椅（Red and Blue Chair，1921）是著名的例子。

在此之前，建筑与室内设计的关系，就像以一条线划开般，具强烈的抽象性。

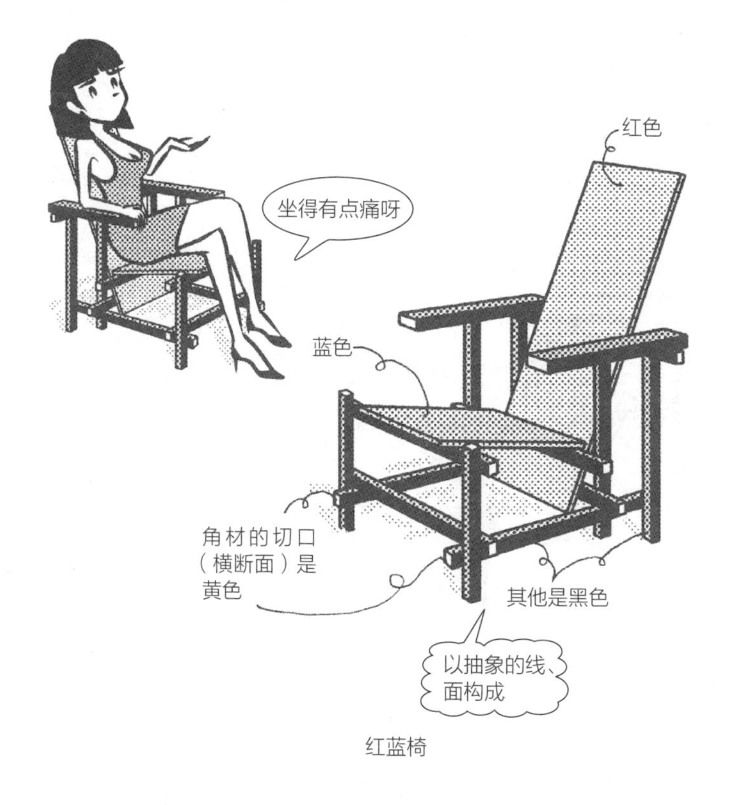


红蓝椅

- 蒙德里安与里特维德所引起的艺术运动称为风格派（De Stijl）。“De Stijl”一词原指在荷兰创刊的一本杂志，在荷兰文中有风格之意，因此以该杂志为中心所发展出来的艺术运动，便称为风格派。

**问：** 有像红蓝椅风格的建筑和室内设计吗？

**答：** 里特维德设计的施罗德住宅（Schroder House，1924，荷兰），就是以抽象的面、线所构成的。

墙壁、天花板、地板、扶手、桌子面板和椅子的椅面等，都可以分解成抽象的面、线，再组合起来。

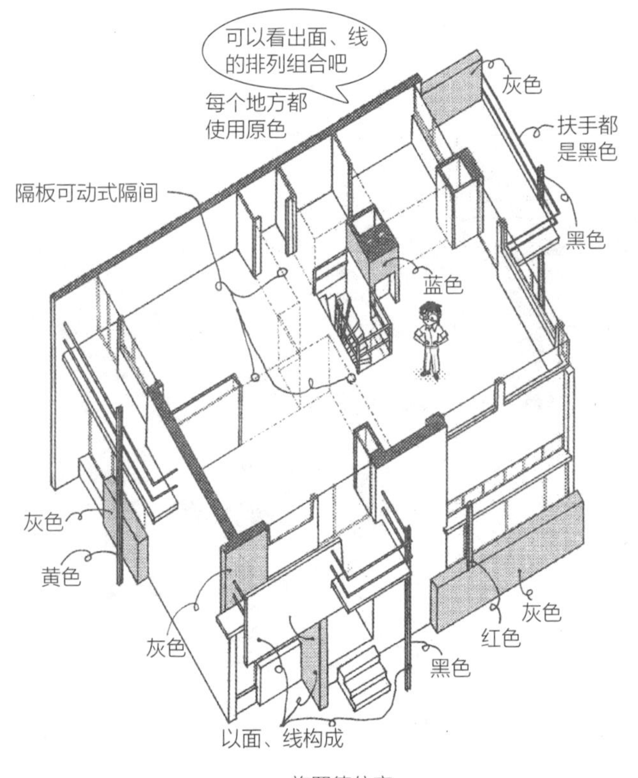


施罗德住宅

- 红蓝椅风格若是使用在建筑和室内设计中，其结构上、性能上的限制会比家具多，因此若要完成抽象的构成设计，需要一些强制性作为。施罗德住宅基本上是砖造建筑，借由铁和木头的运用，才好不容易实现了红蓝椅的设计概念。

问：地板或墙壁会涂装不同颜色来区分吗？

答：施罗德住宅的地板，即使是面积很小也会以红、蓝、灰色等涂装区分。

将红蓝椅的概念直接运用在地板、墙壁，甚至门窗的框架上。



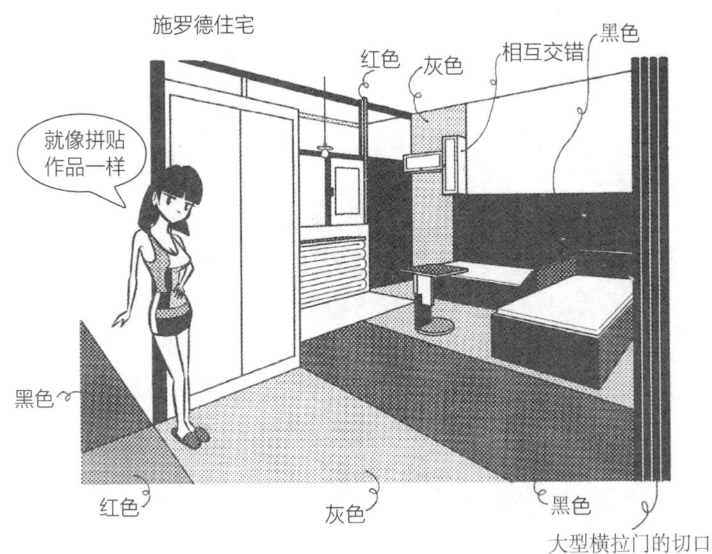

**问：** 有将家具以面为单位涂色区分的设计吗？

**答：** 里特维德设计的沙发桌等作品，就是以面为单位涂色区分。

面板、支撑板和作为基座的板，都是以面为单位来涂色区分。

施罗德住宅的桌子

- 在里特维德的作品集中，并没有记载这个家具的制作年代，由于是放置在施罗德住宅中的桌子，因此猜测应该是在施罗德住宅完成的 1924 年前后所制作的作品。

**问：** 柯布西耶（Le Corbusier，1887—1965）会涂装不同颜色来区分墙面吗？

**答：** 柯布西耶基金会［Villa La Roche（原勒拉罗什别墅），1923］的工作室墙壁、斜面墙等，都可见用颜色区分墙面的设计。

工作室顶部的墙面和斜面墙的墙壁，都涂上各异的颜色。



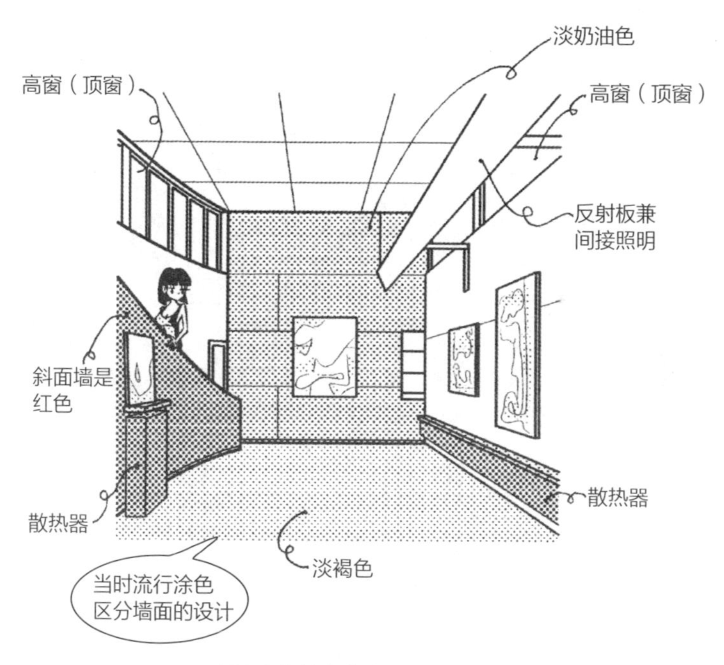


柯布西耶基金会的工作室

- 柯布西耶设计的涂色区分不像里特维德的设计是严格地以面作为构成法则，而是依情况不同来采取各种不同的设计手法。因此，柯布西耶才能在后期不断发展出各式各样的设计形式。

问：大约什么时候开始将楼梯或斜面做成挑高设计？

答：以非对称位置进行设计，是从 20 世纪 20 年代的柯布西耶作品开始，而后普及全世界。

柯布西耶基金会的工作室为挑高空间，沿着弯曲侧的墙壁设有斜面。挑高斜面通往类似阁楼的开放式小房间，从其后方的门可连接到阶梯室。

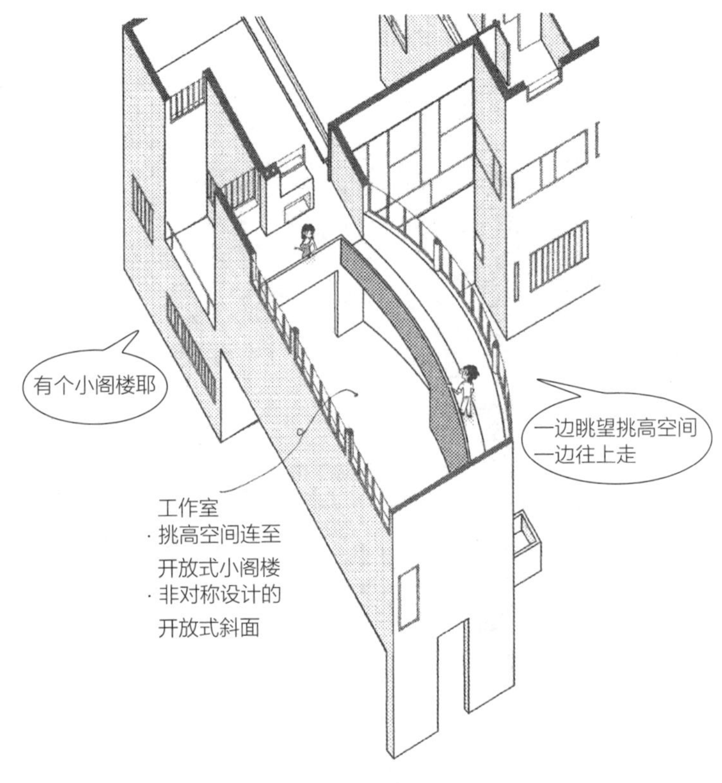


柯布西耶基金会

- 近代建筑的设计主流，是以抽象的线、面组合成立体空间，以空间构成取胜。另一方面，因为建筑的预算有限，近代建筑无法像传统的建筑一样，可以借由许多不同工匠的手艺来进行细部的装饰设计。

问：在建筑物中散步的“散步道”概念，是哪一位建筑师提出的？

答：柯布西耶。

柯布西耶基金会的入口大厅或工作室的挑高空间四周，配置开放的楼梯、斜面或走廊等，仿佛能游走其间。

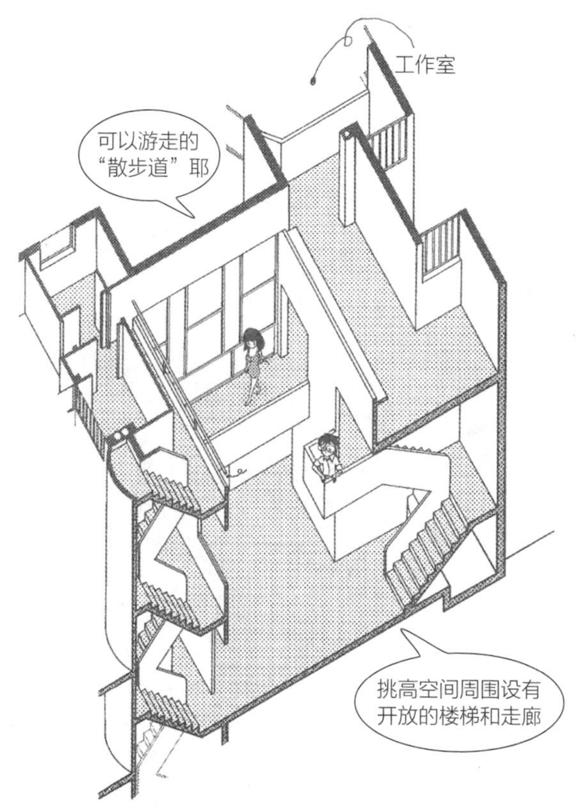


柯布西耶基金会的入口大厅

- 柯布西耶的设计不会只局限于平面，常见到利用楼梯或斜面的配置组合，让人可以在立体的空间内四处游走。这样的空间构成方式在现代建筑的室内设计中也很常见，都是受柯布西耶的影响所致。
- 柯布西耶基金会为柯布西耶集团所有，可以入内参观，从巴黎市内的地铁茉莉站（Jasmin）出站后步行可达。

**问：** 近代有在平面上大量使用斜线的设计吗？

**答：** 柯布西耶曾尝试。

艺术家住宅（Maison d'artiste，1924）将正方形以45° 角切开，一侧设计成挑高空间，是相当大胆的平面构成方式。

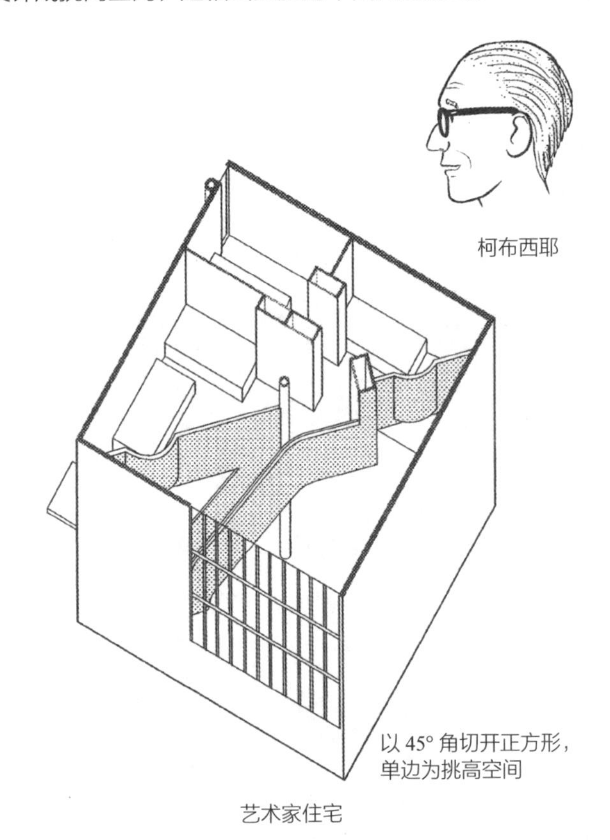


艺术家住宅

- 在平面上使用大量斜线的设计，现代也能够通用，不过三角形部分的空间利用考验着建筑师的设计能力。
- 从当时近代运动中的众多作品来看，明显看出设计的重点已经从装饰表现转移到空间构成。以室内设计的观点来看，主要的课题就是如何构成白色墙面。

**问：** 屋顶平台与房间一体化的设计需要做哪些安排？

**答：** 安装大型玻璃窗，借由屋顶平台的墙壁或在墙壁上开设孔洞，使之与房间的墙壁和窗等有连续性。

柯布西耶设计的萨伏伊别墅（Villa Savoye，1929）二楼，打造了正方形的大屋顶平台（屋顶花园）。与起居室之间以大玻璃窗隔开，转动把手就可以打开，屋顶平台四周围有墙壁，墙壁上安装与起居室相同的横向长窗（水平长条窗），借以强化起居室与屋顶平台的连续感。



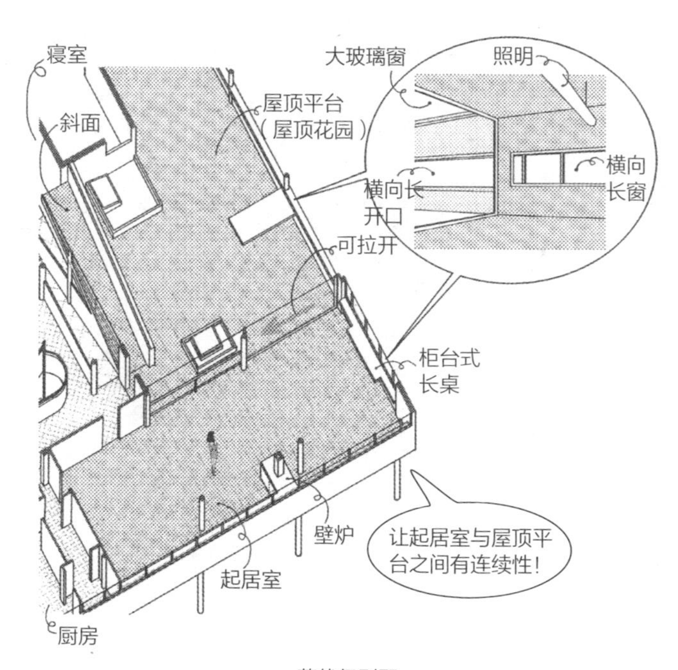


萨伏伊别墅

- 萨伏伊别墅位于巴黎郊外，在普瓦西车站（Poissy Station）步行可达的范围内。经过整修后，已开放入内参观，前往巴黎时请务必造访。

**问：** 观景窗是什么？

**答：** 撷取窗外的景色，使之如绘画般的窗。

从萨伏伊别墅的斜面走上去时，视线前端的墙壁上安装了一个开孔处，正是应用观景窗概念设计。

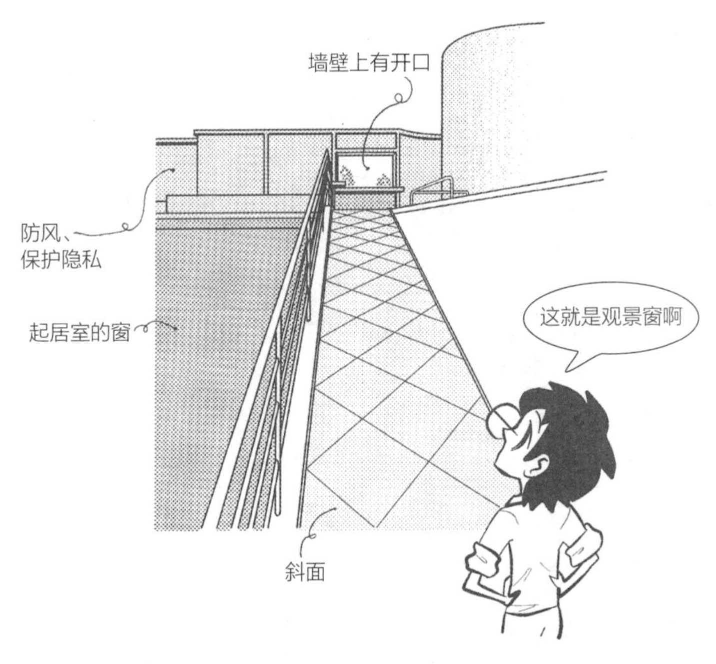


萨伏伊别墅（二楼——屋顶）

- 一般来说，较常见的是固定式玻璃窗或大型凸窗等设计形式。凸窗是指往外部凸出的窗户类型。若有铝制窗框、窗棱等额外的东西，可将之看作画框。

**问：**在屋顶上安装日光浴空间需要考量哪些条件?

**答：**必须考量防风、保护隐私以及具有一定程度围合感的墙壁。

萨伏伊别墅的屋顶上，以曲面墙壁包围出日光浴的空间（日光浴室）。从外观造型看来，这个曲面也丰富了建筑物的线条。

- 二楼的屋顶花园也是以有横长开洞的墙壁所包围出的空间，有点半开放的形态。而在二楼的屋顶上，设有两处以曲面包围出的空间。
- 柯布西耶的造型设计多为箱型，箱子上会有雕刻的形状，避免设计上的单调感。

**问：**柯布西耶设计过放在浴室中的长椅吗？

**答：**萨伏伊别墅的浴室中设有贴砖长椅。

借由在浴室中打造混凝土制的曲线长椅，让浴室与卧室之间保有开放式连接。与其说柯布西耶想制作长椅，不如说他是要在四方形箱子中创造一些曲线的造型。

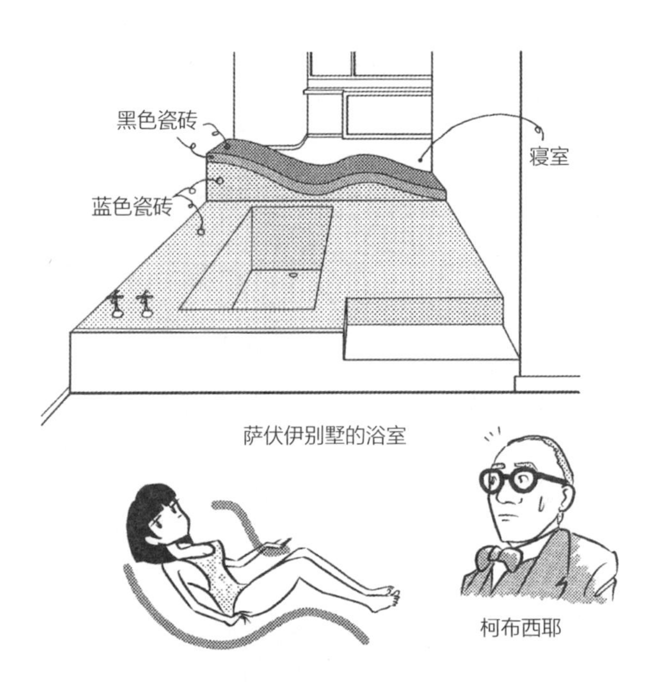

萨伏伊别墅的浴室

- 1926年，柯布西耶发表“新建筑五点”：①不以传统的墙壁组成结构，改以柱来组成（命名为多米诺系统）的“自由平面”；②作为非承重结构而变得自由的墙壁可以形成的“自由立面”；③不是受限于墙壁结构所形成的纵长窗，而是因为柱的结构而变得明亮的“水平长条窗”；④以柱让一楼挑空，使地面层对外开放的“底层架空”；⑤地面层可以对外开放，而至今没有利用到的屋顶部分，则是变成个人庭院的“屋顶花园”。完全实现“新建筑五点”的建筑物，正是萨伏伊别墅。

**问：**柯布西耶的设计中，有将洗脸台等卫浴设备外露在起居室里使用的吗？

**答：**柯布西耶位于巴黎鲁日赛库利（Nungesser-et-Coli）的公寓（1933）兼为工作室与住宅，该建筑就是将白色陶器卫浴外露在家里各处使用。

位于集合住宅最上层的工作室起居室，将陶器卫浴等巧妙地设计为外露的形式。



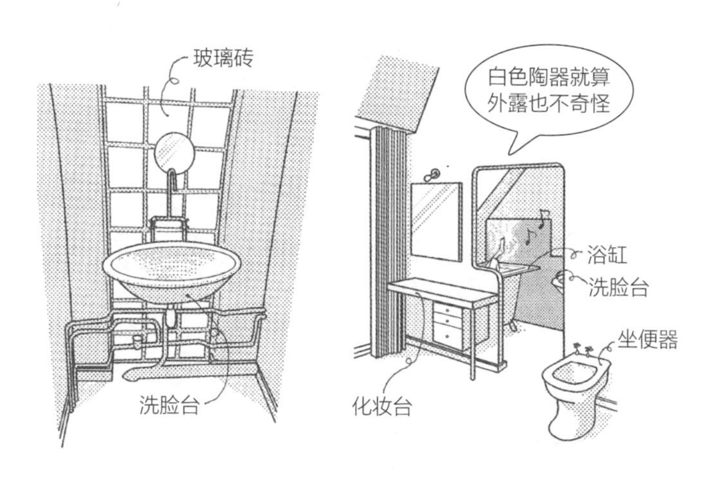


鲁日赛库利的公寓最上层的柯布西耶工作室

- 柯布西耶最令人称道的是从整体到细部无不精心的考量，这是他从很小的设计和功夫所累积出来的东西。在他的工作室中，除了陶器卫浴、淋浴室和浴室之外，包括可移动家具、屋顶的斜天花板设计、楼梯的造型等，都有很多值得一看的地方。不管是哪件东西，都会感受到柯布西耶对设计的渴望。该工作室由柯布西耶集团管理，开放入内参观。可从地铁奥特伊门站（Porte d'Auteuil）步行抵达。

**问：**柯布西耶设计过拱顶天花板吗？

**答：**包括巴黎鲁日赛库利工作室的天花板等，留有许多实例。

巴黎鲁日塞库利的公寓建造时与相邻的建筑物刚好连在一起，邻地之间的界限是砌石或砌砖的砌体结构墙壁。工作室的设计直接利用原有墙壁的石或砖的材料质感，将天花板设计成白色拱顶。

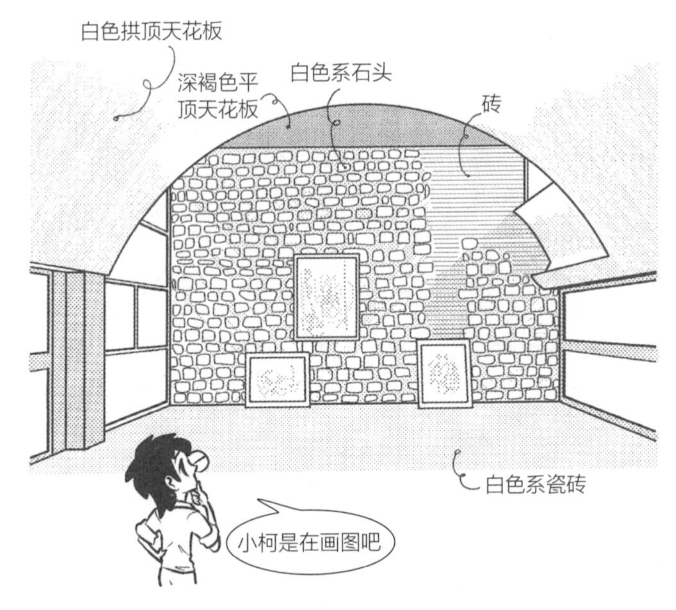


鲁日赛库利的公寓最上层的柯布西耶工作室

- 周末住宅（Weekend House，1935）、富特之家（Maison Fueter，1950）和乔奥住宅（Maisons Jaoul，1954），都是利用拱顶并列而成的组合方式。20世纪20年代是以白色的抽象箱型为设计主流，20世纪30年代后，变成砖或混凝土浇制等，具有材料质感的作品逐渐增加。

**问：** 柯布西耶设计过什么样的椅子？

**答：** 下图的 LC4 躺椅（LC4 Chaise Longue，1928）和舒适厚垫沙发（Grand Confon，1928）是著名作品。

20 世纪 20 年代，自从包豪斯等采用不锈钢管的设计后，就出现了非木制的椅子。柯布西耶的椅子以设计简约和舒适度为考量，至今在饭店或公寓大厅等处仍多采用柯布西耶设计的椅子。



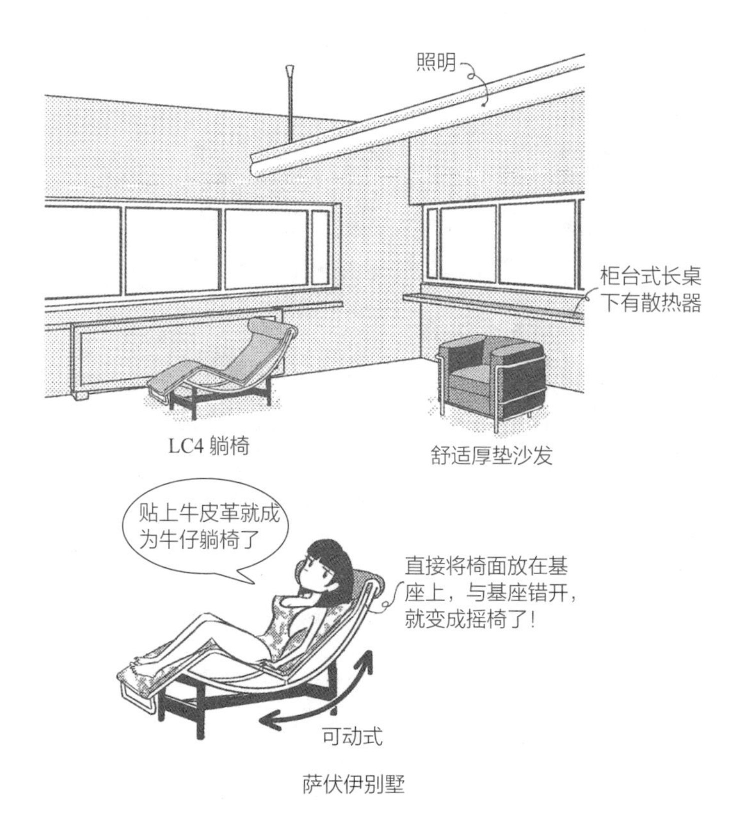


萨伏伊别墅

- Grand Confort 原意为“巨大而舒适”，Chaise Longue 则意为“长躺椅”。若椅面贴以牛皮革，LC4 躺椅便可称为牛仔躺椅。如果 LC4 躺椅与基座错开，就变成摇椅。

**问：**最早的不锈钢管制椅子是哪一件？

**答：**包豪斯的马歇·布劳耶（Marcel Breuer，1902—1981）设计的瓦西里椅（Wassily Chair，1925）。

设计构想来自行车的把手，可以将钢管分解再组合起来。

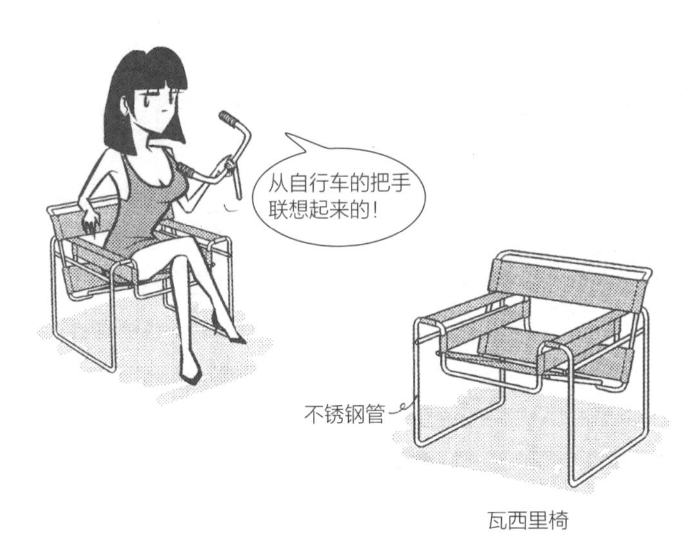

瓦西里椅

- 1919 年，包豪斯于德国创立。它是一所综合美术和建筑的专业学校，近代艺术运动的中心之一。匈牙利出生的布劳耶于包豪斯求学，并成为包豪斯的教师。"瓦西里椅"之名来自包豪斯教授瓦西里·康定斯基（Wassily Kandinsky，1866—1944）。
- 钢制椅大约 1850 年就出现了，但最早以不锈钢管做成的椅子是瓦西里椅。

**问:** 不锈钢管制的悬臂椅子作品有哪些?

**答:** 史坦(Mart Stam,1899—1986)设计的悬臂椅(Cantilever Chair,1926)以及密斯(Ludwig Mies van der Rohe,1886—1969)的MR 椅(MR chair,1927)等。

所谓悬臂就是单边支撑,以一边的椅脚作为支撑点,由此延伸出另一边的椅脚,就像树枝一样的结构。使用具一定强度的不锈钢管,便能创造悬臂结构。

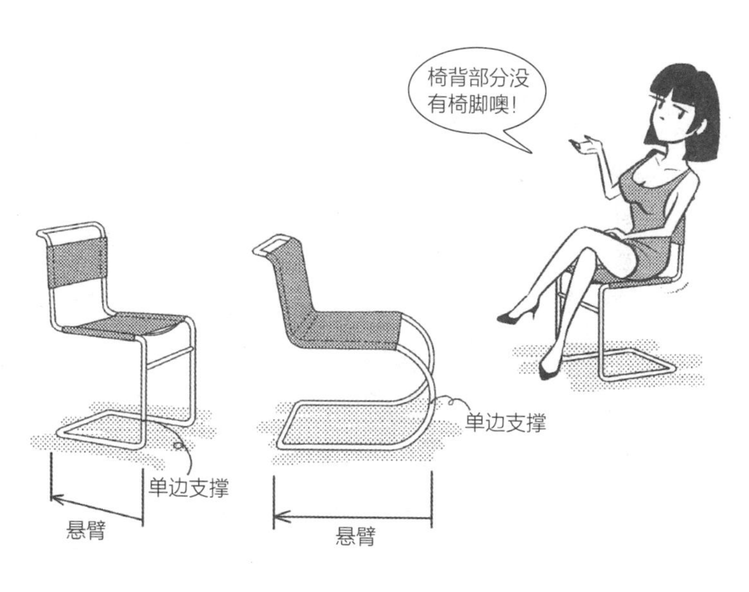


悬臂椅(史坦)　　MR 椅(密斯)

**问：**有用平钢做的椅子吗？

**答：**密斯设计的巴塞罗那椅（Barcelona chair，1929）是著名的平钢椅。

虽然家具常以钢管制作，但巴塞罗那椅是利用弯曲的平钢，以十字形的骨架组合而成。尽管是 20 世纪前半叶的设计，至今在饭店或公寓大厅等处仍广泛使用。

巴塞罗那椅

- 平钢椅是为 1929 年巴塞罗那世界博览会德国馆（Barcelona Pavilion）所设计的椅子。当时馆内放置白色椅面的椅子，另外也有无椅背的设计。

**问：**1929 年巴塞罗那世界博览会德国馆的墙壁有装饰吗？

**答：**没有，以素面石材本身的模样作为装饰。

建筑物整体并非箱型，而是由不同的面组合而成的抽象结构。每一个面都摒弃了惯用的建筑装饰，天花板为白色，墙壁和地板仅用素面石材。墙壁和地板的白色系石材是石灰华（travertine），绿色和褐色的部分是大理石。

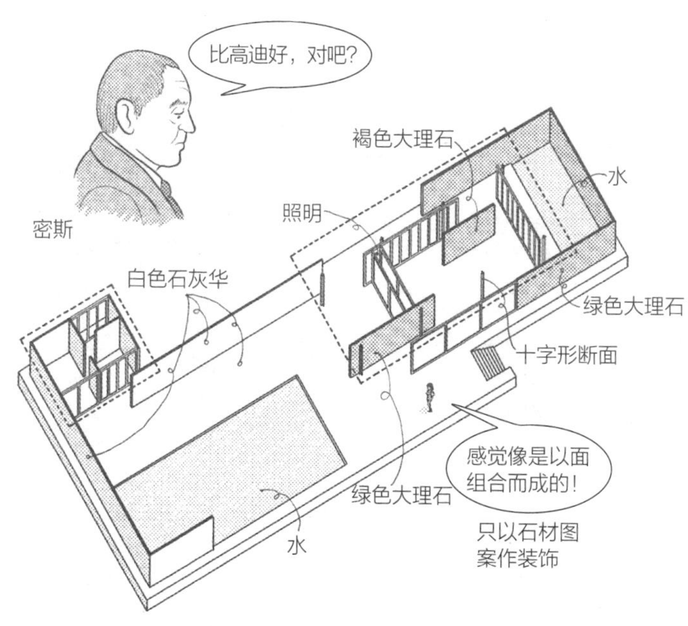


巴塞罗那世界博览会德国馆

- 密斯在 20 世纪 10 年代也设计过传统建筑，进入 20 世纪 20 年代后，他反复以破坏箱型的方式进行设计，最后完美实现的，就是 20 世纪 20 年代后期设计的巴塞罗那世界博览会德国馆。
- 德国馆曾经重建，在巴塞罗那欣赏过高迪的作品后，别忘了拜访一下密斯的作品。在高迪的时代之后，可以明显感受到新时代的开始。

问：要让墙壁或屋顶看起来是独立的面的设计要点是什么？

答：让墙壁或屋顶的边缘（端部）外露可见，墙面、天花板面为无装饰的平滑设计等。

1929 年巴塞罗那世界博览会德国馆的墙壁和屋顶的边缘随处外露，强化面的独立印象，不以箱型的墙壁围绕，而是像卡片般放置墙面，使空间呈现无分内外的感觉。

- 类似的箱型解体设计，亦可见于赖特的 20 世纪 10 年代住宅，但将之完全分解的，就是密斯设计的德国馆。借由独立墙面的设计方式，使内部与外部一体化，产生具有流动感的空间。

**问：** 20 世纪 20 年代的柯布西耶与密斯的作品有什么共同点？

**答：** 墙面都没有装饰，使用大型玻璃墙面，以及使用内外连续的设计方式等。

---

在柯布西耶、密斯之前的建筑，大多将装饰或样式重叠安装。由于 20 世纪 20 年代近代建筑的出现，空间构成的设计重点转移至无装饰的面或玻璃等的构成方式。

- 若要表现整体的构成，相较于透视图，使用轴侧投影图更合适。这时已不像从前的建筑师那样热衷于描绘透视图，比起装饰或样式等的表层表现，已经转为着重于空间构成。

**问：** 20 世纪 20 年代，柯布西耶曾设计白色箱型建筑，那么密斯较常设计哪一种箱型建筑呢？

**答：** 密斯在 20 世纪 50 年代后经常设计玻璃箱型建筑。

范斯沃斯住宅（Farnsworth House，1951，美国芝加哥）是以最少限度的墙壁所构成的玻璃箱型建筑。

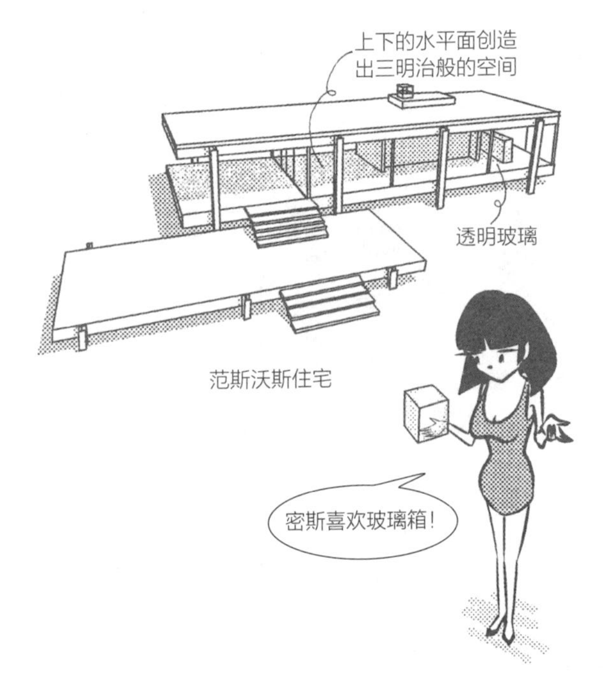


- 密斯在 1929 年巴塞罗那世界博览会德国馆设计中实现了“以面的组合构成空间”，之后向着墙壁越来越矮，甚至没有墙壁的方向发展，范斯沃斯住宅就没有墙壁。地板面与屋顶面呈现三明治形式，空间中几乎没有墙壁，形成均质空间，或应该说是通用空间，范斯沃斯住宅为均质空间最早的实例。
- 密斯的设计变化是从传统箱型建筑的解体，让墙面独立，墙壁最小化，最后是没有墙壁的玻璃箱型建筑，朝向均质空间的精致路程，也是各种设计作品随之产生的过程。20 世纪 30 年代后，柯布西耶改变白色箱型的设计方式，转换成具有造型的设计，而密斯则慢慢向均质空间推进。

**问**：芯核是什么？

**答**：中心、核心之意，但在建筑中是指厕所、浴室、电梯和管道间等设备集中的部分。

若是住宅完全开放，要确保隐私很困难。因此，范斯沃斯住宅是将厕所、淋浴室等芯核部分，在空间中安装成岛状，使周围保持开放感。料理台等则沿着芯核内侧的墙壁安装。



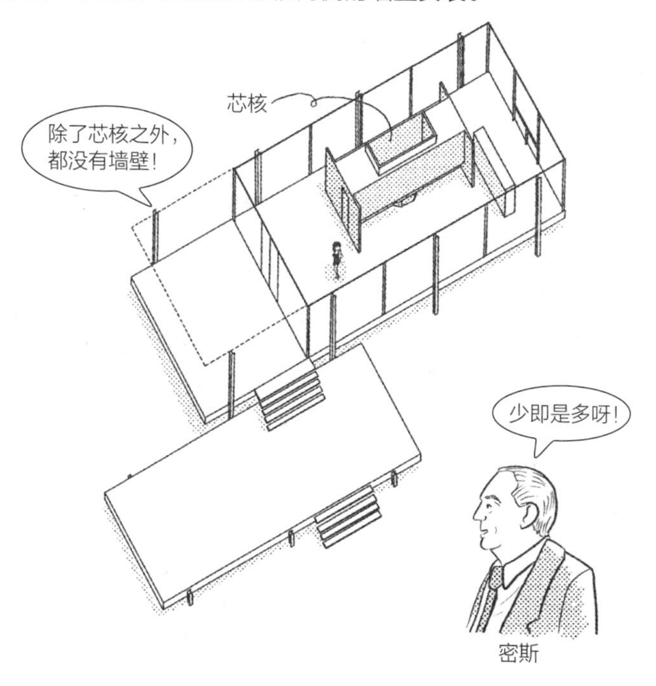


范斯沃斯住宅

- 范斯沃斯住宅四周为夹杂丛生茂密树林的旷野，原本就可以保护隐私。建筑物之所以设计成悬浮状态，是为了避免附近河水暴涨时受到损害（实际上有过因为河水暴涨而受害的情况）。
- 范斯沃斯住宅现为艺术爱好者所有，可以入内参观。密斯的其他作品常是将钢骨涂黑，范斯沃斯住宅则是涂成白色。笔者前往造访时，建筑物与周围的自然环境构成一幅美丽的景色，与在草地上看见白色的萨伏伊别墅矗立着一样，令人难以忘怀。

**问：**阿尔托会将天花板设计成波浪状吗？

**答：**芬兰建筑师阿尔瓦·阿尔托（Alvar Aalto，1898—1976）经常使用波浪状的天花板设计。

卡雷别墅（Maison Louis Carré，1959，法国）有沿着地势方向倾斜的单斜屋顶，屋顶下的天花板呈现大幅度的弯曲状。从入口、门厅到起居室，创造出具流动感的空间。

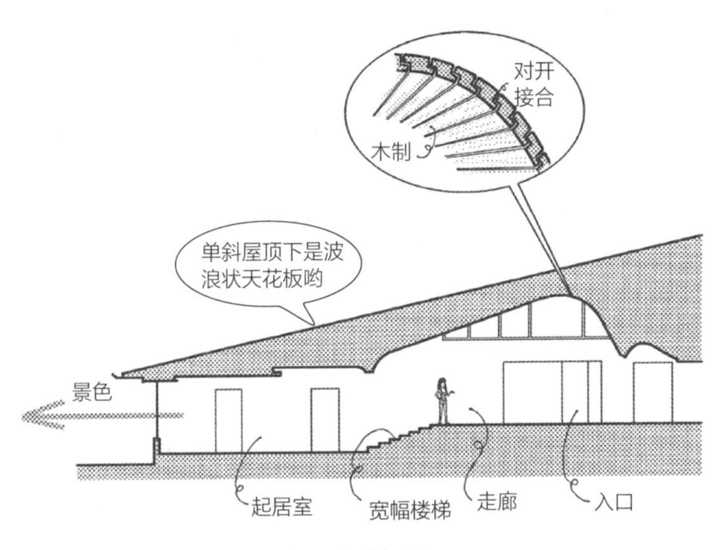


卡雷别墅剖面图

- 确立了柯布西耶和密斯的成就后，便补足了近代建筑设计中缺漏的部分，包括运用本土化设计、充分发挥材质特点的设计，以及曲线的设计等。阿尔托也是以近代建筑作为出发点，慢慢构建出自己独特的建筑世界。

**问：** 阿尔托会将墙壁设计成波浪状吗？

**答：** 展览会场等设施会使用波形墙。

纽约世界博览会芬兰馆（Finnish Pavilion，1939）打造出向内侧倾斜的波浪状墙面。墙面上安装了木格栅，展示着芬兰木材产业的大型照片。

纽约世界博览会芬兰馆

- 阿尔托经常使用曲线设计，若表示成平面图，大致可分为波浪曲面与扇形两种，扇形通常用在图书馆阅览室、教室或大厅等处。

问：阿尔托设计格栅时，会以非等间隔的随机方式安装吗？

答：在阿尔托设计的玛利亚别墅（Villa Mairea，1938）等作品中可以看到。

格栅的安装通常具有规则性，如等间隔或以两根为一组。玛利亚别墅楼梯旁的格栅，是将圆形断面的木棒随机间隔安装。

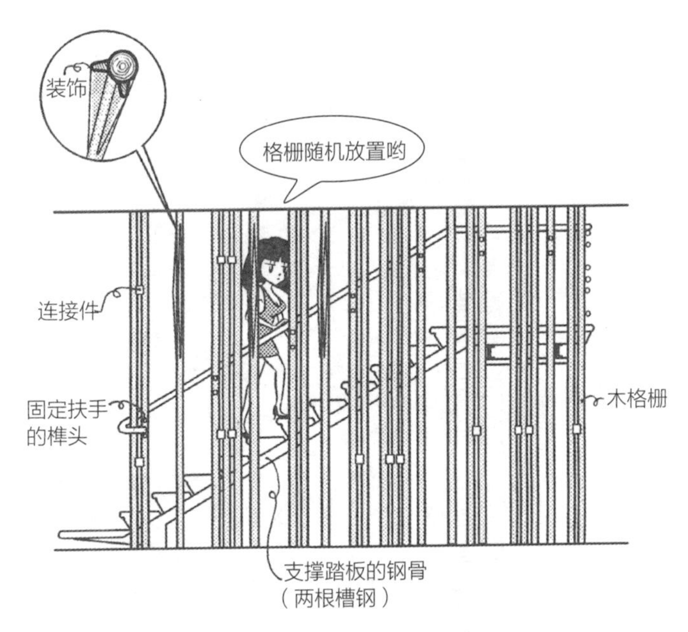


玛利亚别墅

- 相较于规则化的设计，阿尔托似乎比较喜欢不规则的、随兴的设计。玛利亚别墅位于赫尔辛基西北方，矗立在诺尔马库（Noormarkku）被森林围绕的山丘上，开放入内参观。

**问：** 阿尔托如何装饰圆柱？

**答：** 缠绕细藤编的绳索等。

玛利亚别墅起居室的黑色钢骨圆柱上，缠绕藤绳作为装饰。这种以自然素材作装饰的设计，完全不见于柯布西耶和密斯的作品。

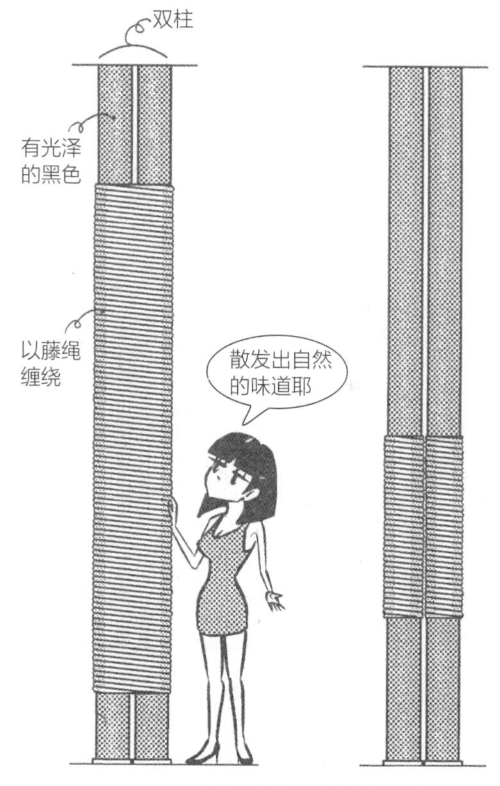


玛利亚别墅起居室的圆柱

- 这根柱是先在直径 150 mm 的钢管四周覆以耐火石棉，并且涂上具有光泽的黑色涂料所做成。钢管的内部以混凝土填充，增加结构的强度。
- 藤制家具的"rattan"通常翻译为藤，藤是棕榈科植物。藤制品既轻又强韧，经常用以制作家具。

**问：**阿尔托设计的扶手椅是什么样子？

**答：**下图的扶手椅41号（Armchair 41，1930）和扶手椅42号（Armchair 42，1933）是著名的作品。

将白色系的白桦木材做成强度增加的合成板材，完成曲线状的设计。

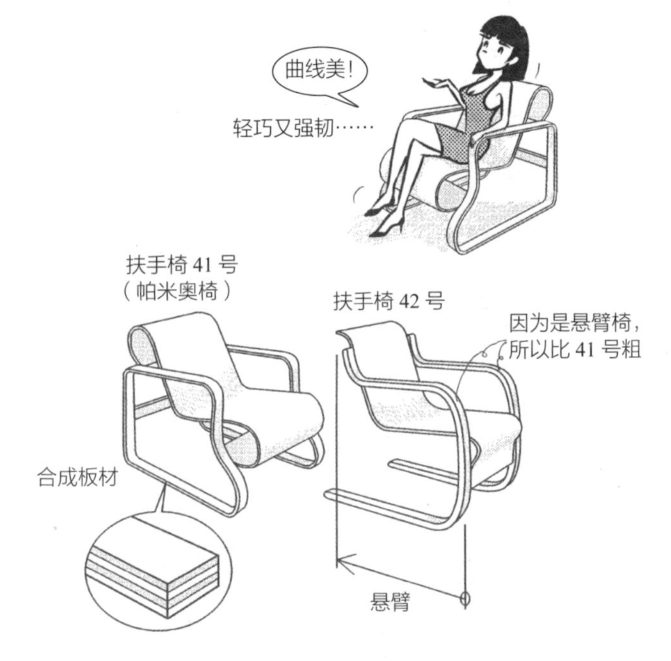


- 扶手椅41号是为了帕米奥疗养院（Paimio Sanatorium，1933）所设计。
- 扶手椅42号在椅背部分没有椅脚，为悬臂结构。这种结构的椅子一般称为悬臂椅。
- 木材的强度比铁低，为了确保强度，会使用较粗的构材，因此重量跟着增加。有时为了让粗椅脚的前端变细，会借由工匠的手艺进行加工。由于阿尔托使用合成板材，让又轻又强韧的木材可以运用于近代设计，还可能进一步量产。因此，由合成板材所打造的设计，可算是芬兰木材产业的幕后推手之一。

问：堆叠椅是什么？

答：让收纳和搬运更便利，可以相互堆叠的椅子。

堆叠椅是阿尔托为卫普里图书馆（Viipuri Library，1935）所设计的椅子。和扶手椅 41 号及扶手椅 42 号一样，这件作品以合成板材制作，是小型的轻量椅。

卫普里图书馆的堆叠椅

- stool（凳）是没有椅背也无扶手的椅子。chair 则是泛指所有椅子。卫普里图书馆的凳子是圆形椅面附有三只椅脚，非常简约又普及。

**问：** 蚂蚁椅、七号椅是什么？

**答：** 丹麦设计师雅各布森（Arne Emil Jacobsen，1902—1971）设计的椅子。

在三维曲面成型的薄合成板上加上细钢管椅脚，就完成了这张设计简约的轻便椅子，普及全世界。因背板的形状而名为蚂蚁椅、七号椅。

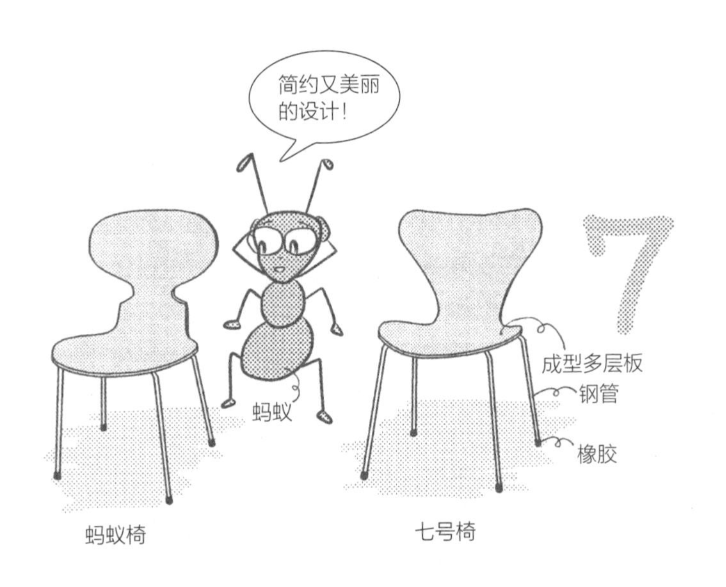


- 一开始的蚂蚁椅（1952）为三只脚，在雅各布森逝世后，改为现今的四只椅脚。
- 七号椅（1955）的椅面可以使用牛皮、海豹皮或羊皮等各种不同的材质。
- 20 世纪中叶，以芬兰的阿尔托、丹麦的雅各布森、汉斯 · 魏格纳（Hans J.Wegner）为首，北欧优秀设计人才纷纷崭露头角。

**问：** 天鹅椅、蛋椅是什么？

**答：** 雅各布森设计的椅子。

1958 年，雅各布森设计了在饭店中使用的天鹅椅和蛋椅。以硬质聚氨酯发泡体作为表面，完成具有厚度的造型。

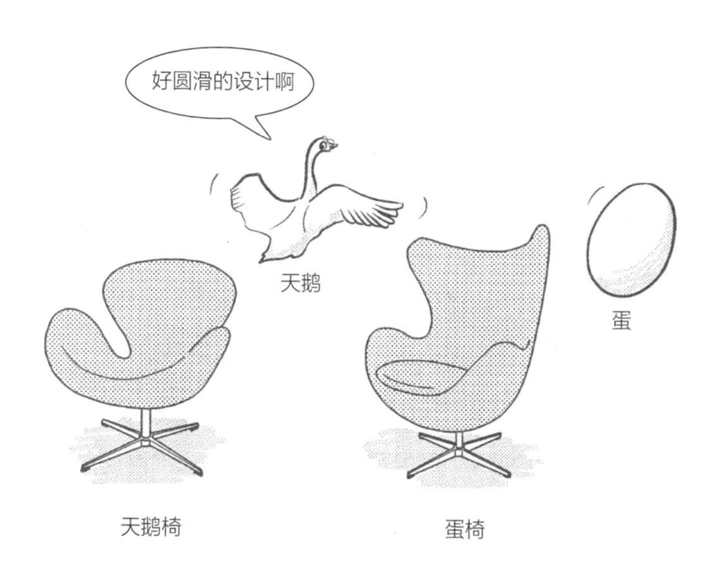

**问：**Y 字椅是什么？

**答：**韦格纳（Hans J.Wegner，1914—2007）设计的椅子。

Y 字椅因椅背部分附有 Y 字形而得名，椅背为纸纤（paper cord，相当坚固的纸质品）编织而成。韦格纳曾师从雅各布森，独立门户之后，1949 年设计了 Y 字椅，闻名世界，坚固、轻巧的简约设计，至今仍受世界各地喜爱。

- 在韦格纳的设计中，孔雀开屏般的孔雀椅也很著名。孔雀椅是将英国温莎地区所制作的温莎椅进一步精简化的设计。

**问:** PH 灯是什么?

**答:** 保尔 · 汉宁森(Poul Henningsen，1894—1967)设计的照明器具。

丹麦设计师汉宁森所设计的照明器具，以其姓名首字母取名为 PH 灯。这一以堆叠的板和灯罩来反射光线的吊灯非常著名，至今仍照亮着世界上许多家庭餐桌。



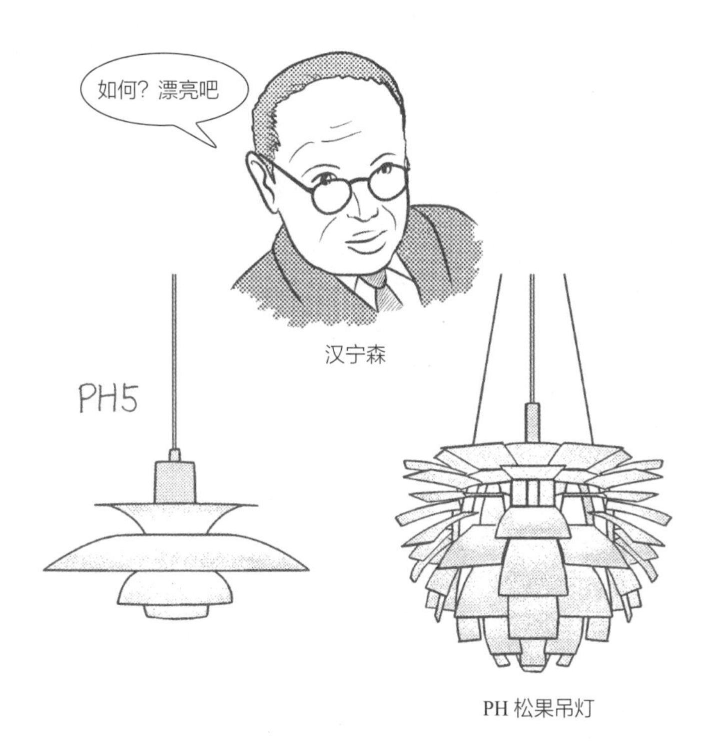


汉宁森

PH 松果吊灯

- 吊灯(pendant)的原意为项链，亦指悬吊在天花板上的照明设备。另一件照明器具 PH 松果吊灯(PH Artichoke Lamp)原文中的 artichoke，指洋蓟的果实，这件灯具因形似松果而得名。
- 光线不是直接来自灯泡，而是利用反射，如此光线会变得柔和。这是将间接照明的概念纳入照明器具的设计。

**问：**伊姆斯设计了什么样的椅子？

**答：**著名的贝壳椅。

伊姆斯（Charles Ormond Eames，1907—1978）以 FRP（fiberglass reinforced plastic，玻璃纤维强化塑料）制作一体成型的椅面与椅背，再利用细网管来支撑。贝壳形曲面在结构上较稳定，会应用于建筑或家具的结构。贝壳的形状与支撑钢管的组合方式有各种不同的形式。

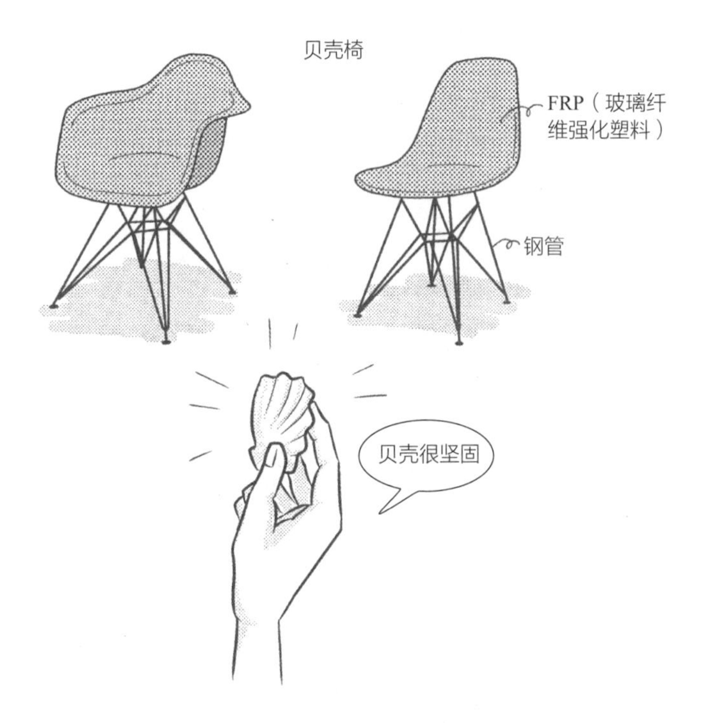


- 美国设计师伊姆斯与妻子蕾（Ray Eames，1912—1989）共同从事建筑与家具的设计。附有垫脚椅的伊姆斯躺椅也是伊姆斯的著名作品。
- 20 世纪中叶兴起于美国的一连串近代设计亦称中古风（Mid-Century Style）。

问：有以日本障子（纸拉窗、纸拉门）作为设计主题的钢骨住宅吗？

答：伊姆斯住宅（Eames House，1948）有类似障子的设计。

由于钢骨部分涂成黑色，墙壁涂成白色，形成类似障子的设计，外侧黑色钢骨之间墙壁，个别涂成红色或蓝色，不禁令人联想起蒙德里安的画作。

伊姆斯住宅

- 伊姆斯夫妇似乎对于日本的设计和生活形式颇感兴趣，还留有坐在榻榻米上用筷子吃饭的宴会照片。伊姆斯住宅使用了许多以和纸制成，像提灯般的照明器具。日本设计与近代设计之间，似乎有着简单的规则性和通用性等共同点。伊姆斯住宅使用工业制品及与之相结合的尺寸规格（预制品），组成简约的美丽和风空间。
- 钢浪板为地板基础材料，借由将钢板弯折成波浪状来保持强度。
- 拼花地板是以小型木板组合而成，像铺设瓷砖一样的镶嵌地板。

**问：** 有在墙壁上开设巨大圆洞的设计吗？

**答：** 路易斯·康（Louis Isadore Kahn，1901—1974）设计的埃克塞特图书馆（Exeter Library，1972，美国新罕布什尔州埃克塞特），内部墙面上开设了巨大的圆形孔洞。

在混凝土浇筑的墙上开设巨大的圆形孔洞，可以看见各楼层的楼地板和木制书架。开设孔洞的混凝土墙面，经由顶窗的光线照射，增加了墙面的存在感。

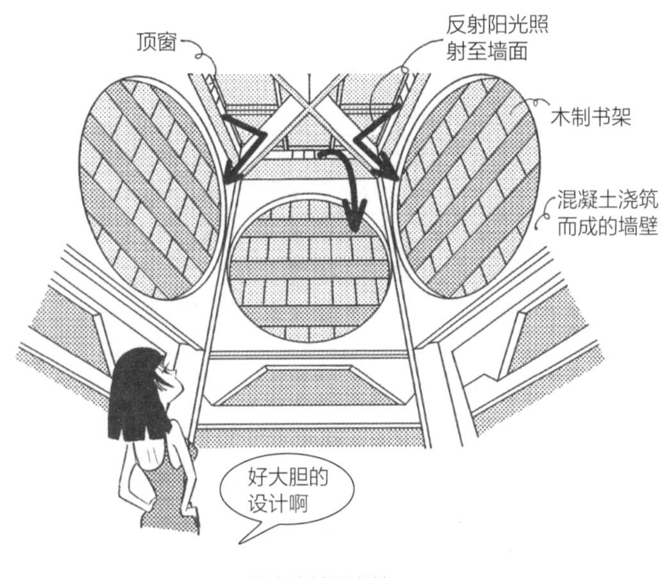


埃克塞特图书馆

- 顶窗是在靠近天花板的墙面部分开窗，引入光线。天窗则是直接在天花板开窗，引入光线。路易斯·康设计的光源，会让阳光先经过几次反射，形成具有柔和感的光线，再照射在墙壁或天花板上。
- 在路易斯·康的设计作品中，经常可见墙壁开设圆形或三角形的巨大孔洞。

**问：** 可以在天花板安装天窗作为光源吗？

**答：** 路易斯·康设计的金贝尔美术馆（Kimbell Art Museum，1972，得州沃斯堡），就是利用天窗引入光线，经由穿孔金属钢板的反射，照射在拱顶天花板上。

不是直接从天窗引入阳光，而是借由开有小孔洞的穿孔金属钢板，让光线穿透或反射。由穿孔金属钢板反射的光线，照射在混凝土浇筑的拱顶面上，让整个天花板明亮起来。



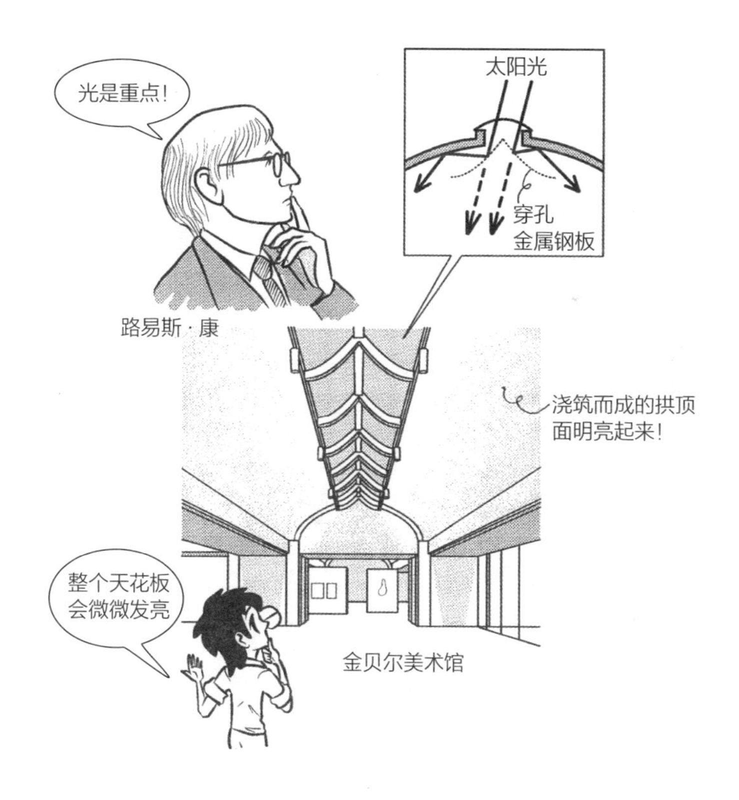


- 为了让穿孔金属钢板所反射的光线均等照射，拱顶的断面设计成摆线形。

问：有在窗边安装家具的设计吗？

答：路易斯·康设计的费舍宅（Fisher House，1967，美国宾夕法尼亚州哈特波罗）角隅窗边设有长椅。

凸窗或弧形凸窗（弯曲的突出窗户）经常设有长椅。费舍宅的角隅有大型窗户，下方可以分割出一小块凹凸空间，以便安装长椅或小窗。

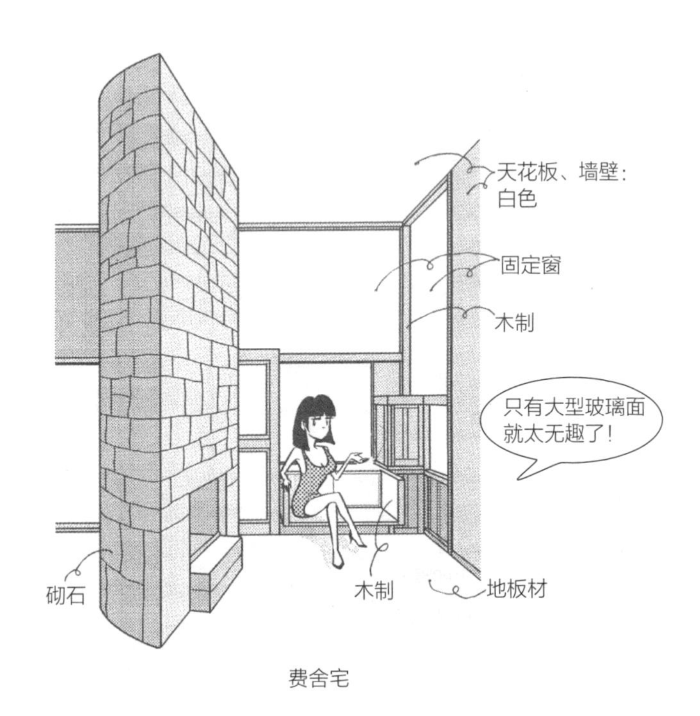


费舍宅

- 费舍宅是由两个近乎正方形平面的形体组合而成，平面是以倾斜的方式相交。虽然呈现奇妙的几何形式，内外部的设计还是让人感觉平和。

**问：** 有楼梯的配置与墙壁相冲突的设计吗？

**答：** 罗伯特 · 文丘里（Robert Venturi，1925—2018）设计的母亲住宅（Vanna Venturi House，1962，美国宾夕法尼亚州栗树山学院）楼梯与中间的壁炉墙壁相冲突，形成楼梯右半部无法向上行走的状态。

故意使用交错、弯折、对立等复杂化的操作形态，与密斯等人的简约设计形成对比。

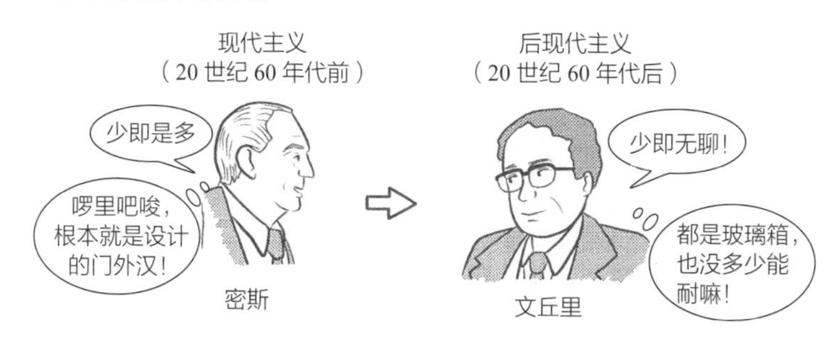


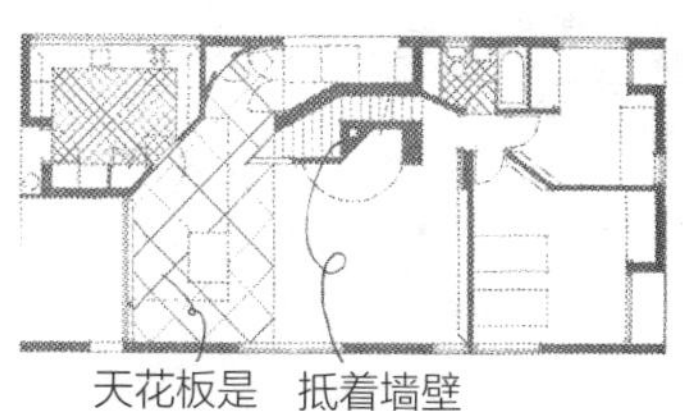


- 文丘里曾师从路易斯 · 康，独立门庭之后，开展与路易斯 · 康截然不同的风格。相对于密斯的“少即是多”，文丘里在其著作《建筑的复杂性与矛盾性》（*Complexity and Contradiction in Architecture*，1966）中提出“少即无聊”，掀起了反现代主义的旗帜。
- 查尔斯 · 詹克斯（Charles Jencks，1939—2019）在其著作《后现代建筑语言》（*The Language of Post Modern Architecture*，1977）中，提出“后现代主义等于近代主义之后”，批判密斯等建筑师的现代主义。
- 笔者前往著名的母亲住宅参观时，老实说并没有什么特别的感想。印象中反而觉得路易斯 · 康设计的埃西里克住宅（Esherick House）更杰出。文丘里设计的费城富兰克林庭院（Franklin Court，1976），才是富有趣味与创意的作品。

**问:** 有没有色彩丰富的室内设计?

**答:** 后现代主义代表建筑师迈克尔·格雷夫斯(Michael Graves,1934—2015)使用了许多粉色系设计。

在桑纳家具展示厅(Sunar Fumiture Showroom,1980,美国洛杉矶)中,墙壁、柱、照明器具的细部样式设计简约,配置了各种各样的粉色系色彩。下面是在墙面上制作的立体壁画。

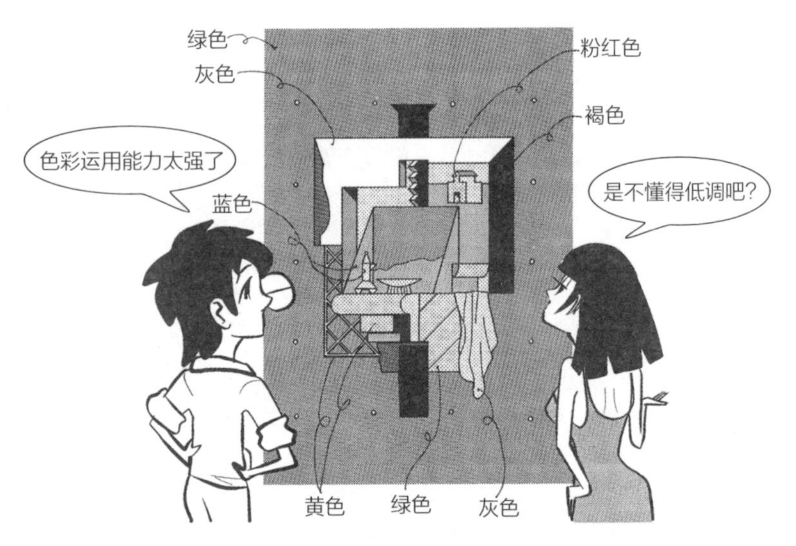


桑纳家具展示厅的浮雕壁画

- 相对于使用固定色彩和形式的现代主义,后现代主义倾向于运用大量色彩和形式。
- 笔者至今仍记得看到洛杉矶桑纳家具展示厅时所带来的冲击。这座建筑物不受建筑或室内设计的限制,可以清楚感受到格雷夫斯丰富的灵感。

**问：** 后现代主义会运用柱式的装饰吗？

**答：** 有非常多实例。

格雷夫斯设计的桑纳家具展示厅中，圆柱上安装了像柱头一样的间接照明。另外也有两根一组的双柱设计。这是借由现代设计让柱式重获新生的实例。

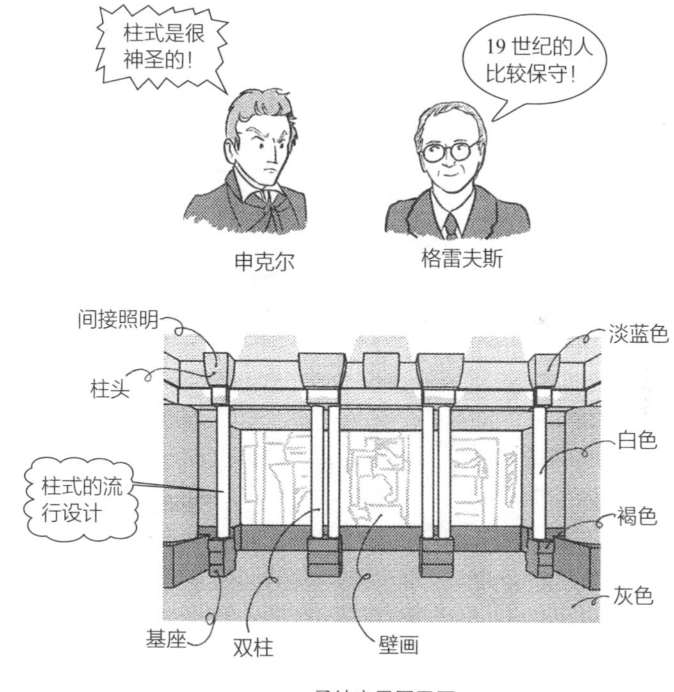


桑纳家具展示厅

- 19 世纪的古典主义（新古典主义或新巴洛克）是使用柱式设计的"开端"。后现代主义对柱式的形式进行重新定义，涂上粉色系色彩等，称为"轻松""不装模作样""流行"的设计形式。

问：有在箱子中放入箱子的箱中箱设计吗?

答：摩尔（Charles Moore，1925—1993）的作品经常使用这种设计手法。

摩尔住宅（Moore House，1966，美国康涅狄格州纽哈分市）是在既有住宅中放入三个正方形平面的小箱子所构成。三个箱子的大小和形状各异，也各有不同名称。

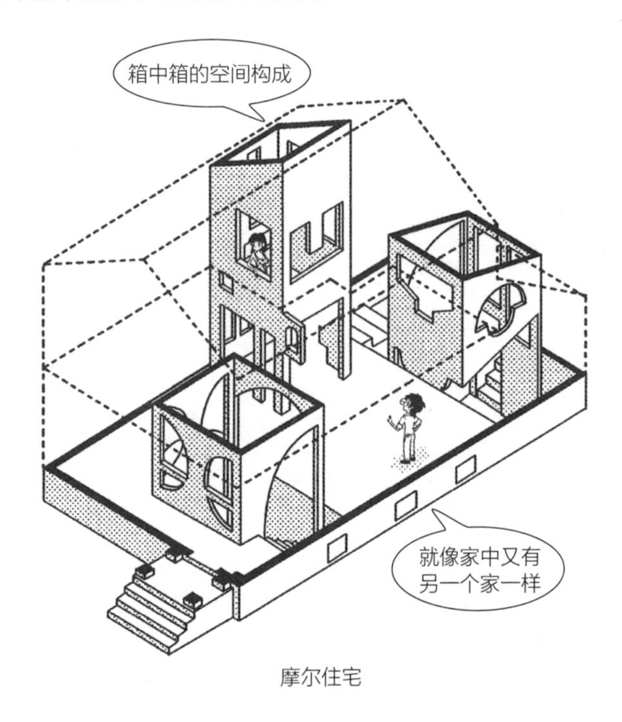


摩尔住宅

- 在大箱子中放入小箱子时，小箱子周围要留设挑高空间。这与柯布西耶设计的挑高空间不同，是没有方向性的留设。
- 海边住宅（Sea Ranch，1964，美国加利福尼亚州海滨）为别墅集结而成的大型建筑物，内部的空间构成也是箱中箱。外箱为木造结构外露，内箱漆成淡蓝等色彩。
- 将柯布西耶的设计更加鲜明化的理查德·迈耶（Richard Meier，1934— ）所设计的白色箱型称为“白色派”，而摩尔等人的设计则称为“灰派”。

**问：** 超平面风格是什么？

**答：** 在墙上描绘巨大的图案、文字或抽象画等。

摩尔的海滨住宅公共空间，以原色描绘了巨大的图案（超平面风格）。

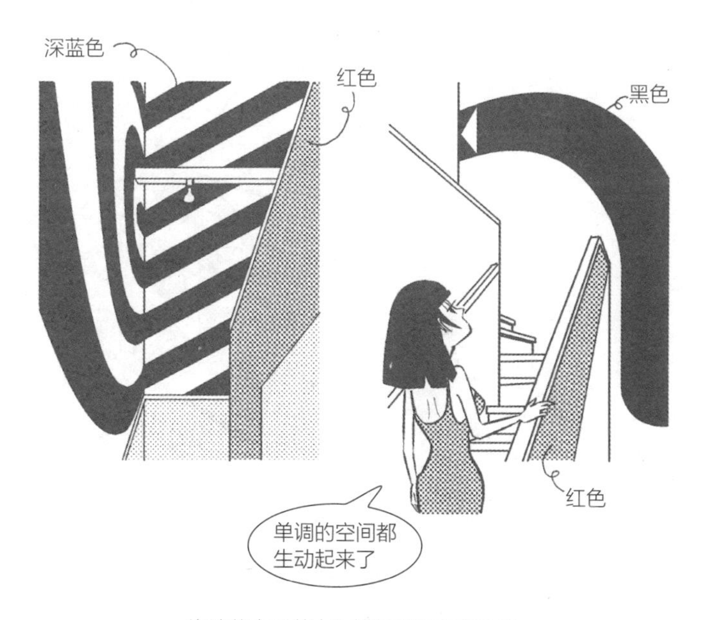


海滨住宅公共空间描绘的超平面风格

- 关于摩尔的设计，“削减成本制作而成的空间实在令人感到有些悲惨，在芭芭拉女士的帮助下，才于墙壁上设置图案。杂志记者将之描写为前无古人的绝佳超平面风格，然而最早出现的超平面风格应该是文丘里设计的格兰德餐厅所安装的巨大文字”。（日本杂志 *GA Houses* 第 10 期，第 55 页）

**问：**解构是什么？

**答：**杂乱的、非结构式所构筑的“去构筑”结构。

盖里住宅（Gehry House，1978，美国加利福尼亚州圣塔莫尼卡）在有复斜式屋顶的既有住宅周围，使用许多便宜的材料，如镀锌钢板、铁丝网围篱和 2×4 框架结构等，杂乱地重叠在一起，形成如同工程现场般的样子。

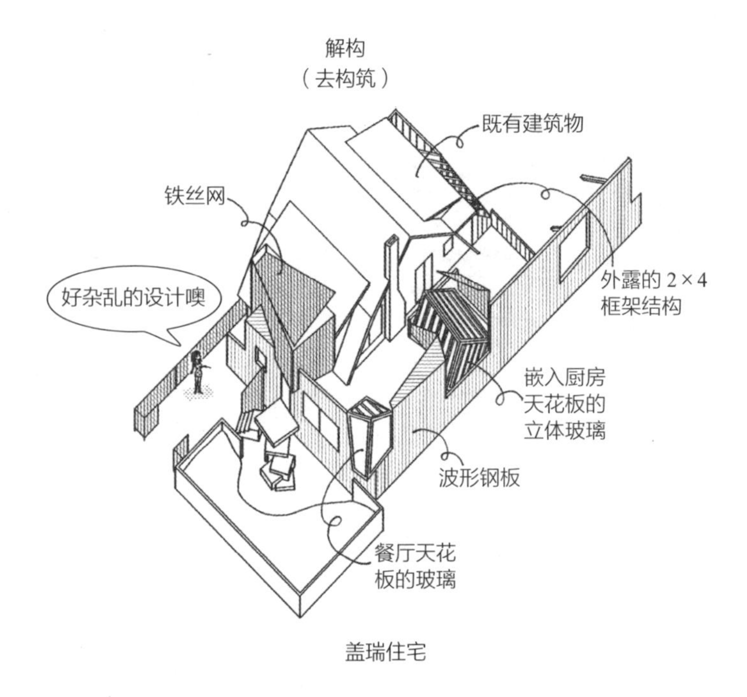


盖瑞住宅

- 1988 年夏天，在菲利普 · 约翰逊（Philip Johnson，1906—2005）的指挥下，举办了“解构主义建筑”展，由此出现所谓解构主义。解构主义设计形式如此杂乱无章、乱七八糟，房屋就像要崩坏一样。盖里就在毕尔巴鄂古根海姆博物馆（Guggenheim Museum Bilbao，1997，西班牙毕尔巴鄂）这座巨大的建筑物中，实现了不规则、不整齐的解构造型。

**问：** 解构主义还有哪些特别的设计？

**答：** 还有扎哈·哈迪德（Zaha Hadid，1950—2016）设计的香港山顶俱乐部（Peak Club，1982，中国香港）等作品。

香港山顶俱乐部的设计方案中，我们可以看到细长的直方体在空中重叠交错，形成充满速度感的设计。

- 伊拉克出生的扎哈·哈迪德因为香港山顶俱乐部设计方案而成为举世闻名的建筑师，一生中设计了许多知名建筑。
- 在解构主义建筑发展中，除了弗兰克·盖里、扎哈·哈迪德，还展示了丹尼尔·李伯斯金（Daniel Libeskind）、雷姆·库哈斯（Rem Koolhaas）、彼得·艾森曼（Peter Eisenman）、库柏·辛门布劳（Coop Himmbelblau）、伯纳德·屈米（Bernard Tschum）等人的作品。

问：高技派是什么？

答：强调运用高度科技技术所做的设计。

诺曼·福斯特（Norman Foster，1935—）设计的香港上海银行总部（现为香港汇丰银行总部，1986，中国香港），安装在塔楼南立面随着太阳移动“镜凹”，使阳光可以扩散至内部。从作为骨架的电梯开关板等，到室内设计的细节，都是所谓“高技派”的设计。

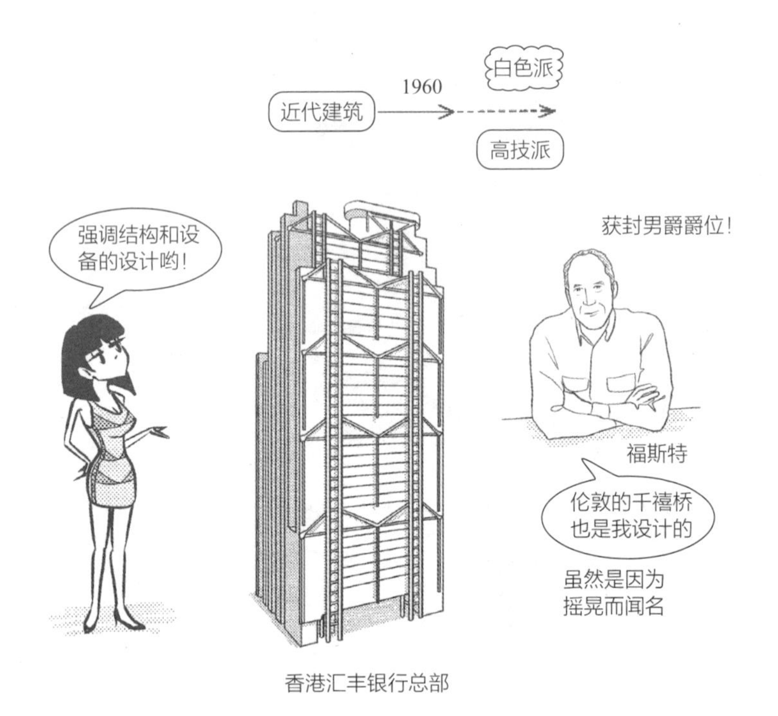

香港汇丰银行总部

- 高技派仍在近代建筑的延伸线上，强调包括结构、环境控制、设备等技术部分的设计。在近代建筑的延伸线上，除了高技派之外，还有将柯布西耶的设计更加鲜明化，由迈耶发展出的设计形式（白色派）。

**问：** 寝殿造的地板是什么样子？

**答：** 寝殿造的地板架空于地坪上方。

原始时代的竖穴式住居是直接在土地地坪上生活，日本古代（飞鸟、奈良、平安时代）的寝殿造则是将地板架空。寝殿造限制只能作为贵族居所，借由架空地板，使地板下方通风良好，适合居住。

| 原始时代 | 古代 |
|---|---|
| 绳文、弥生、古坟时代 | 8 世纪、奈良、平安时代 |

- 高脚式建筑物常见于谷仓或小部分建筑物，据称是日本弥生时代从中国引入稻作的同时所发展出来的建筑形式。不过近年的调查发现，绳文时代的遗迹中就有高脚建筑物，从古代的贵族住宅开始，逐渐普及至一般住宅。

**问：**寝殿造使用榻榻米吗？

**答：**使用一两张榻榻米铺设在木地板上。

榻榻米只铺设在盘坐的地方。为了分隔宽广的空间，会使用屏风、冲立障子（茶道用小屏风）等，当时用以分隔房间的门还不发达。

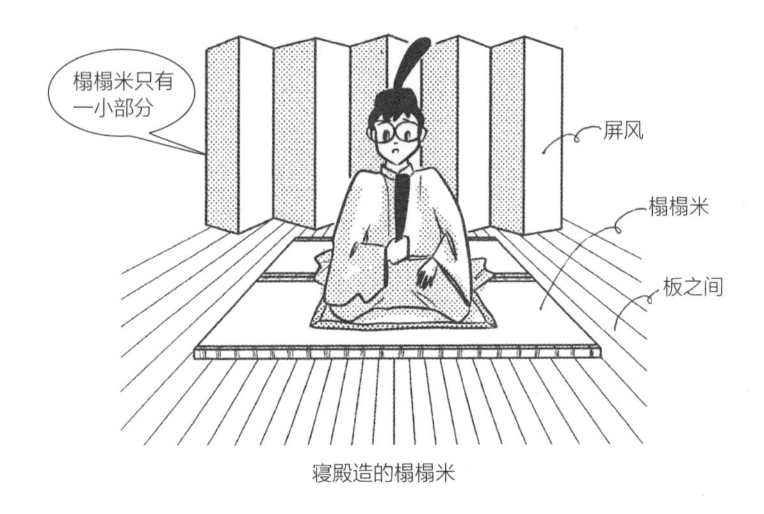


寝殿造的榻榻米

- 寝殿造内的生活模样，可以在《年中行事绘卷》中窥知一二。
- 榻榻米在当时属于奢侈品，只有身份高贵的人可以端坐其上。

问：什么时候开始将榻榻米铺满整个住宅？

答：从室町时代以后的书院造开始。

寝殿造中只部分使用的榻榻米开始全面铺设，是在寝殿造变化、衰退而出现武家住宅形式的时期。

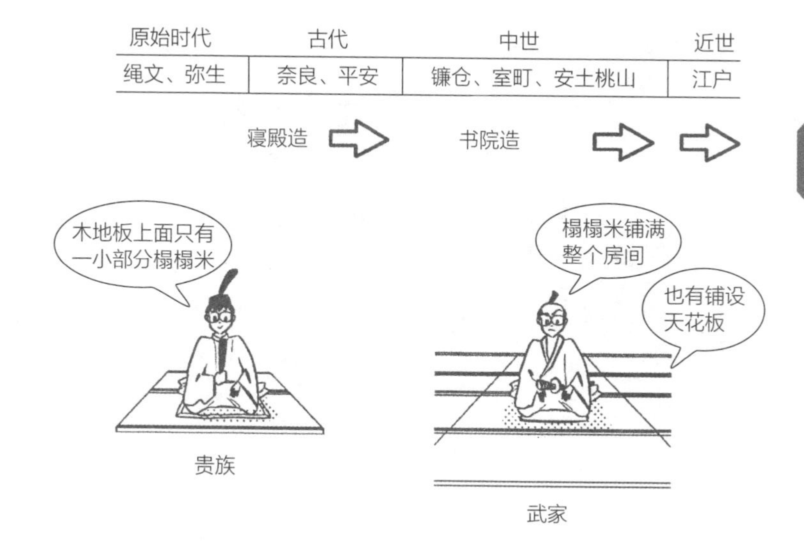


- 初期的武家住宅也称为主殿造。室町时代出现的书院造，历经安土桃山时代，于江户时代成熟。现今的和风住宅风格，大多受到书院造影响。
- 寝殿造没有铺设天花板，屋顶的结构（屋架）直接外露。书院造因为有铺设天花板材，可以简单进行房间的分隔，纸门、袄户（槅扇门）也开始逐渐普及。

问：格天井（花格天花板）是什么？

答：格子状组合而成的天花板。

发展至书院造后，住宅开始铺设天花板。高规格的房间会安装格天井甚至与天花板四周弯折，使中央部分向上抬高，开成折上格天井（边缘做成拱形的格天井）。曾为德川家康京都住所的二条城二之丸御殿（1603），其大广间装的就是折上格天井。

二条城二之丸御殿 大广间

- 初期的书院造天花板或较低规格的房屋天花板，在平行排列的角材上铺设木板，形成竿缘天井。
- 组成格子状的角材称为格缘（格框），围成的空间称为格间。

**问:** 竿缘天井（格栅天花板）是什么？

**答:** 将细角材平行排列，其上铺设板材所形成的天花板。

排列在天花板材下方的细角材，称为竿缘。竿缘的间隔为 300 ~ 450 mm。

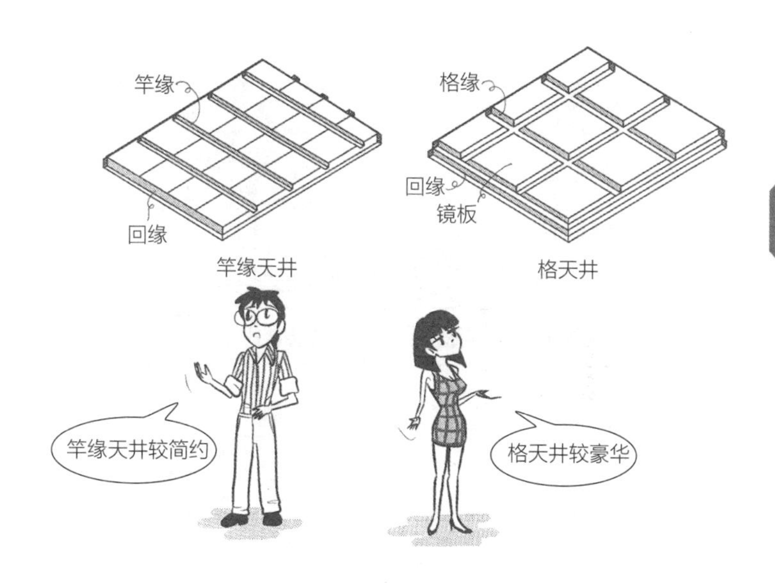


- 相较于格天井，竿缘天井是较简约的天花板铺设方式。低规格的书院造房屋或较低成本的房屋，较常使用的竿缘天井。
- 竿缘的端部以称为回缘的角材收边。由于是环绕在天花板的四周边缘，因此日文称为“回り缘”（回缘）。一般来说，竿缘与床之间（凹间、壁龛，位于客厅内部可挂条幅，可做摆设的装饰用区域）为平行安装。朝床之间方向安装时为壁冲式，现在一般会避免这种安装形式。不过古代建筑中还是有壁冲式的实例。
- 铺设在格天井格间的水平板，常直接外露作为装饰之用，称为镜板（镶板）。

**问:** 框是什么?

**答:** 上段之间（地板被抬高，高于其他空间）、床之间、玄关等，铺设在地板抬高处四周的水平装饰板材。

为了避免湿气等原因，高规格的房屋会将地板抬高。地板或榻榻米的端部直接暴露出来会显得不美观，所以用装饰板材来隐藏。

二条城二之丸御殿 大广间

- 床之间常设有木板或木架，作为安装佛坛等的基座，为书院造的成熟形式之一。门四周固定用的构材也称为框。在四边的框之中铺有木板（镜板、镶板）的门扇，称为框户。
- 古代只有身份地位高的人士才能使用榻榻米，但随着榻榻米的普及，需要衍生出其他辨别身份地位的方法。“上段”因而发展出来。

**问：**长押是什么？

**答：**安装在墙壁中间偏上方，与柱的上部水平连接的横材。

刚开始是作为防止柱倒塌的结构，后来演变成书院造形式的装饰板材。在袄（槅扇）或障子（纸拉窗、纸拉门）等上面，水平环绕房间四周。若是没有长押，柱间会从墙壁一直连接到天花板，形成空间的垂直性比水平性更强。而日本人比较喜欢强调水平性的设计。

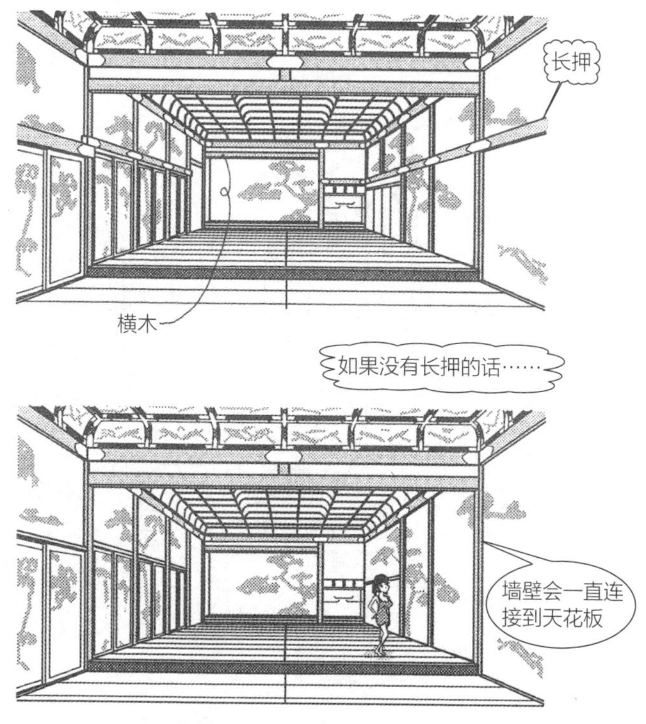


条城二之丸御殿 大广间

- 床之间上方位置的水平材称为横木，安装位置比长押高。如果长押直接环绕过去，就无法强调床之间的存在。

**问：**叠寄是什么？

**答：**由于柱通常比墙壁突出一些，当榻榻米（叠）刚好铺设到抵柱时，墙壁与榻榻米之间会出现缝隙。填补这个缝隙用的构材就是叠寄（日文原文为“畳寄**せ**”，即边缝材）。

将柱外露的“真壁造”（露柱造）是书院造的基本形式。为了更好地装饰从墙壁突出的柱，需要用小构材来填充。袄（槅扇）等有门的地方，会铺设与柱同宽的敷居，无须另外安装叠寄。

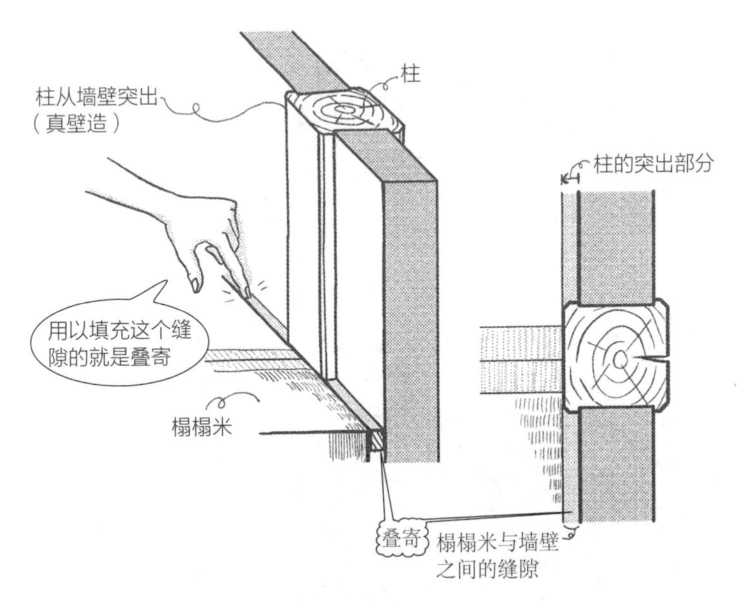


从上方所见的平面图

● 不外露柱的设计称为“大壁造”（隐柱造），不常使用在和室中。

**问：** 敷居（槛）、鸭居是什么？

**答：** 双扇横拉门上下方的木轨。

下方的木轨称为敷居，上方的木轨则为鸭居。敷居和鸭居的宽度与柱宽几乎相同。双扇横拉门由两片门扇组成，为左右交错开关的形式。

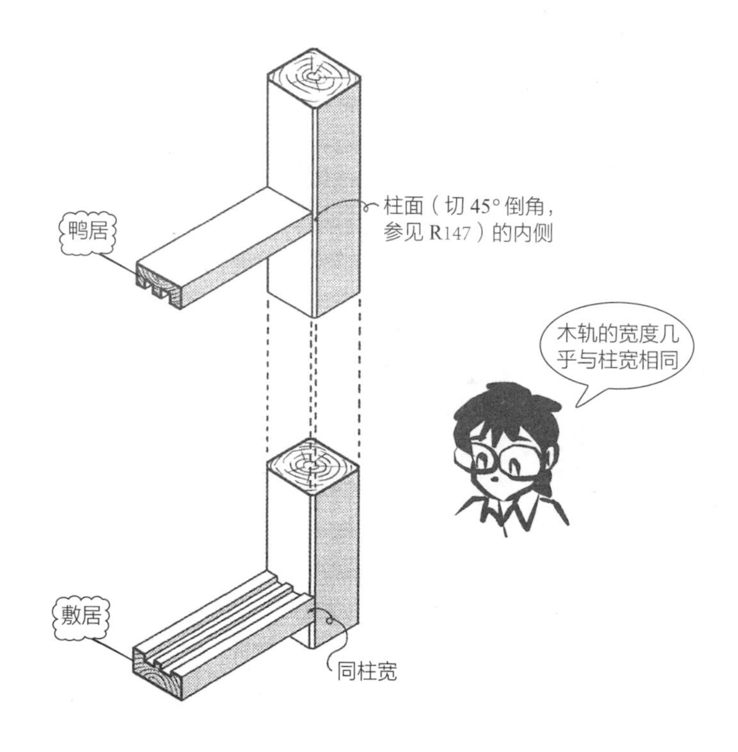


- 敷居的宽度与柱宽相同，鸭居的宽度切齐柱面（切 45° 倒角）的内侧。鸭居的上方有比柱更突出的长押通过，不会有收边问题。如果将敷居收在柱面的内侧，敷居会变得比柱稍窄，与榻榻米之间也会出现缝隙（参见 R235）。
- 由于组装时先将门抬高插入鸭居的沟槽，再向下放入敷居的沟槽，因此鸭居的沟槽会比敷居深。

**问：** 副鸭居是什么？

**答：** 类似鸭居的装饰板材，安装在长押之下，与鸭居之间有视觉连续性。

和鸭居不同，没有门的木轨，只是单纯的装饰板材。如果没有副鸭居，柱的左右会缺乏整体感。

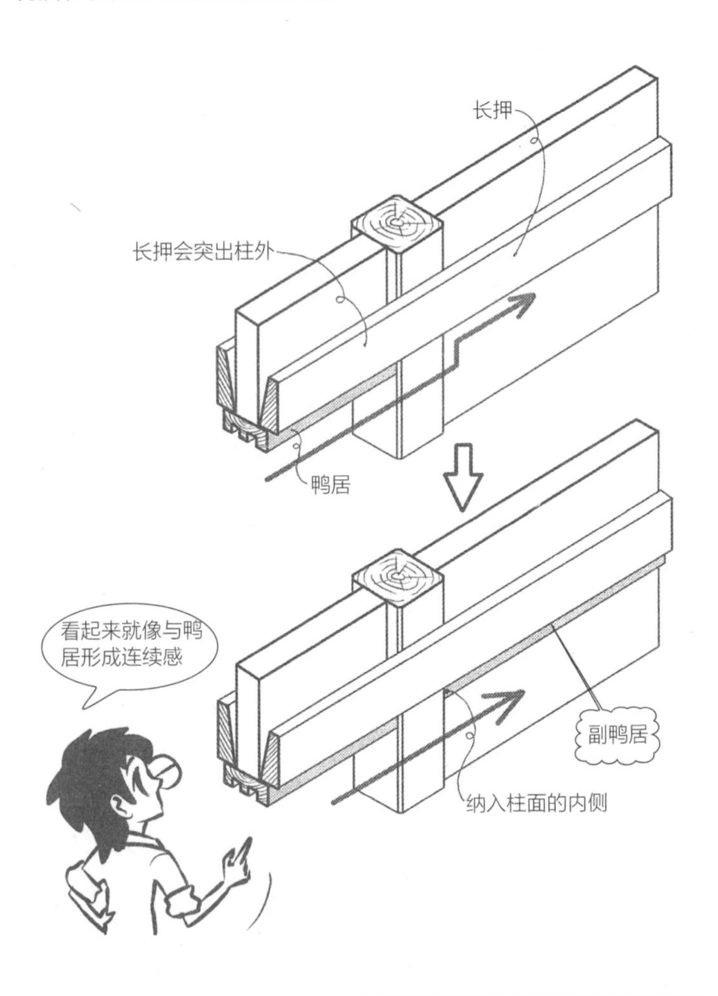

**问：** 叠寄、鸭居、副鸭居、长押、回缘等，会突出柱外还是在柱内？

**答：** 长押和回缘会突出柱外，叠寄、鸭居和副鸭居在柱内。

以立面图来看，柱会在长押通过的地方被分段，停在天花板的回缘处。

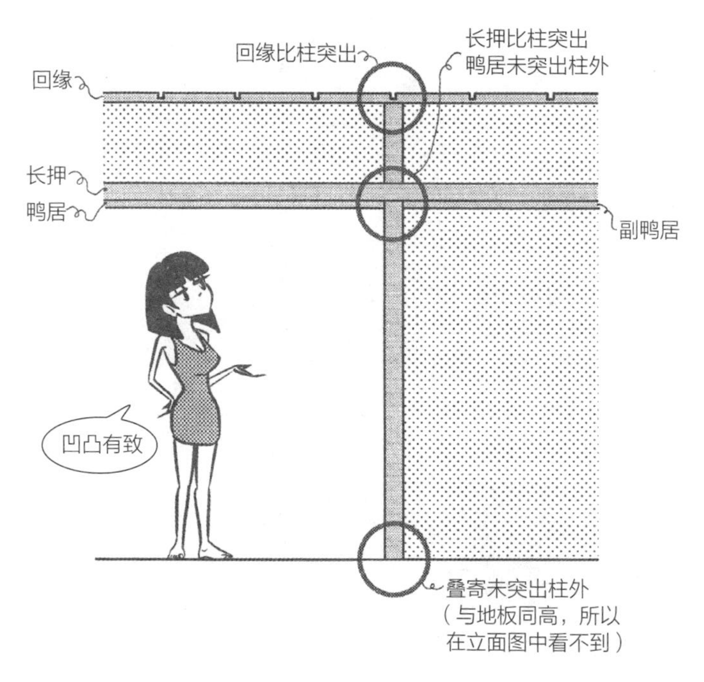


和室立面图

**问：** 内法是什么?

**答：** 从敷居上端到鸭居下端的高度，开口部、柱间、壁间等的内侧尺寸等。

一般来说，物件内侧的有效尺寸称为内法，但敷居与鸭居之间的高度也称为内法、内法高或内法尺寸，而敷居和鸭居本身亦称内法材。为了与其他长押区别，在鸭居上方的长押称为内法长押。

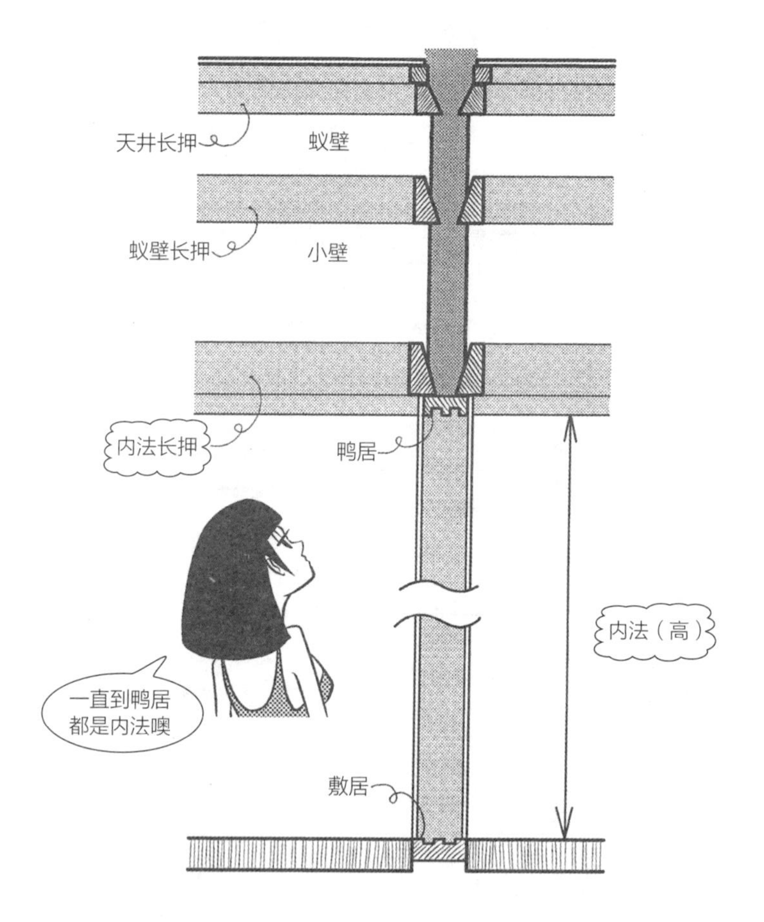

问：木割法是什么？

答：以柱的粗细为基准，计算出其他构材粗细等的尺寸单位、设计单位。

如果柱的粗细是 1，则鸭居为 0.4、长押为 0.9、回缘为 0.5、竿缘为 0.3、床框（地板框架）为 1、横木为 0.4 等。比例不同，设计出的感觉也不同。

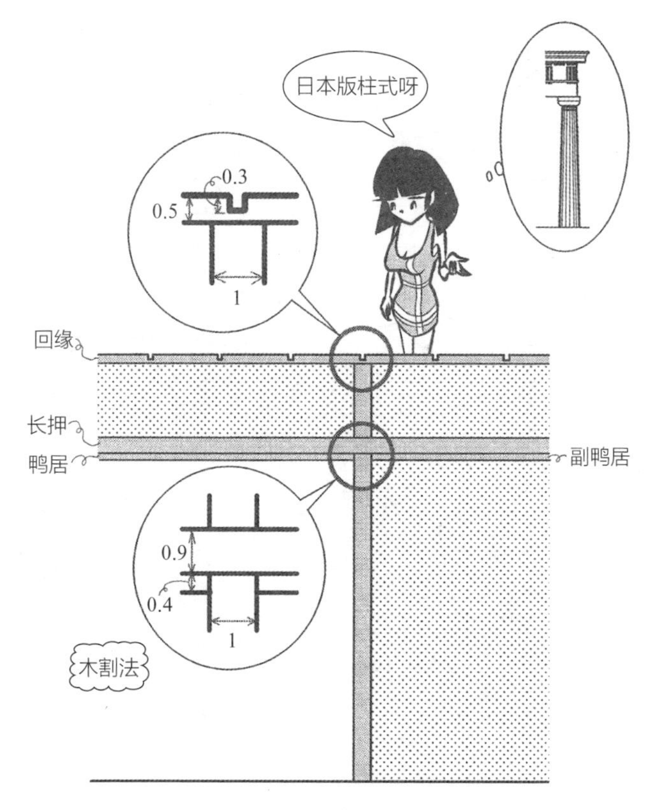


- 平内政信的《匠明》（1608）一书中，记载了传承自江户幕府的大栋梁平内家各部位的尺寸单位。
- 古希腊或古罗马的柱式是以柱的底部直径作为基准，计算出各部位尺寸的设计系统。因此，木割法可说是日本版的柱式。

**问：** 床胁是什么？

**答：** 位于床之间一侧，由棚（搁板）、天袋（顶柜）、地袋（小壁橱）、地板等所构成的装饰空间。

若是左边为床之间，右边为床胁，整体来说会形成非常不对称的形式。床胁本身的棚也会斜向交错安装为违棚（交错搁板）。应避免左右对称。这种避免左右对称的设计是日本建筑的特征之一。

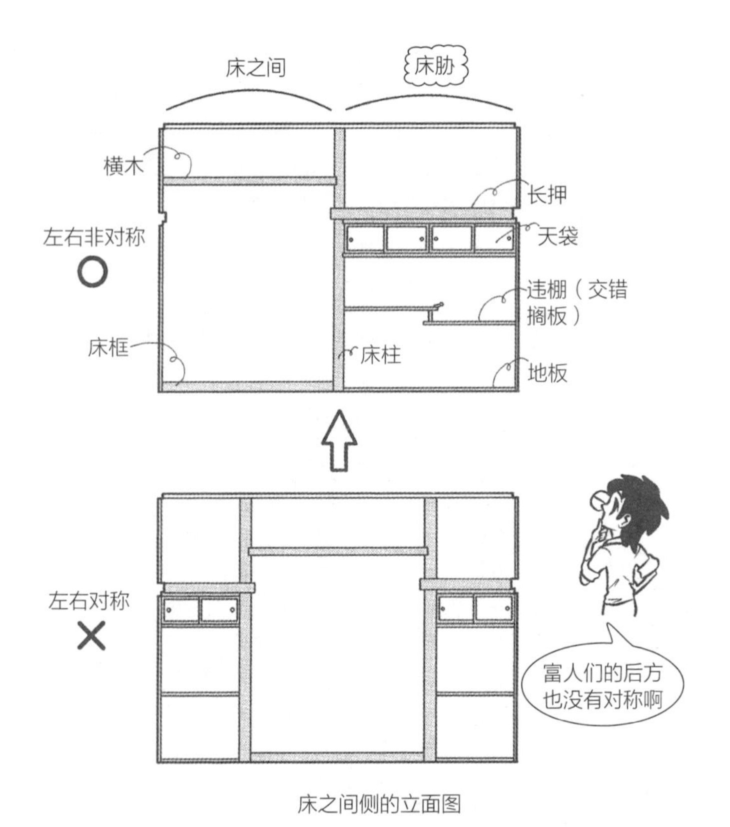


床之间侧的立面图

**问：** 无目是什么？

**答：** 指没有安装沟槽的水平装饰板材。

无目是指在鸭居或敷居等的内部没有安装门用的沟槽，无沟槽的鸭居称为无目鸭居，无沟槽的敷居称为无目敷居。

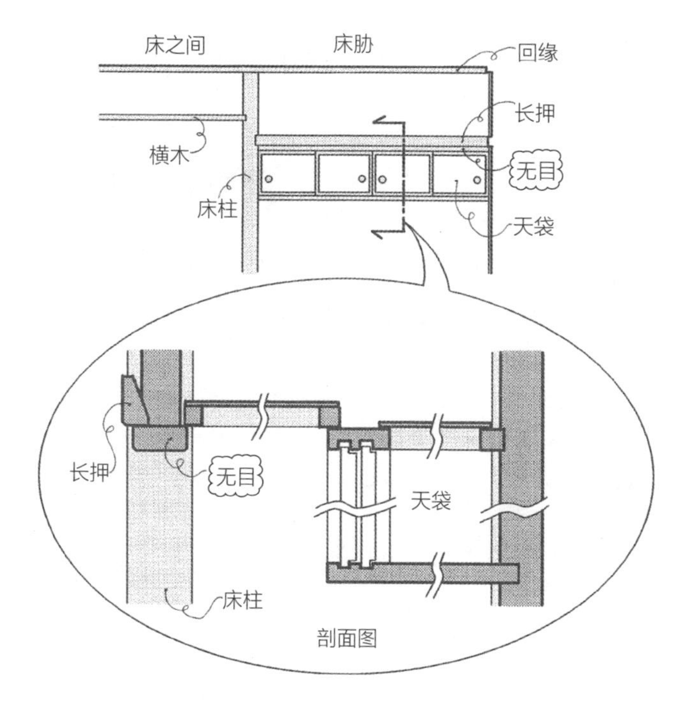




● 安装在墙壁的小断面副鸭居，也称为无目。

**问：** 杂巾折是什么？

**答：** 安装在床之间床板与墙角结合部位的横材。

细角材会使地板与墙角的结合处更稳固，边缘更利落，即使用抹布（杂巾）等打扫碰到墙壁时也不会在墙壁上留下脏污。也可称为杂巾留。

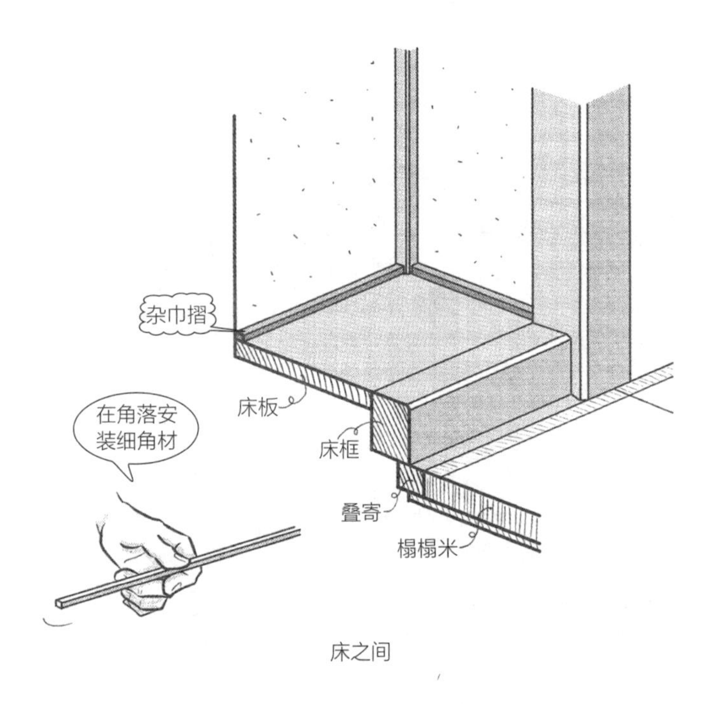


床之间

- 杂巾折通常为断面边长 5 ~ 20 mm 的细角材。壁橱的床板与墙壁的接合处有时也会安装杂巾折。
- 将柱隐藏在墙壁中的大壁造，于墙壁最下缘与地板的结合处，一般会安装高 50 ~ 100 mm、宽 5 ~ 10 mm 的踢脚板。杂巾折也可说是床之间的踢脚板。

**问：**书院是什么？

**答：**床之间侧边像凸窗的部分。

与桌子同高的木板上安装有明障子（透光纸拉门）。这是将镰仓末期至室町时代之间安装在住宅的日式书桌形式化，作为厅堂的装饰。

- 书院也称为付书院。书院原本是指在皇室、武家住宅中，兼作起居室和书房用的房间，后来就将床之间侧边像凸窗的部分称为付书院或书院。而书院也正是书院造的语源。

**问：**帐台构（寝榻结构）是什么？

**答：**位于床之间侧边，安装在书院对侧的袄户（槅扇门）上的装饰。

安装比榻榻米高一段的粗横材，再加上比长押低的粗横材，中间放置着槅扇。

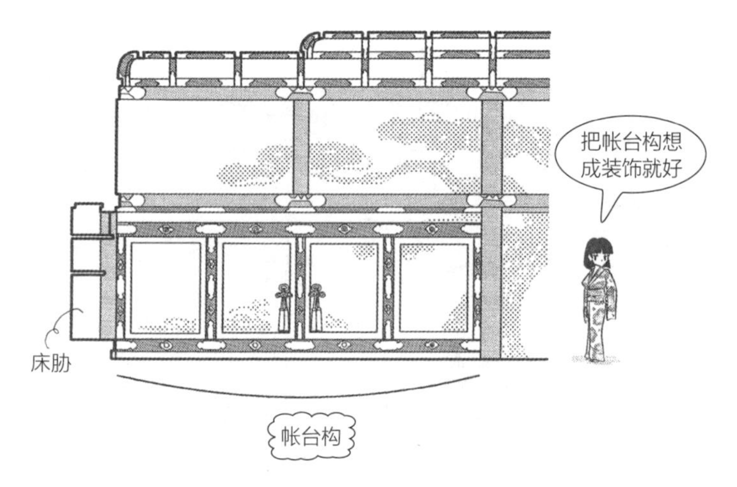


二条城二之丸书院 大广间
帐台构立面图

- 帐台构是源自寝殿造的结构，一般认为是临时安装的寝台（帐台）正面的出入口设备，后演变为常设的设备。而后进一步成为进入寝室（或纳户，即储物间）的门扇，因此也称为纳户构（储物间结构）。书院造将招待来客与生活的空间分开，不需另设通往寝室的门扇，因而演变为床之间侧边形式上的装饰设计。

**问:** 数寄屋风书院造是什么?

**答:** 加入茶室(数寄屋)设计的书院造。

相较于重视上下身份的武家豪宅书院造,安土桃山时代出现了不铺张的朴实茶室(数寄屋)。之后书院造也引入茶室的设计概念,出现了数寄屋风书院造。

| 8 世纪,古代 | 13 世纪,中世 | 17 世纪,近世 |
|---|---|---|
| 奈良、平安 | 镰仓、室町、安土桃山 | 江户 |

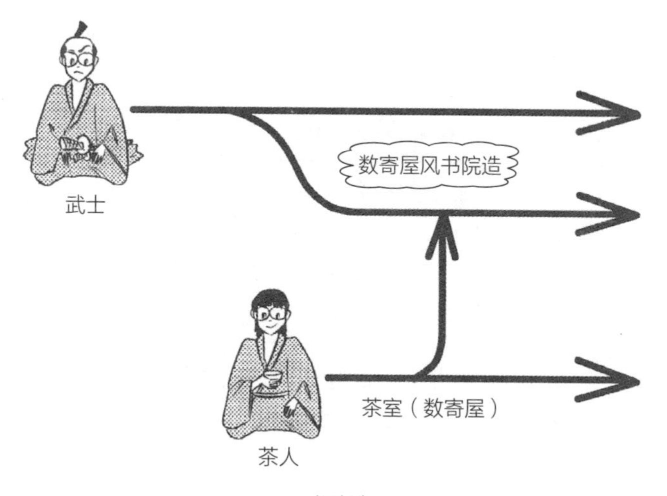


书院造

- “数寄”是喜欢茶道、花道等风雅之事的意思。数寄屋即为实现这些喜好所建造的房屋,也就是指茶室。茶室也对住宅和餐厅的设计带来影响。现今的数寄屋常指数寄屋风书院造。数寄屋造的“造”字,就是指数寄屋风书院造的“造”。

**问：** 草庵茶室是什么？

**答：** 实现空寂茶思想的茶室。

妙喜庵待庵（1592，日本京都）是可能与千利休（日本茶道宗师）有关联的现存茶室。在两叠（一叠为一张榻榻米，两叠约 3.3 $m^2$）的角隅安装炕炉（隅炉），四个角落使用未加工的柱、框和细竹，墙壁为土壁，天花板分割成三部分，入口设有较低的躏口，窗户非常小，狭窄又幽暗的空间，与书院造的座敷形成对照。

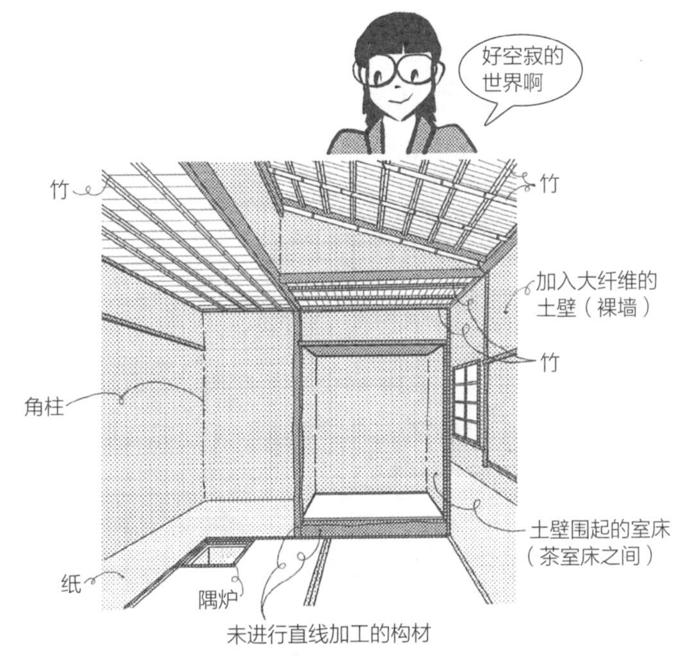


秒喜庵待庵

- 富商、贵族和武士等厌倦了豪华的书院造，因而打造出独特的空寂世界。茶道自古即有，而后经过所谓茶的简素化，慢慢变革为空寂的世界。不同于贫穷人迫于无奈所建造的草庵，草庵茶室设计中的每个部分都蕴含想要传达的意念。看到玛丽·安东尼（Marie Antoinette）厌倦了凡尔赛宫，转而热衷建造农家风建筑物所衍生的小翠安侬宫（Le Petit Trianon），笔者认为这应该是法国风的草庵吧。

**问：**数寄屋风书院造的实例有哪些？

**答：**桂离宫（1615，日本京都）等的皇室别墅和园林有许多这样的例子。

---

撷取书院造自由造型的数寄屋风书院造，常见于皇室的离宫。重视形制的武家书院造不仅华丽绚烂，设计也非常精确。

| 古代 | 中世 | 近世 |
|---|---|---|
| 奈良、平安 | 镰仓、室町、安土桃山 | 江户 |

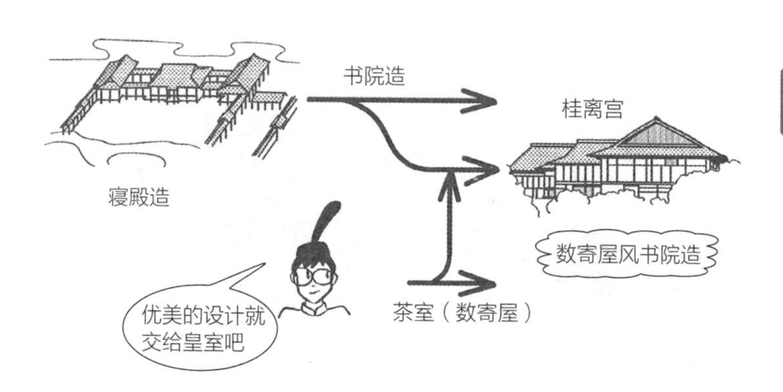


- 和西欧国家类似，相较于绚烂豪华的宫殿，离宫的设计比较轻松休闲。
- 桂离宫绝对是值得一看的建筑。笔者曾在雨天看过浸湿为黑色的木制构件和屋顶，使白色墙壁更加鲜明地显现出来，令人感动不已。参观之前必须先预约。

**问：**数寄屋风书院造的床胁设计是什么样子？

**答：**经常可见复杂、配置许多棚（搁板）的自由造型。

修学院离宫中御茶屋客殿（1677，日本京都）的床胁，前后、左右、上下配置了五个相互交错的棚，由于让人联想到晚霞，故称霞棚。下方户袋[地袋（小壁橱）]的第二段做成三角造型。

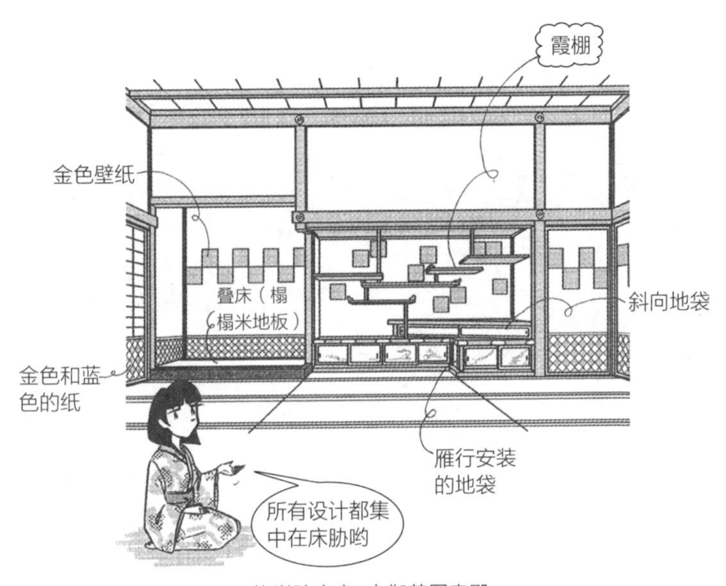


修学院离宫 中御茶屋客殿

- 相较于书院造单纯的违棚安装，随着棚的数量增多，床胁的设计也变得更加复杂。在日本的室内设计中，倾向于将设计重点集中在床胁或栏间（鸭居上方的采光、通风窗）。虽说是自由造型，也不会真的毫无章法，原则上会先决定一个设计重点，其他部分简单地加以整合，如此才能符合日本人的爱好。
- 除了“霞棚”之外，桂离宫御幸御殿（新御殿）的“桂棚”，以及醍醐寺三宝院的“醍醐棚”，都很著名。

问：数寄屋风书院造会将内墙以曲线方式挖空吗？

答：桂离宫中书院的二之间，其床之间侧边的墙壁挖空成木瓜的形状。

椭圆的四角往内侧凹的形状，称为木瓜形或四方入隅形，此外也常见使用家纹（家族标志纹饰）等的挖空形式。

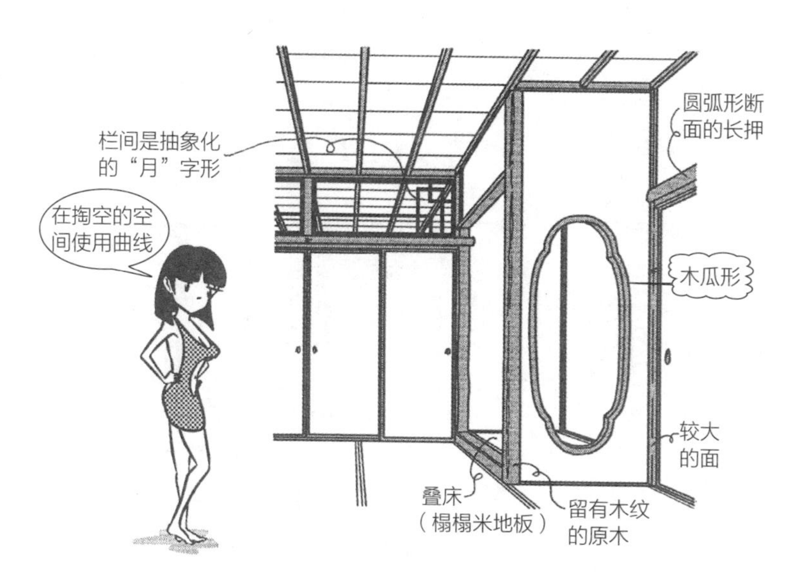


桂离宫 中书院二之间

- 日本的室内设计倾向于避免使用较大的曲线，除了火灯窗（花头窗，火焰形、花形的特殊造型窗户）等，挖空曲线只会出现于一小部分的设计。

**问：** 数寄屋风书院造有哪些装饰用小型金属构件？

**答：** 钉隐（藏钉片）、袄（樀扇）把手等，都是装饰用金属构件。

书院造在柱与长押的交汇处，会以豪华的钉隐来隐藏固定长押的钉子，而数寄屋风的钉隐则采用较纤细的设计。

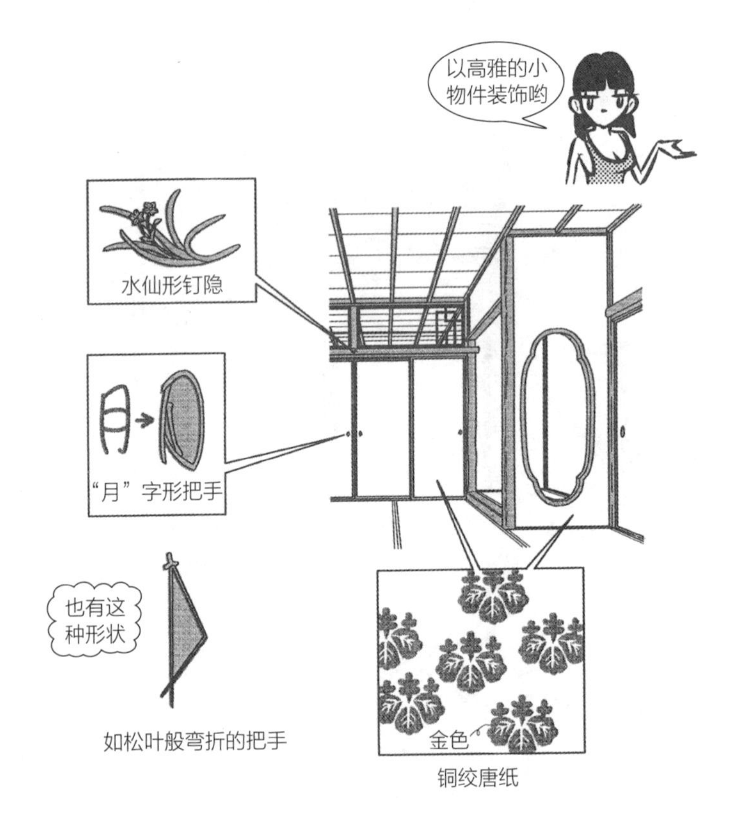


● 墙壁或樀扇常使用印有图案的纸门，即唐纸，另外再加上高雅低调的小型装饰。

**问：** 入缘侧（入缘走廊）是什么？

**答：** 兼有榻榻米和木板部分的宽广缘侧。

桂离宫御幸御殿的转角处设有弯折的入缘侧。

桂离宫 御幸御殿弯折的入缘侧

- 笔者曾以摄影助手的名义，在堀口舍己设计的近代数寄屋名作八胜馆御幸之间（1950，日本名古屋），待了约半天时间。在这半天的时间中，阴天、雨天、晴天——天气不断变化，由室内看见的庭院景色随之变换。在建筑物的一角安装缘侧，除了增加空间的开放感，更可真切地感受到空间与庭院一体化的美妙，真的是不可多得的体验。
- 缘侧位于抬高地板的边缘，这样的设计在高温多雨的东南亚很常见，但都不像日本建筑这样重视缘侧与前方庭院之间的关系。

**问：** 日文中的左官是什么？

**答：** 用镘刀将土、灰泥、水泥砂浆等材料涂抹在墙壁上，完成墙壁涂装的职业或工匠（抹灰工）。

近代之前许多建筑物的内墙都是以土、黏土、灰泥打造。为了使这些材料固定在墙上，涂装前会先在内侧放入竹子编成的小舞（bamboo lathing，竹板条）。

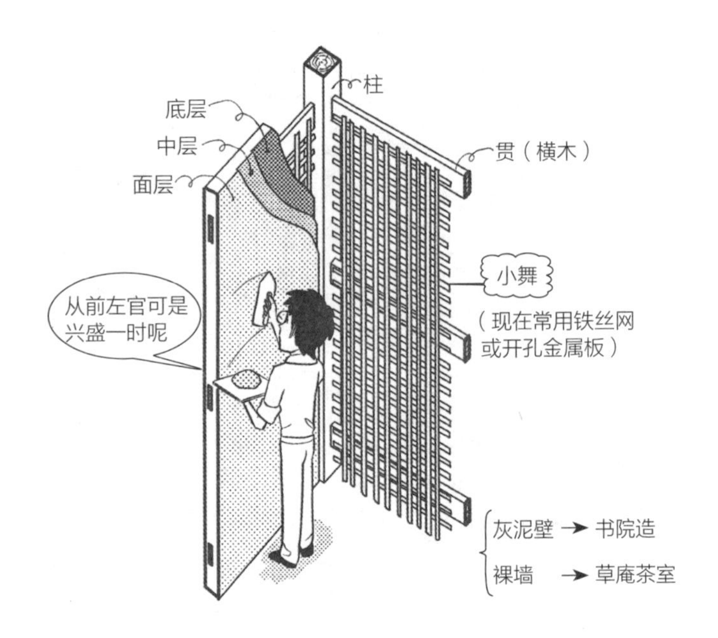


- 在土中加入较大的纤维（为了防止龟裂而加入麦秆、麻、棉、纸屑等），直接在墙壁表面看见纤维的裸墙，是草庵茶室常用的设计。灰泥壁的表面光滑白顺，经常用于书院造的墙壁设计。
- 现今常使用的不是小舞，而是铁丝网、开有许多小孔洞的金属板，或是表面凹凸不平的板。因为施工中有使用水而称为湿式工艺，为了缩短工期或合理化作业等因素，灰泥壁已经越来越少。
- “左官”一词来自平安时代在宫中负责修缮的工匠。

**问:** 倒角是什么?

**答:** 将柱等的角做成 45° 或圆弧状。

柱的倒角约为柱宽的 1/7 ~ 1/14，而书院造随着室町、安土桃山、江户时代的演进，设计上倾向于越来越细。书院造中所有的柱会进行相同的倒角设计，但在数寄屋风书院造中，有些是直接在柱角留下原来的树皮表面，让每一根柱都有不同的设计，增添不同风味。

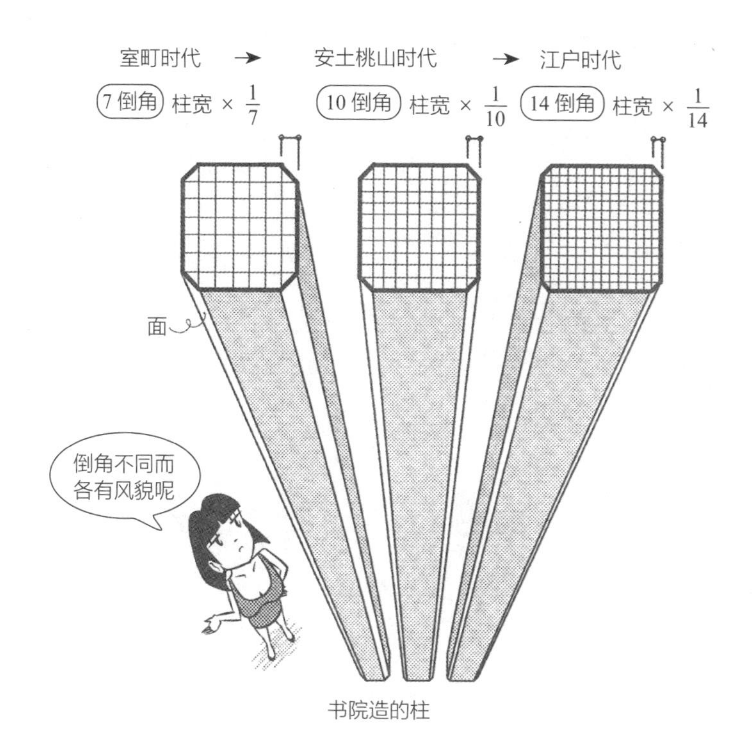


书院造的柱

- 被倒角的部分称为面。安装倒角的目的包括装饰、避免缺角或因尖锐的直角而致人受伤等。
- 依面宽的不同，面可以分为许多类型，超过 5 mm 为大面，不到 2 mm 为细面，圆弧状为圆面等。

**问**：柾目（径切、直纹）、板目（弦切，原木纹）是什么？

**答**：木材表面的平行图案称为柾目，不规则曲线状的图案称为板目。

书院造的柱都是沿着柾目进行倒角。数寄屋风书院造的柱也会使用板目进行倒角，借由不同的图案让设计变得更有趣。

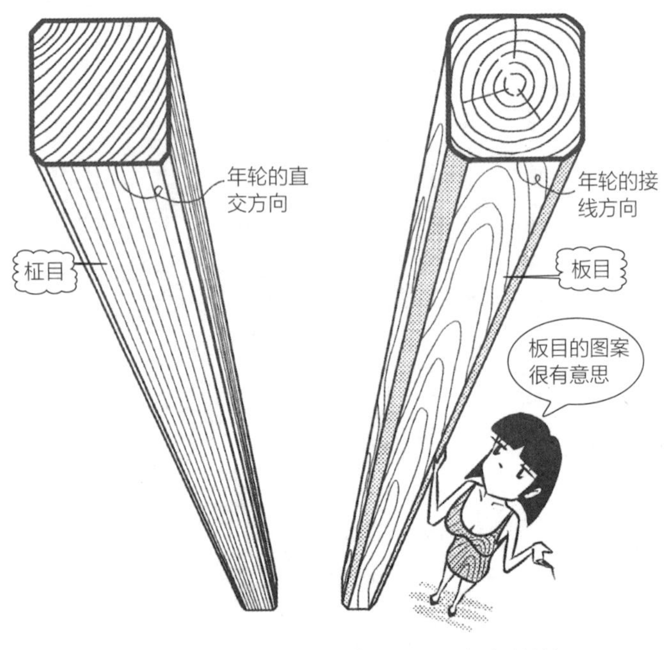


- 沿着原木年轮的直交方向切割会得到直纹，从接线方向切割则会得到原木纹。如果柱的四面皆为直纹者称为四方柾，想要奢侈地使用原木时，可以采取这种制材作业。

**问：** 原木如何切割出柾目（直纹）呢?

**答：** 以与年轮接近直角的方式切割，就会得到柾目。

只有几个地方切出来的横断面都是柾目。其他地方切出来的会出现板目（原木纹）。

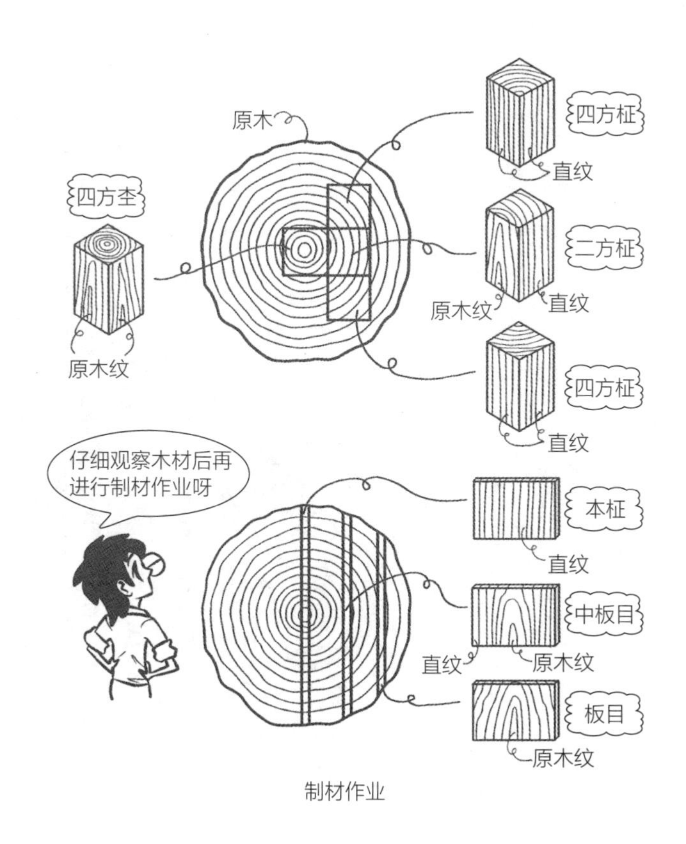


制材作业

- 木头的图案称为杢（jié），像竹笋般的笋杢即为原木纹。
- 原木的切割过程称为制材作业。

**问：** 面皮柱是什么？

**答：** 在角上留有原木表皮的柱。

直接保留四角原木表皮的柱，用于茶室（数寄屋）和数寄屋风书院。

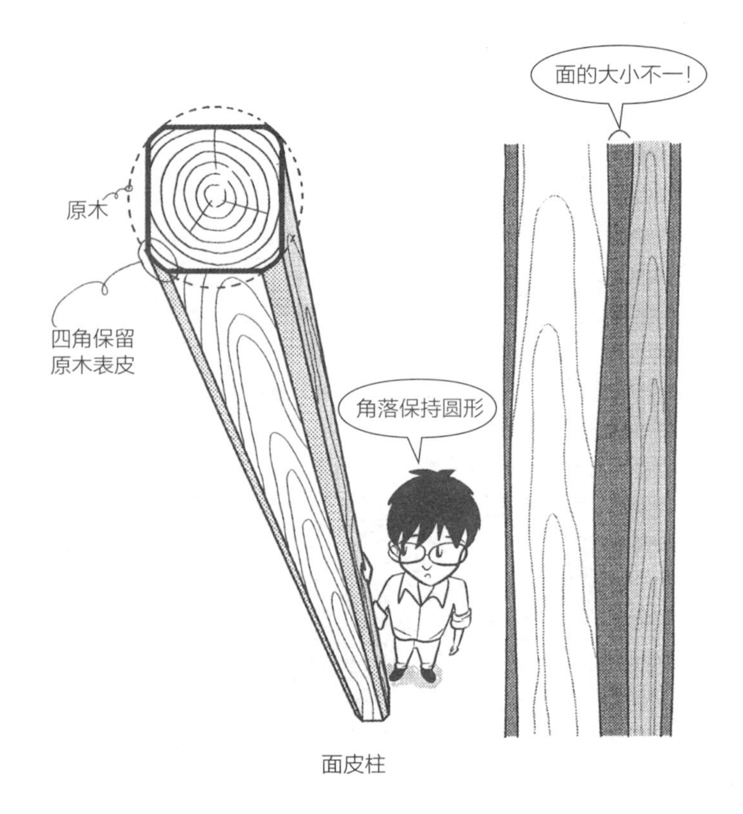


面皮柱

- 面皮柱的原木表皮仍是经过特殊处理的。如果直接保留树皮，称为带皮柱。以原木制作柱时，必须小心地将四个角的圆形部分保留下来，原木较粗则面较小，原木较细则面较大。
- 若是作为框使用，称为面皮框；如果不指定使用位置，则为面皮材。

**问：** 背割是什么？

**答：** 为了不让柱裂开，先在看不见那侧（背部）切一道纵向的裂缝。

从细原木切割出来的柱，包含中心部分者称为心材。由于心材容易产生裂缝，一般会进行背割处理。

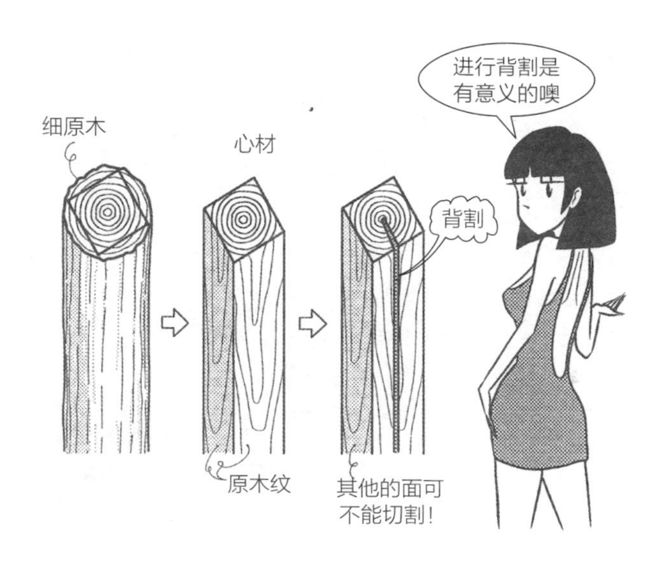


- 心材虽然有比较好的强度，但缺点是非直纹，容易产生裂缝。背割范围要深至中心处，有时会在切割处安装楔形物，用以固定裂缝宽度。
- 四方柾等不包括中心部位的材料，称为边材。

**问：**月见台是什么？

**答：**如字面之意，是欣赏月亮的地方，桂离宫的月见台是切割竹子所铺设而成的竹箦子（竹条地板）。

在桂离宫古书院的广缘（宽廊）前端，就像是往池塘方向突出一般，安装了月见台。

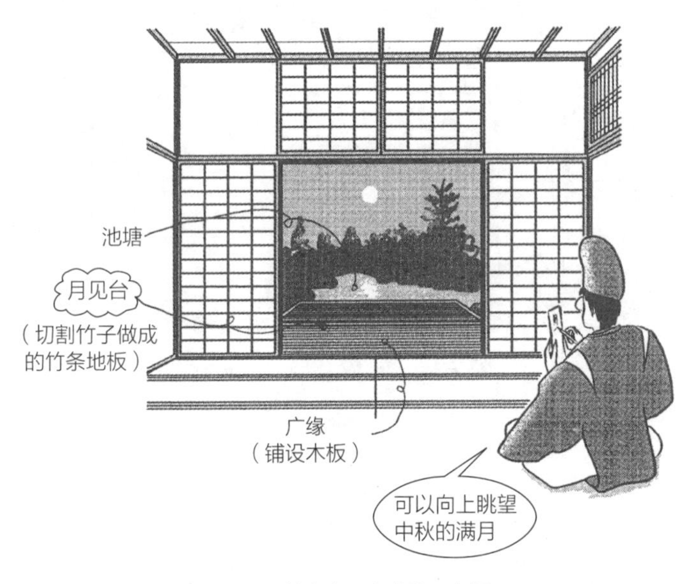


桂离宫　古书院二之间

- 箦子是以竹子或木板，留有缝隙排列而成的平台，可在缝隙处看到流水。其空间设计是让人坐在古书院的座敷，也能看到照映于池塘或月见台的月光，感受月亮的存在。
- 月见台可在中秋时节仰望美丽的满月。在桂离宫，不管是装饰或觐月的方向，都可见许多与月亮有关的设计。
- 一般来说，外部的廊道称为濡缘，内部的廊道称为缘侧，较宽广的廊道内外皆称为广缘，不过也有混用的情况。

问：借景是什么?

答：将庭院外的山川树木等自然风景，借为庭院景色的设计方式。

圆通寺（1678，日本京都）的枯山水庭园，就是借景自树篱方向的比叡山和树木。

圆通寺　借景比叡山的庭园

- 枯山水是指不使用池塘、活水等造景，以砂石等表现出山水风景的庭园风格。
- 现今在设计上若要从山海等借景，容易被临近的建筑物、电线或电线杆等多余的东西遮挡，因此要将窗户上下移动，增设墙壁或把玻璃的一部分加工成毛面，才能顺利借景。

**问：** 有只可见庭院前方的设计吗？

**答：** 日本的设计中常看到只见下不见上的开口。

大德寺孤篷庵忘筌（1612，小崛远洲设计，日本京都）为书院风茶室，位于座敷西侧欣赏庭院的缘侧就设计成两段。缘侧的上部安装障子，让强烈的阳光转化为柔和的光线，并且只撷取庭院前端的部分来欣赏。

大德寺孤篷庵　忘筌

- 最著名的例子是只有下半部不贴和纸，或是以玻璃做成的雪见障子（赏雪拉窗）。现代建筑也常采用只在墙壁下部安装横向的长形开口，欣赏庭院前端的设计形式。

**问：** 日本建筑中有圆窗吗？

**答：** 可见于雪舟寺（1691，日本京都）等建筑物。

雪舟寺在圆形开洞的内侧安装了障子，但障子无法完全开启。从室内可以看到光线透过障子所形成的圆。

雪舟寺的圆窗

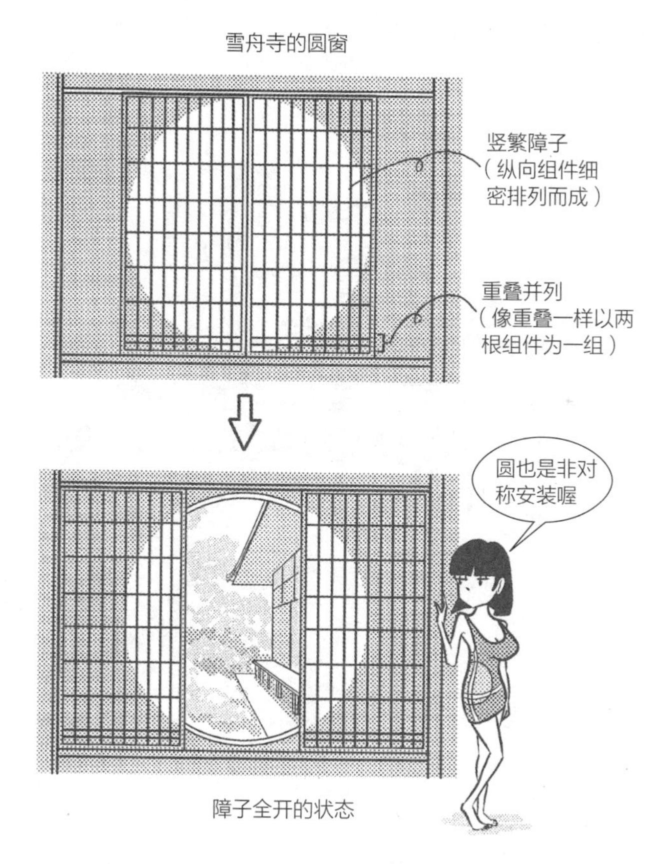


障子全开的状态

- 日本建筑中使用对称性、中心性较强的圆形设计的实例不多。像万福寺大雄宝殿（1668，日本京都）那样安装左右对称圆窗的例子很罕见，较常见的是左右非对称的安装形式。上述的雪舟寺圆窗，就是在四叠半房间内左边墙壁上非对称安装的。

**问：** 日本有脱离书院风格的自由设计吗？

**答：** 角屋（江户中期，京都）的扇之间，天花板、栏间是以扇形为主题，障子的比例或组件也经过特别的设计。

角屋是京都市下京区的料理店，相较于朴素的外观，内部以崭新的设计引人注目。颠覆朴素的和风印象，满溢着自由活泼的气息。障子的组件（细格栳）以三、四、五根的重叠并列方式设计，非常特别。

扇之间

- 现在角屋已被指定为日本重要文化遗产，作为文化美术馆开放参观。由于是当作宴饮、游乐的场所，内装的设计才会如此自由。

**问：** 民宅的土间是什么?

**答：** 民宅中与地坪同高的地面

土间可作为厨房，或是在雨天和夜晚皆可进行活动的房间使用，也可作为店铺、马厩、大门等。土壤是三合土或硅藻土等固结而成，让土面不会轻易崩坏。

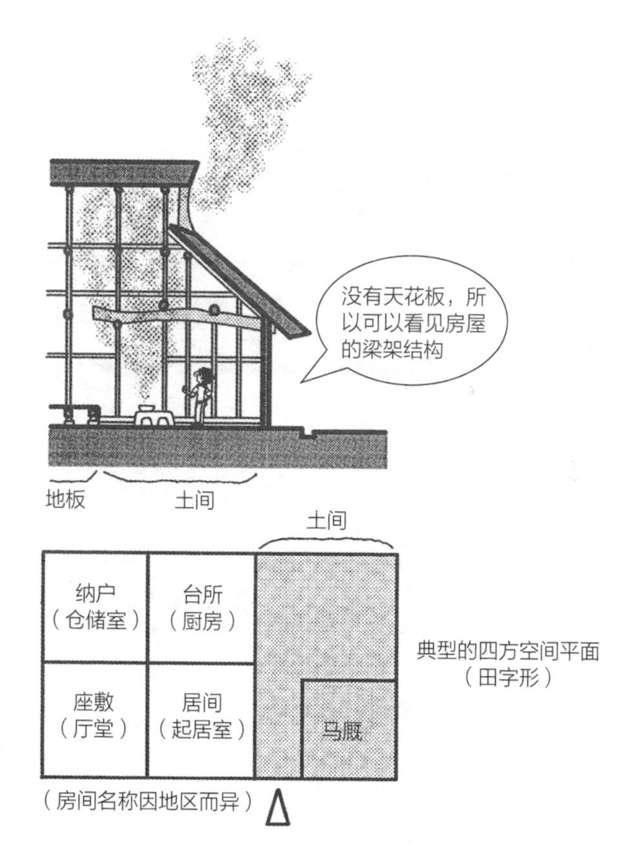


- 屋顶不铺设天花板，让烟可以飘散出去，同时露出巨大的梁。而茅草经过烟熏后，还有防蚊的效果。
- 民家是指供给农民、渔民、村民等底层阶级的住宅，现存者多为江户时代（近世）修建。民家园等现存的民宅，多半是有钱农民的大型住宅。

问：通庭是什么？

答：从家门一直延伸到后院的土间。

正门狭窄而内部深长的町屋，为了方便从正面的店铺到后院可以直接穿鞋进出，因而设置了细长的土间。

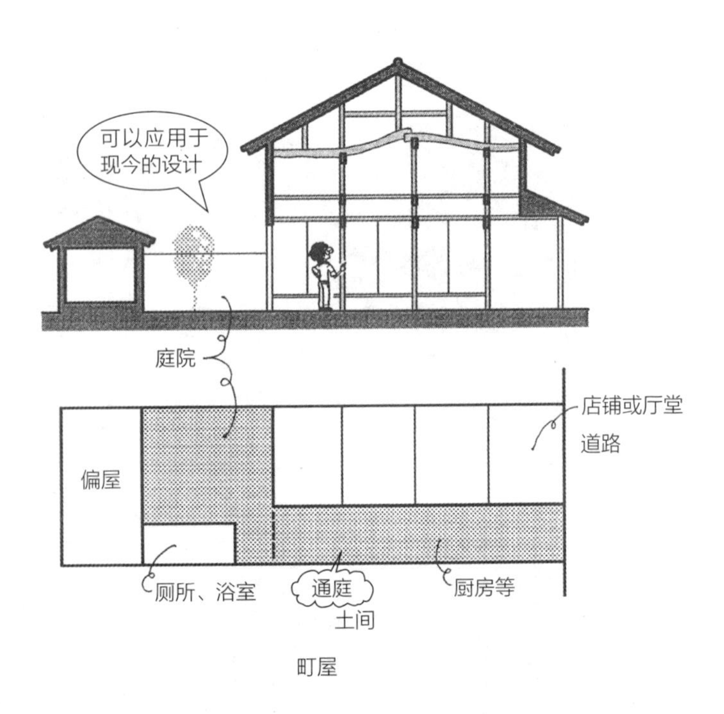


町屋

● 町屋是一般平民百姓住宅，民宅的一种。

**问：** 多层板是什么？

**答：** 将薄板以纤维正交的方式，交错黏合在一起的板材。

沿着原木圆周切割而成的薄板称为单板。将单板以纤维交错的方式相互黏合，就成为多层板（plywood），即多层单板合成的木板之意。

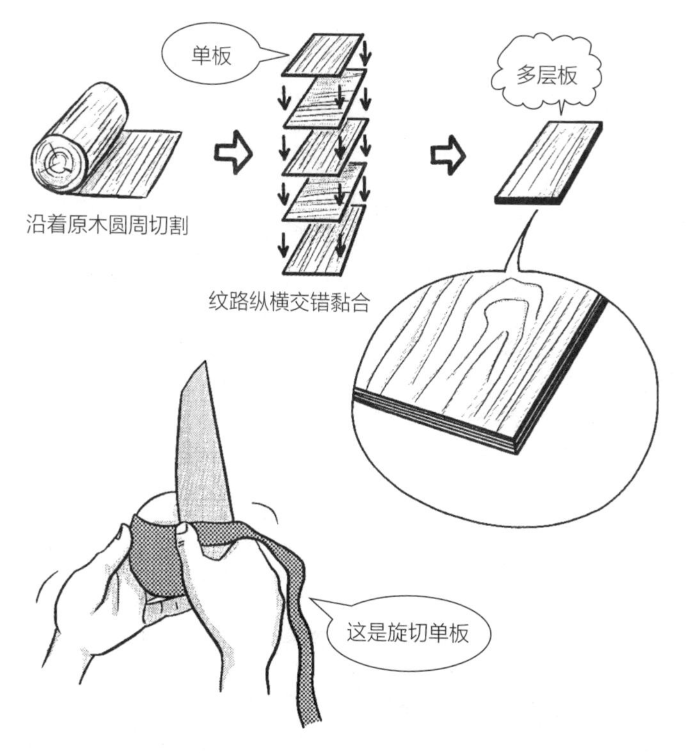


- 沿着原木圆周切割而成的单板，亦可称为旋切单板。
- 单板的英文为 veneer。有时多层板也会以单板称之，此时的单板不是原来的意思。
- ply 有“层”的意思，一层层重叠起来的木板就成为 plywood。

**问：** 柳安木多层板和椴木多层板各是什么颜色？

**答：** 柳安木多层板为红色，椴木多层板为白色或淡黄色。

涂上清漆后，木头纹路的颜色更加明显。柳安木多层板为红色，椴木多层板为白色或是淡黄色。大致而言，两者相较，椴木多层板的纹路较细、较漂亮，完成效果也比较好。

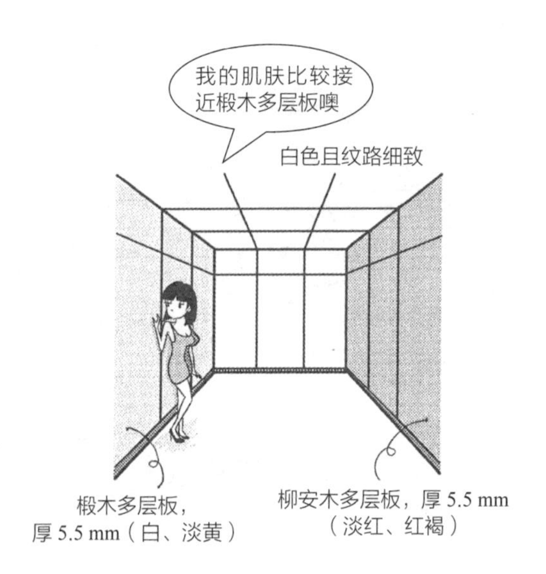


- 椴木多层板是在柳安木多层板的表面贴上一层椴木板材所形成。就算涂上看不见木纹的油漆，仍然是椴木多层板的纹路比较细致漂亮，广泛作为室内装修材、家具和门的表面材。柳安木也可以作为装饰板材，只不过会呈现红褐色。
- 清漆是涂在木材表面，形成涂膜以保护木材的透明涂料，可以让木纹更明显。基本上，清漆透明无色，但也有许多配合木板颜色的清漆。

问：混凝土模板用多层板是什么？

答：浇置混凝土用的多层板。

除了普通多层板、混凝土模板用多层板、结构用多层板之外，还有许多不同类型的多层板。混凝土模板用多层板是以通常带一点红色的柳安木制作，结构用多层板则是针叶树制的，带白色特征。

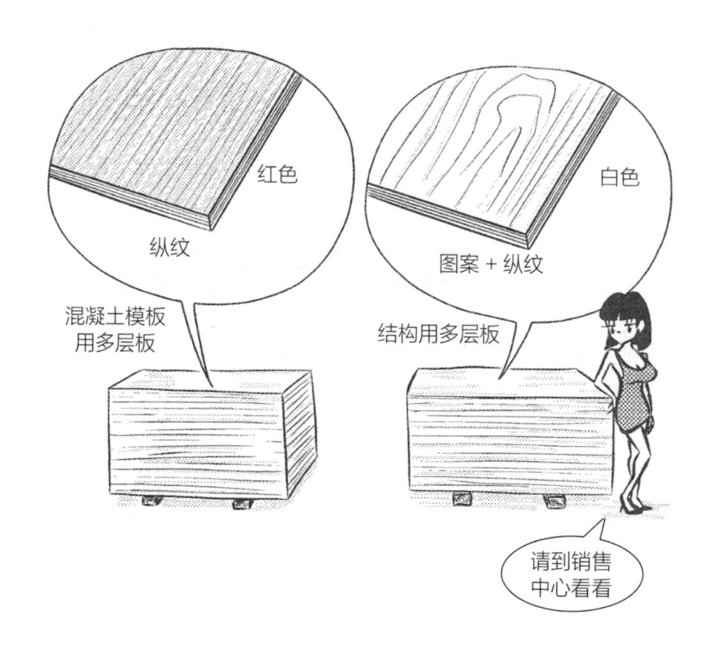


- 由于混凝土模板用多层板强度较高，常作为地板或墙壁的基础。如果需要将多层板质地材质外露时，使用白色的椴木多层板比较漂亮。

**问：** 地板基材所用的多层板厚度是多少？

**答：** 一般是 12 mm 或 15 mm。

在以约 300 mm 的间隔安装、称为地板格栅的细角材上方铺设厚度为 12 mm 或 15 mm 的多层板（结构用多层板或混凝土模板用多层板），其上再铺上地板面板或其他表面材。

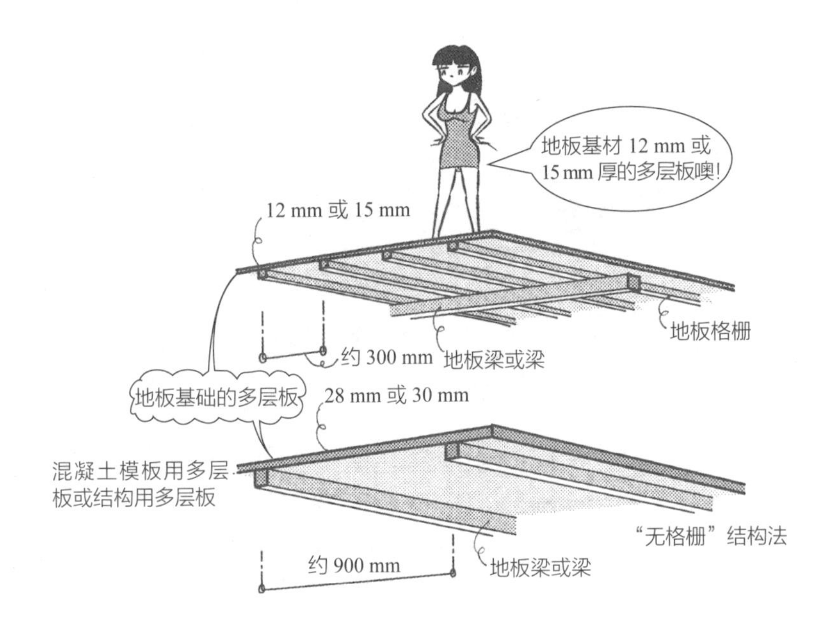


- 在以约 900 mm 间隔安装的粗角材即地板梁上方，直接铺设厚度为 28 mm 或 30 mm 的多层板，称为"无格栅"结构法。
- 作为地板基材的板也称为双层地板（日文写作"捨て床"），因为其铺设方式就像要丢弃般随意（"捨て"是"丢弃"之意）。屋顶的基材板亦称屋面板（屋顶衬板）。屋面板是使用 12 mm 或 15 mm 厚的多层板。

**问：** 聚酯多层板是什么？

**答：** 表面涂上聚酯树脂硬化而成的多层板。

聚酯树脂表面有滑顺光泽感，常作为家具门扇、台面等表面材，但不会作为洗脸台的台面材。树脂制饰面多层板以三聚氰胺多层板（melamine faced chipboard，MFC，美耐板）的耐久性较佳。

合成树脂饰面多层板

- 聚酯多层板（聚酯树脂饰面板）
- 三聚氰胺多层板
- ⋮

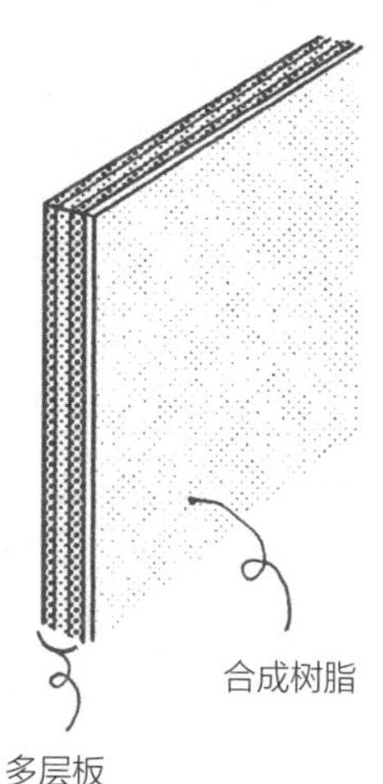


- 正式名称为聚酯树脂饰面多层板（polyester resin faced board），一般简称聚酯多层板（polyester plywood）。小工厂也可制作聚酯多层板，因此价格低廉，但耐久性较差。三聚氰胺多层板要由大工厂生产，所以价格较高。
- 使用在门扇上时，常为内部设有骨架的中空夹板门。厚度最薄为 2.7 mm。基本上以白色为主，当然也有其他颜色。

**问：** 后成型加工是指什么？

**答：** 将曲面状等成型的多层板与三聚氰胺树脂结合，然后压制成台面材等的过程。

若以多层板或集成材做成台面，横断面的处理很麻烦。后成型使曲面的切口得以一体化，外观看起来比较漂亮。由于耐水性和耐久性佳，洗脸化妆台的台面也常采用这种加工方法。

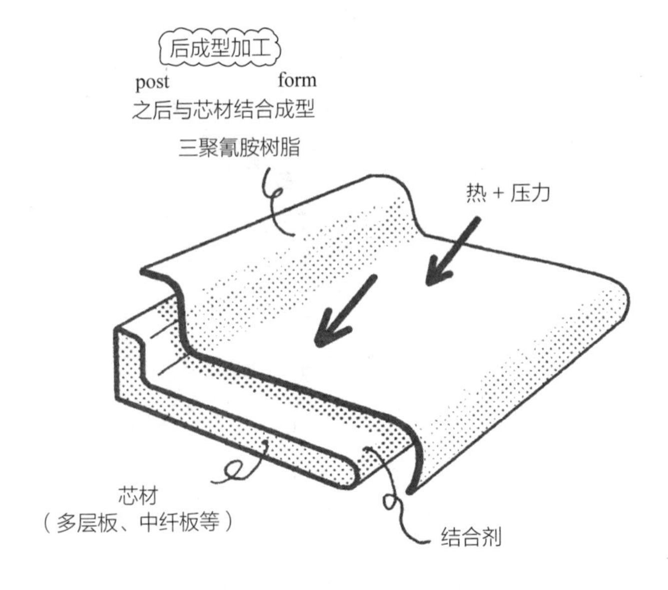


- post 是“之后”的意思，form 为形状、成型，先将芯材制成曲面状“后”，再与三聚氰胺树脂结合、压制“成型”的加工方法就是后成型加工。日本爱克工业株式会社、TOTO 株式会社等公司有许多后成型加工产品。

**问：**厨房镶板是什么？

**答：**在多层板的表面贴上保护膜，用于厨房四周的板材。

厨房镶板的特色是具有耐水性、容易擦拭除去油污、耐热、耐冲击、不易裂、表面坚硬且耐刮。常用于厨房、盥洗室等地方的墙壁。

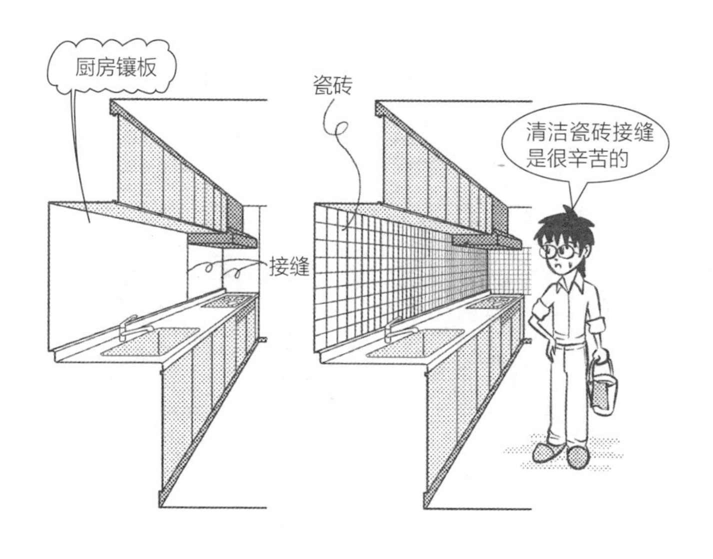


- 厨房四壁常粘贴 100 mm 见方的瓷砖，现在厨房镶板逐渐普及。瓷砖的接缝容易藏污纳垢，相较之下厨房镶板的接缝较少，打扫起来也比较轻松。然而，其颜色和图案的选择不如瓷砖丰富。
- 厨房镶板厚度约 3 mm，切割、开孔都很简单，使用双面胶和黏合剂粘贴在墙上。接缝以接缝剂（具有弹性、耐水性的接缝填充材）填充。由于不必进行抹灰工程，可以将施工成本降低（厨房镶板本身较昂贵）。

问：木芯板是什么？

答：小木材横列并排结合成芯，两面铺有柳安木或椴木薄多层板的板材。

木芯板常用于预制家具或作为隔板等。若是切口（横断面）外露，就会看见芯材，所以必须将切口隐藏起来。

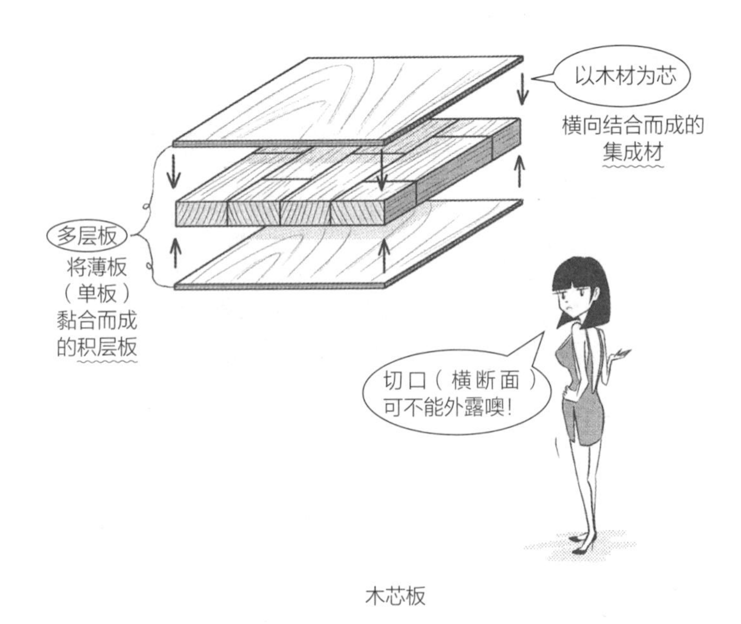


木芯板

- 书架常以 21 mm 厚的木芯板纵横连接，内板以 5.5 mm 厚的椴木多层板制作。切口使用薄椴木多层板隐藏起来，以特制的胶带进行黏合。胶带内侧附有双面胶，施工相当轻松，缺点是随着取放书本的动作而容易脱落。此外，书架需要承受相当的重量，故纵向间隔以 600 mm 以下为主。若是纵向间隔太长，横板就很容易产生凹陷。
- 作为隔板时，可将 30 mm 或 18 mm 的木芯板两片接合使用。当切口外露时，也要做一些必要的处理。

**问：** LVL（单板层积材）是什么？

**答：** 将单板依同一纤维方向贴合而成的板材。

多层板是将单板以纤维正交的方式交错贴合而成，单板层积材则是依同一纤维方向平行黏合而成。由于强度具有方向性，这种做法容易制作出长型木材，可作为柱、梁等的结构材，室内的长押、回缘等装饰板材的芯材以及门的芯材等。

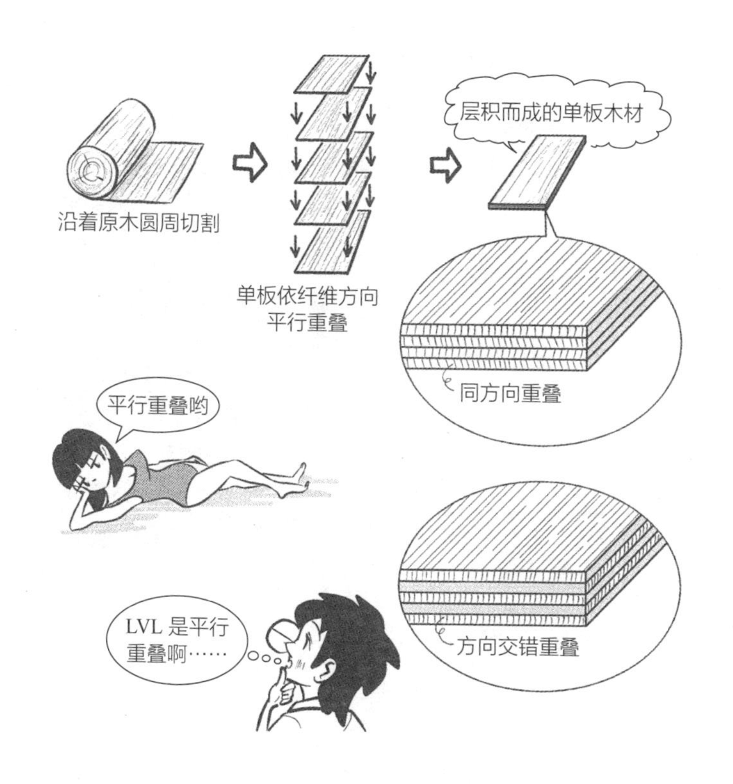


- LVL 是 laminated（层积而成）、veneer（单板）、lumber（木材）的缩写。特征为抗弯强度佳且稳定，比起单纯的木材较不易弯斜，制品的品质较平均。

问：OSB（定向结构刨花板，也称欧松板）是什么？

答：将小径材、间伐材、木芯加工的刨片以黏合剂固结而成的板。

刨片的大小依制品的大小而异。

- OSB 为 oriented strand board 的缩写，直译就是"定向（oriented）组合而成（strand）的板（board）"。刨片基本上是朝同一方向，某些层的方向会改成正交，这样木板才有强度。
- 欧松板本来是用来作为基材的，但由于其质感和外观的趣味性，逐渐作为室内装饰的表面材。有些欧松板的表面相当粗糙，作为表面材使用时，要特别注意品质的选择。

问：MDF（中纤板）是什么？

答：将木材纤维固结而成的纤维板当中，密度、硬度中等的中密度纤维板（或称密迪板）。

广泛作为家具或建筑的基础材。

纤维板 { 软质纤维板 / 中质纤维板 / 硬质纤维板 }

- MDF 为 medium density fiber board 的缩写，直译为“中等密度的纤维板”。
- 低密度纤维板为 insulation board，高密度纤维板为 hard board。insulation 有隔热、隔声、绝缘的意思。高密度纤维板常作为结构材的面材。

问：颗粒板是什么？

答：将打碎的木材以黏合剂固结后热压成型的板材。

表面贴上饰面板材，常作为家具材使用。以木片大小区分纤维板，顺序如下：OSB（定向结构刨花板）> 颗粒板 >MDF（中纤板）。

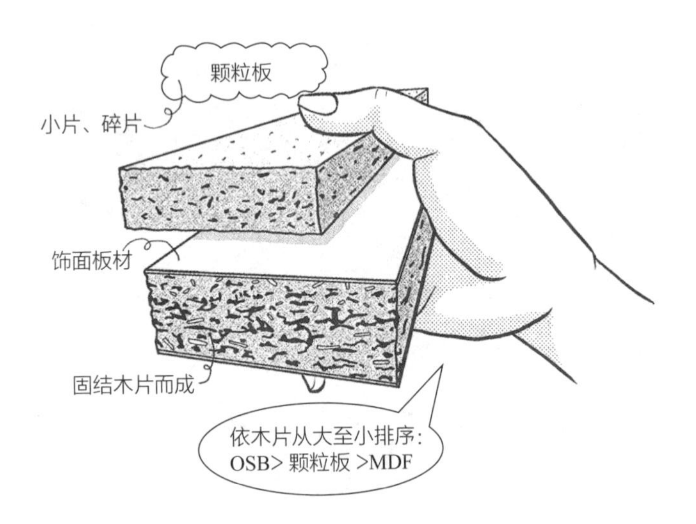


- particle 是“小片、碎片”的意思，particle board 是指集结小片、碎片而成的板。一般来说，颗粒板强度较低，但也有作为结构材的产品。

问：拼花是指什么？

答：地板等处的镶嵌工艺。

拼花地板是将小木板以镶嵌工艺组合而成的地板面材。

拼花地板

- 从前日本的小学常使用拼花地板。现在学校的地板多为造价相对较低的聚氯乙烯卷材（rolled PVC sheet，卷成滚筒状的薄长塑料地板）。

问：集成材是什么？

答：将小断面的木材黏合为大断面而成的材料。

作为柱、梁等的结构材，以及台面等的装饰板材。

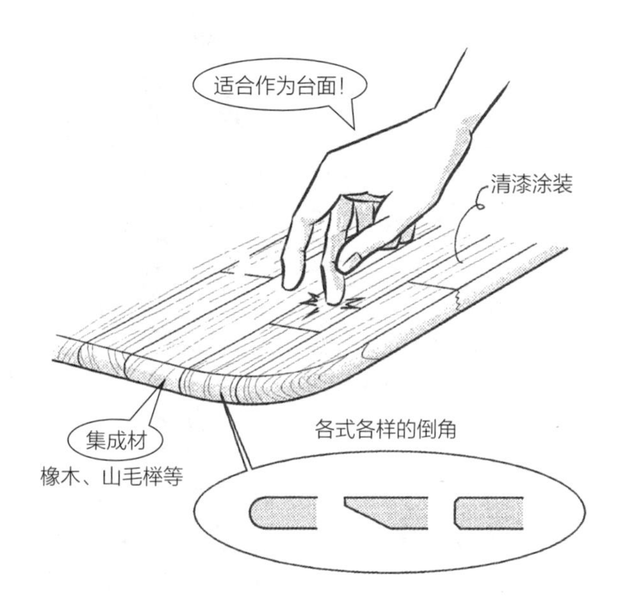


- 木材作为台面时，表面会涂上一层透明的清漆（透明漆）薄膜，用以保护台面的表面。常以橡木、山毛榉等硬木材制作台面。
- 角落、角隅常会削切成圆弧状，称为倒角。由于人的手或身体常会碰触到台面，因此要进行倒角作业。

**问：** 石膏板是什么？

**答：** 在以石膏黏合成的板材两面贴上纸而成的板。

价廉又耐火，常作为室内装修中墙壁或天花板的基础材。

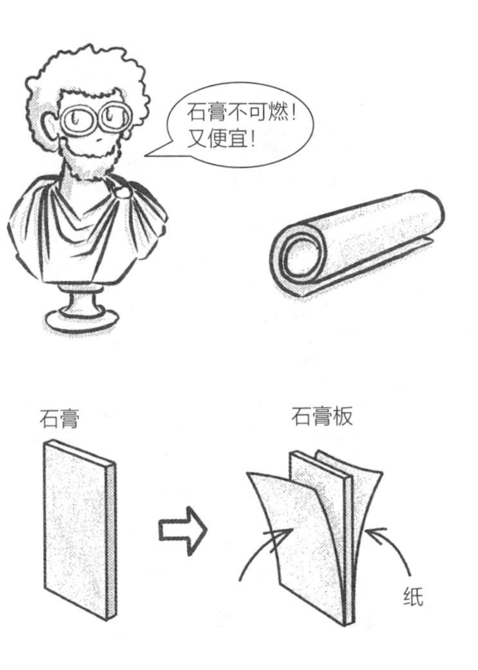


- gypsum 即石膏。石膏的特性是和水混合后会凝固。白色的石膏像就是利用这个特性做成的。
- 石膏板面常以纸做护面或涂上水性涂料。

**问：** 石膏板的缺点是什么？

**答：** 容易破损，无法在板面上使用螺钉或钉子等。

由于无法使用螺钉或钉子，若要在石膏板上固定东西，必须在该部分使用混凝土模板用多层板或板锚钉等零件。

● 石膏虽耐火，但缺点是容易破损。

**问：**板锚钉是什么？

**答：**石膏板上不能使用螺钉，因此用附有螺旋状刀刃的零件。

---

板锚钉有铝制和树脂制。嵌入板锚钉时，不是用冲击钻，而是徒手旋转。

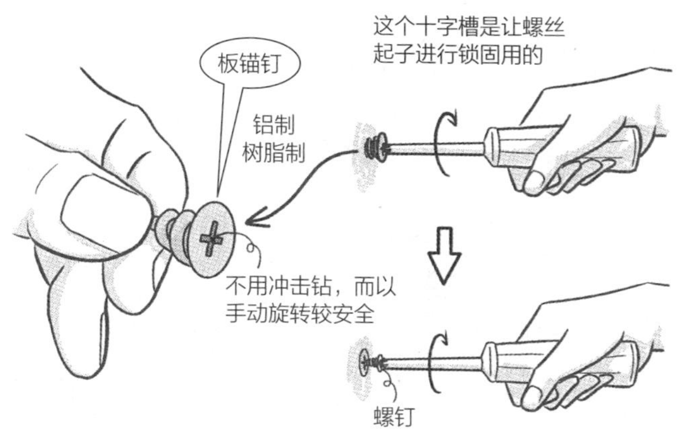


- 冲击钻是在回转方向施加冲击、旋转螺钉等的钻头。开孔时也可以使用一般的钻头，这在施工现场相当便利。若用冲击钻旋转板锚钉，回转的力道太强，很容易损坏石膏板。如果真要使用，可将使用低档速，用较弱的回转力进行旋转。不过，笔者试过好几次都失败了。若是失败，板上会出现一个大洞，修复可是很辛苦的。因此，建议还是徒手旋转板锚钉比较安全。

**问：** 墙壁、天花板的基材要使用多厚的石膏板？

**答：** 一般来说，墙壁基材使用 12.5 mm（中国一般为 17 mm 或 19 mm，译者注），天花板基材使用 9.5 mm。

人或家具会碰撞到墙壁，因此墙壁基材使用较厚的板。石膏厚度 12 mm+ 壁纸厚度 0.5 mm，共 12.5 mm。记住石膏板的厚度各为 12.5 mm、9.5 mm。

- 要提高隔声性能时，墙壁可以使用两层 12.5 mm 厚的板，一直通至天花板里面。

问：石膏板接缝施工方法是什么？

答：使用油灰和网状胶带将石膏板的接缝平顺地接合在一起的施工方法。

油灰是具有黏性的涂料，干了之后会变硬。但若只有油灰，还是容易产生裂缝，因此要再贴上网状胶带。油灰硬化后以刨刀削平，让表面更平滑，最后在平滑面上进行涂装，整体看来就是一个完整的平面。

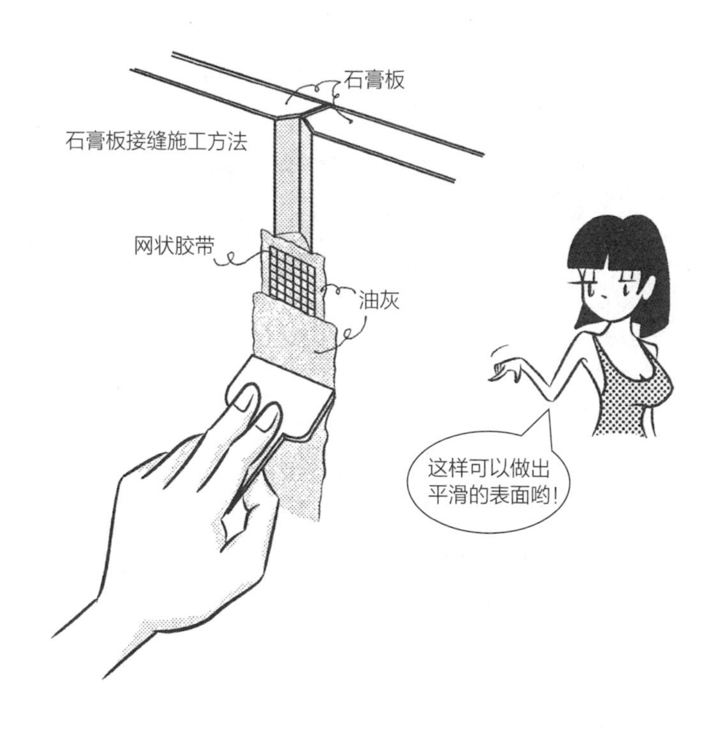


- 若要贴塑料壁布，最好先采用接缝施工方法，不过实际上没有进行接缝的情况较多。没有采用接缝施工方法就贴塑料壁布，几年后石膏板接缝就会产生缝隙，壁布也容易破损。

**问：** 如何做出白色墙壁或天花板？

**答：** 将石膏板涂装成白色，或是贴上白色壁纸。

代表近代建筑的柯布西耶作品中，经常可见白色墙壁、白色天花板。现代要做出抽象的白色墙壁，一般先进行接缝施工方法，让石膏板表面平滑，再涂上白色油漆或贴白色壁纸。

- EP 为乳胶漆（emulsion paint）的缩写，水性涂料的一种。丙烯醛基（acryl，俗称亚克力）等的树脂是在水中会乳浊化的涂料。不管是涂油漆或贴壁纸，通常不会是真的全白，大多是有点灰或米黄。这样脏污比较不明显，对眼睛也比较好。
- 灰泥也可以做出白色的墙壁，但缺点是价格较高，也容易出现龟裂。

**问：** 饰面石膏板是什么？

**答：** 石膏板的表面做出凹凸，或者贴上木纹片材或石纹片材的石膏板。

表面为石纹的饰面石膏板，像经风蚀而有许多孔洞，不必另外进行涂装，价格又便宜，经常作为教室或办公室等较开阔空间的天花板。

- 和室天花板经常使用木纹石膏板。由于印刷技术的发展和安装高度较高的关系，已经可以制作出媲美真品的制品。这种石膏板的另一个好处是不可燃。

**问：**多孔石膏板是什么？

**答：**作为水泥砂浆、灰泥等的抹灰工程基材板，开有许多孔洞的石膏板。

多孔石膏板的大量孔洞，让水泥砂浆等抹灰材料很容易附着其上。

- 将作为灰泥壁基础的细长木板条平行排列，铺上防水纸和铁丝网，再涂上灰泥即告完成。如果使用多孔石膏板，就可以省略“木板条－防水纸－铁丝网”的结构。多孔石膏板的厚度为 9.5 mm，上面涂上厚约 15 mm 的灰泥壁。
- 多孔石膏板是作为内装使用。若要作为外装的抹灰材料使用，制品的多层板上要有锯齿状的表面，让水泥砂浆可以附着。

**问：** 防潮石膏板是什么？

**答：** 作为湿气高的地方的基材，具防水性的石膏板。

将纸和石膏进行防水加工，即使含有水分，也不会大幅变形。作为盥洗室、厨房等处的基材，亦称耐水石膏板。

石膏板
- 标准型石膏板：墙壁、天花板基材
- 饰面石膏板：墙壁、天花板装修材料
- 多孔石膏板：灰泥壁基材
- 防潮石膏板：需具耐水性的墙壁、天花板基材

- 一般的石膏板会贴上淡黄色的纸，而防潮石膏板则是贴上淡蓝色的纸。用于厨房、盥洗室时，除了贴壁纸或涂油漆之外，也可以粘贴瓷砖。

**问：** 如何把石膏板贴在混凝土面、高压蒸汽养护轻质气泡混凝土（ALC）面、聚氨酯发泡体面?

**答：** 一般是用 GL 黏合剂来铺贴。

GL 黏合剂虽然是商品名，但已作为一般名称来使用。先将丸子状的 GL 黏合剂以 100 ~ 300 mm 的间隔排列，再把板材压贴上去。

- 石膏板如果直接接触混凝土地板，石膏会吸收水分，因此要用木片等稍微把石膏板向上抬高。
- 丸子状 GL 黏合剂的厚度是 10 ~ 15 mm，隔热材厚度是 30 ~ 35 mm，石膏板厚度是 12.5 mm，所以从 ALC 板等的表面到石膏板表面为 60 mm 左右。

**问：** 如何以石膏板制作曲面的天花板和墙壁？

**答：** 可以使用加入玻璃纤维无纺布的石膏板等。

加入玻璃纤维的石膏板不易破损，制作曲面时，用密集的基础间柱或平顶格栅成形，再将曲面用石膏板铺设压贴在上面。

- 若在普通的石膏板上切割大量沟槽，也可以弯折出曲面。

**问：** 岩棉吸声板是什么？

**答：** 以岩棉做成的板，具不可燃性、吸声性和隔热性。

表面较柔软且凹凸不平，吸声效果佳。厚度有 12 mm、15 mm 等。将石膏板安装在平顶格栅上，再把岩棉吸声板贴装上去，所以不会看到螺头。

- 岩棉吸声板曾经常作为声音嘈杂的餐厅、演讲厅、办公室等的天花板使用（中国国内现已禁用）。
- 注意：岩棉具有致癌性，现已不再使用。

问：硅酸钙板是什么？

答：具耐水性、耐火性的无机质类板材。

用在厨房、盥洗室的棚壁，以及浴室天花板等湿气较重的地方。可以用钉子或螺钉装饰，也可以进行贴砖、涂装、贴塑料壁布等装修作业。

- 硅酸钙板是含硅（$S_i$）化合物，分子式为 $C_aS_iO_3$，加入水泥（石灰质原料）和纤维等制成。石膏板表面为纸，可以直接进行涂装；硅酸钙板的表面凹凸不平，必须先涂上底漆覆盖。另外也有涂装好的硅酸钙板。
- 无机质类是以水泥等作为主原料的意思，石膏板也是其中一种。只有水泥的板很容易破损，若加入纤维质等就形成不易破损的纤维强化水泥板，包括硅酸钙板、柔性板、石棉水泥平板等。石棉水泥平板是具有水泥灰色质感的板，钉钉子或使用螺钉很容易使之破损，因此要先以钻孔机打洞后再用螺钉固定。纤维强化水泥板常用在外装的屋檐天花板。

**问：** 可丽耐人造石是什么？

**答：** 以丙烯酸树脂和聚酯树脂为主要成分的大理石风材料。

具耐水性和耐久性，作为厨房和洗脸台的台面材，以及浴缸或桌子的表面材等。

- 可丽耐人造石可以用圆锯加以切断，或是以钻孔机开设孔洞。
- 大理石等的细颗粒加入水泥固结的素材称为磨石子或水磨石（参见 R215），或称为“人造”大理石。至于可丽耐人造石则是完全没有大理石的成分，由树脂固结而成的材料。

**问：** 地板面板（木地板）是什么？

**答：** 附有榫槽的地板材。

---

如果一片一片将天然材料的细长木板以榫槽（接合用凹凸部位）连接起来，成本相当高。现今一般是在宽度为 303 mm 左右的多层板表面铺设一层薄装饰板材（平切单板），再用榫槽将板材接合再一起。

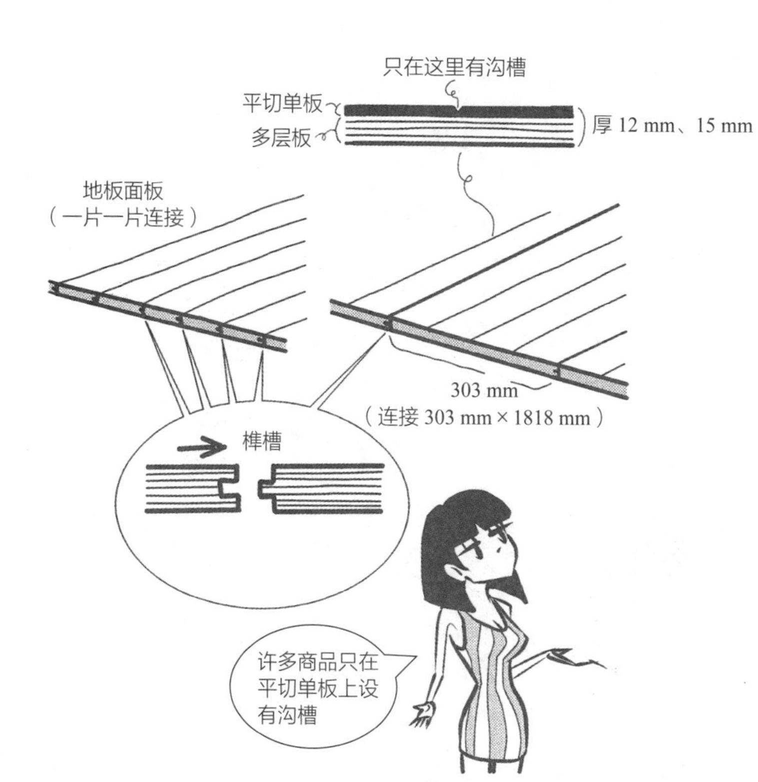


- 一般而言，303 mm × 1818 mm 的板材是 6 片为一箱，以平方米为单位销售。价格不等，板厚多为 12 mm、15 mm。

**问：** 地板面板的基础常使用什么材料？

**答：** 使用厚 12 mm 或 15 mm 等的多层板。

在以约 300 mm 间隔安装的地板格栅（制成地板材的角材）上，铺设厚 12 mm 或 15 mm 的混凝土模板用多层板、结构用多层板等，上方再以钉子和黏合剂贴附地板面板。若是为了节省成本，会直接将地板面板贴在地板格栅上，不过如此一来地板面板很容易就弯了。

- 有时地板面板会直接铺贴在混凝土地面上，这时先以水泥砂浆将表面整平，再用黏合剂贴板材。
- 二楼及以上的地板如果不使用地板格栅，直接将多层板架设在梁与梁之间，可称为无格栅施工方法。此时多层板会使用 24 mm、28 mm 的厚度。由于跨距较长，必须费心让多层板不易弯曲、地板不会产生摩擦声等。

**问：**缓冲地垫（软垫地板）是什么？

**答：**印有图案的树脂片材，内侧有缓冲软垫的地板材。

---

便宜且耐水性强，常用在厨房、盥洗室、厕所等的地板。缺点是容易留下家具的压痕。

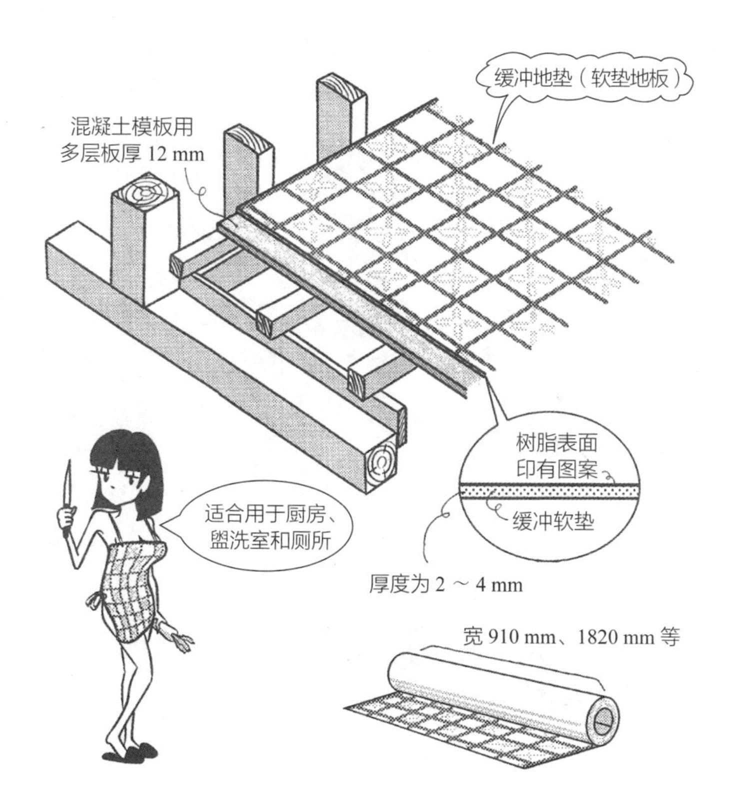


- 在厚 12 mm 左右的多层板上，以双面胶等进行粘贴。裁切容易，施工轻松。有厚度 1.8 mm、2.3 mm、3.5 mm 等尺寸。

**问：** 榻榻米的厚度是多少？

以稻草编成的叠床厚 60 mm 左右，聚苯乙烯泡沫塑料制品则为 30 ～ 50 mm。

叠床（席底）是榻榻米底座的部分，上方的叠表（席面）以兰草等铺设而成。用聚苯乙烯泡沫塑料制成叠床的榻榻米，如泡沫塑料（俗称保利龙）制品，亦称泡沫塑料榻榻米。

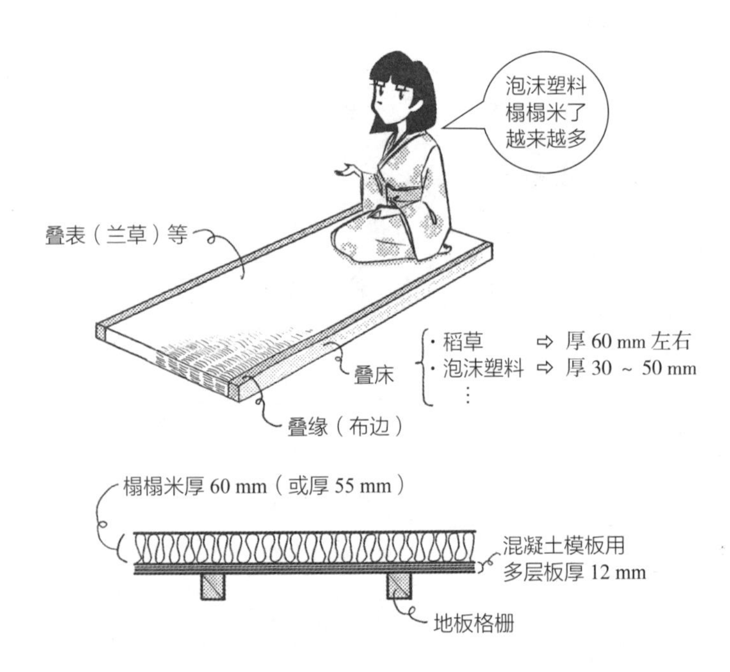


- 铺在床之间的榻榻米或可以直接睡在上面的榻榻米，都可以称为叠床。地板面板（木地板）、缓冲地垫（软垫地板）和榻榻米并列为住宅的三大地板材。
- 与稻草榻榻米相较，泡沫塑料榻榻米便宜又轻，不会吸湿气、发霉或产生尘螨，具有隔热性，再加上厚度薄了一半，无怪乎越来越普及。

**问：** 聚氯乙烯卷材是什么？

**答：** 成卷销售、聚氯乙烯制的地板材。

聚氯乙烯卷材厚度为 2 mm 左右，表面印有颜色或图案。具耐久性、耐水性，常用在学校、医院、办公室、工厂等的地板工程。亦称塑料地板。

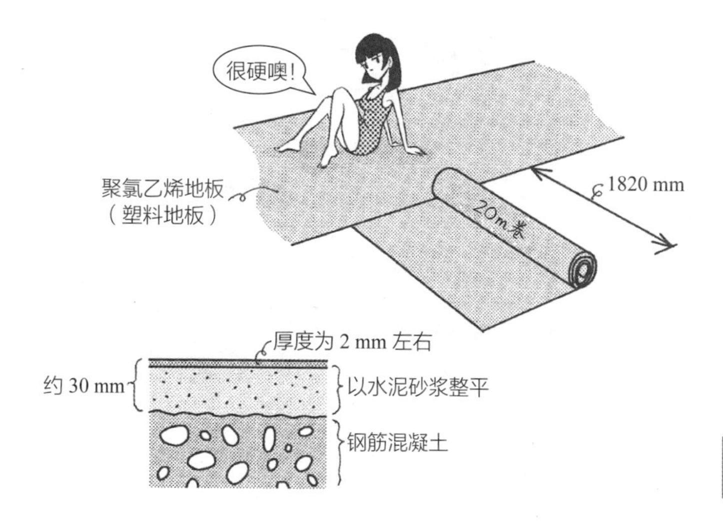




- 聚氯乙烯卷材的日文写作“長尺塩化**ビニ－ルシ－ト**”，长尺是指很长的尺寸规格，以卷装销售运输。宽 1820 mm（1 间），长 20 m 或 9 m 等。
- 贴在钢筋混凝土造的地板上时，为了让表面平整，会先铺设一层水泥砂浆。此时从钢筋混凝土面到表面的厚度约为 30 mm。
- 聚氯乙烯卷材与住宅用的缓冲地垫不同，但有时会将住宅缓冲地垫称为聚氯乙烯片材。住宅若用聚氯乙烯卷材会太硬；若是铺设在公寓的共用走廊和楼梯，也有在背面加装缓冲垫的聚氯乙烯卷材，以降低走路时发出的声响。

问：塑料地砖是什么？

答：裁切为瓷砖状的聚氯乙烯板材，表面可以上色或设计成凹凸状的地板材。

和聚氯乙烯卷材一样具耐久性、耐水性。

- 有些塑料地砖表面印有木纹图案或有凹凸造型。与地板面板相较，塑料地砖不易损伤，耐水性也较佳，常取代地板面板作为厨房或起居室的地板。翻修时，塑料地砖也可以直接贴在原本的地板面板上。随着印刷技术的进步，远看不会知道究竟是木质还是树脂制。
- 地板制品大多以黏合剂粘贴，所以有些产品背面一开始就附有双面胶，可以马上进行粘贴作业。厚度为 2 ～ 3 mm。

**问:** 方块地毯是什么?

**答:** 裁切成约 500 mm 见方的瓷砖地毯。

常用在办公室、店铺等场所，厚度 6 mm 左右。方块地毯背面有止滑橡胶，不必另外黏合，直接铺在混凝土面上即可。

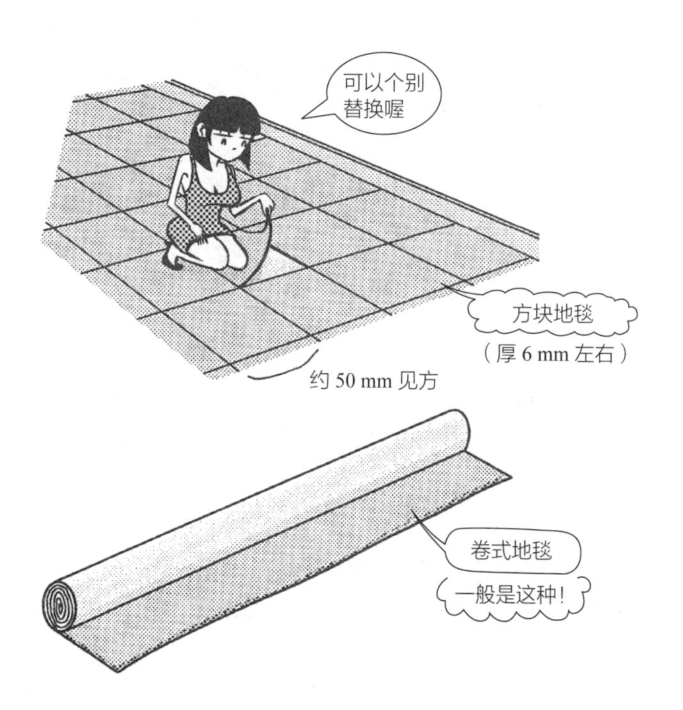


- 有污损时可以直接替换掉该部分。其他地毯通常以卷状进行搬运。整个房间铺设卷式地毯时，若地毯的一部分污损，就必须换掉整张地毯。
- 若地板是抬高以收纳配线等的活动地板(OA 地板)，只要掀开方块地毯，打开特殊造型的地板材，就可以进行配线等维修作业。
- 地毯有毛的部分称为绒毛。方块地毯的绒毛呈轮状，形成圈绒(圈毛)，长 3 mm 左右。

问：倒刺板铺设方法是什么？

答：将钉子的尖端向上突出于木块，再将该木块安装在墙壁周围，用以固定地毯的铺设方法。

若整间房间都要铺设地毯，一般会使用倒刺板铺设方法。

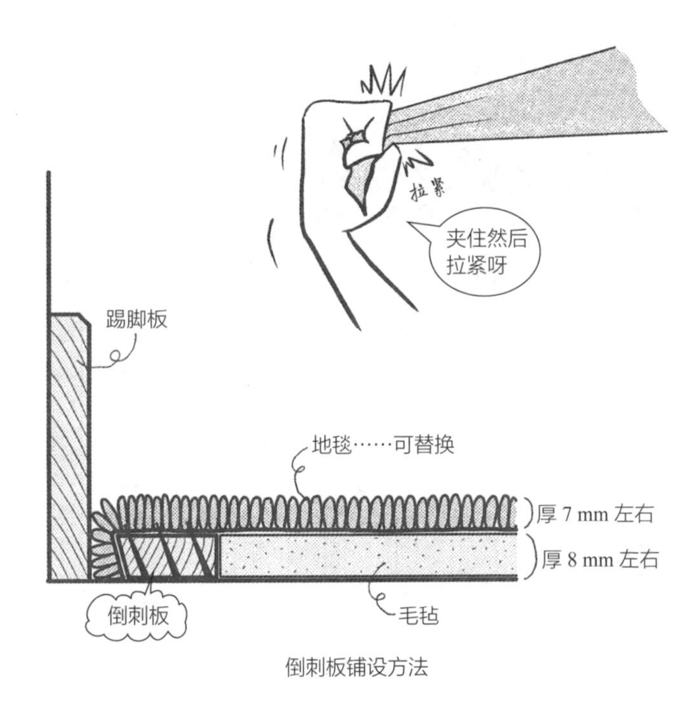


倒刺板铺设方法

- 相较于全面铺设地毯，一般住宅经常只铺设在部分的地板面上。饭店等场所是为了预防嘈杂的脚步声而铺设地毯。

**问：**地毯的绒毛有哪些形状？

**答：**割绒和圈绒。

如其名称所示，割绒是绒头切齐的平整状，圈绒是圆圈状。

- 也有割绒和圈绒混合的形式。此外，若是高度不同的圈绒并列而成的地毯，称为非齐平圈绒。

**问：** 长绒地毯是什么？

**答：** 绒毛既粗又长的地毯。

具有波浪感的地毯，常作为小地毯使用。

- shaggy 的原意为头发杂乱毛糙，用以形容绒毛又粗又长的长绒地毯（shaggy carpet）。绒毛的长度大多超过 30 mm。若用以形容发型，则是长短不一、发量削薄、具蓬松感和清爽感的样子。
- 小地毯是指铺于部分地面上的地毯。

问：针刺地毯是什么？

答：将纤维重叠，以机械针穿刺使之缠绕在一起，形成毛毡状的地毯。

针刺地毯没有绒毛，是触感杂乱又硬的便宜地板覆盖材，使用在商业设施或办公室等。

- 由于没有绒毛，也就没有地毯特有的柔软触感。笔者的设计事务所地板就是铺设这种地毯，耐久性佳，也不容易破损。

**问：** 大房间的地毯有哪些铺设方式？

**答：** 如下图，有全铺、中央铺设、部分铺设。

整间房间都要铺设时，可以采用倒刺板铺设方法（参见 R194）等进行全铺；比房间小一点，铺设在房间正中央的方式为中央铺设；只在房间一小部分铺设，称为部分铺设。

- 基于打扫、替换的方便性以及价格等的考量，住宅中地毯的铺设范围会减小，以地板面板为主要地板材，中央铺设和部分铺设地毯的例子较多。
- 小地毯是指铺设在部分地面上的地毯。

**问：** 瓷质瓷砖与陶质瓷砖有什么不同？

**答：** 与瓷质瓷砖相较，陶质瓷砖吸水性强，容易附着脏污。

瓷质品与陶质品的不同在于黏土、硅石和长石的含量，以及烧制温度的差异。以性质来分，瓷质品为石，陶质品为土。一般汤碗多是瓷质品。

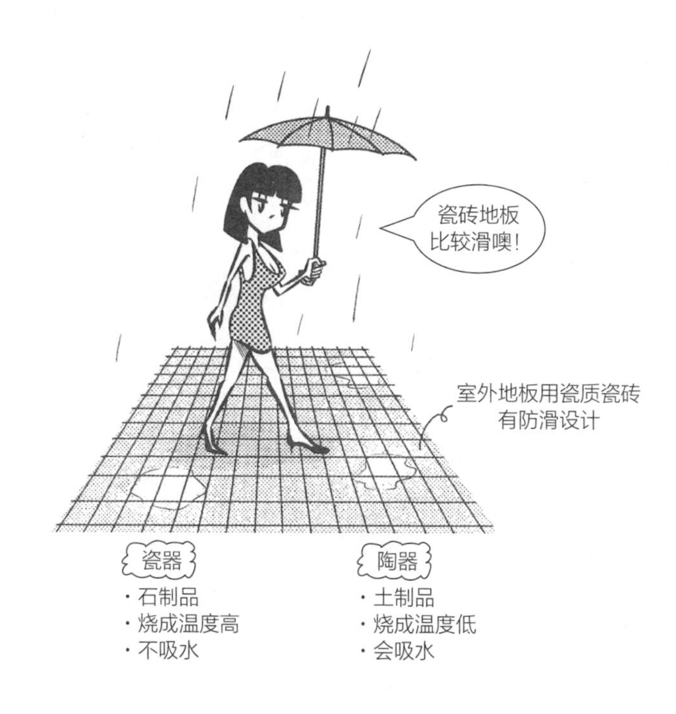


- 依使用范围不同，瓷砖可分为地板用、墙壁用、浴室地板用、玄关地板用或内部用、外部用等。地板应该使用防滑且不易破损的瓷砖。穿着高跟鞋等或是下雨天湿滑的瓷砖面，很容易有滑倒的危险，店铺或玄关的地板应该优先选用防滑材质。
- 瓷质品的吸水率为 1% 以下，石陶质品（石质）为 5% 以下，陶质品为 22% 以下。红褐色的缸砖是一种石质瓷砖。

**问：**釉是什么？

**答：**烧制瓷砖前涂在瓷砖上的涂层。

釉也称为釉药，可以强化瓷砖表面的玻璃质，增加强度，使瓷砖颜色鲜明，更有光泽。

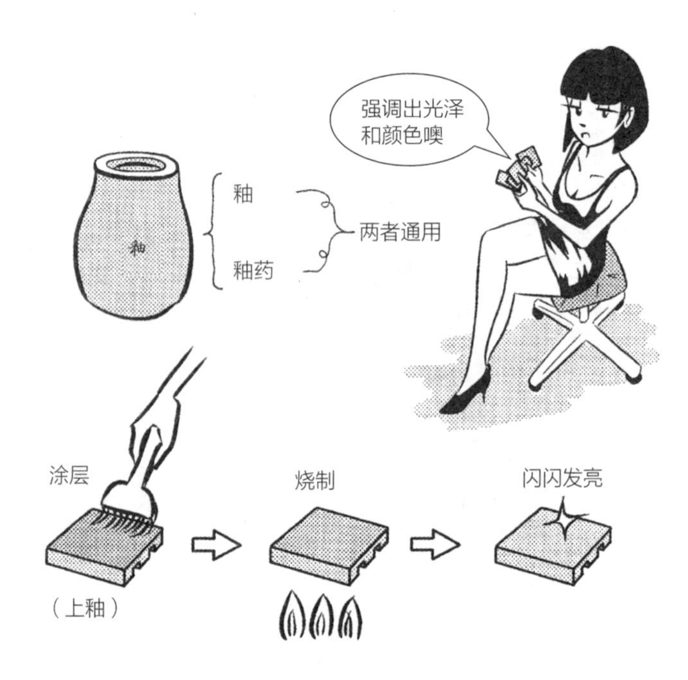


● 涂抹釉药的过程称为上釉（施釉）。

**问：** 素烧瓷砖（无釉瓷砖）是什么？

**答：** 不上釉并以低温烧制的瓷砖。

颜色呈现和土壤相近的红褐色、深褐色、浅褐色等，瓷砖表面较粗糙。红褐色花盆就是素烧（无釉）制品。素烧瓷砖（无釉瓷砖）也称为赤土陶砖。若是铺设在土间，就成为类似土壤面般的简朴设计。

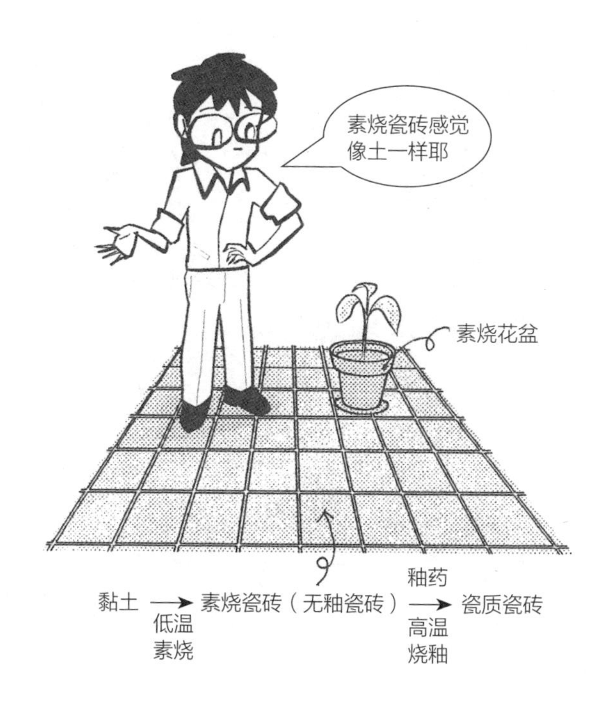


- 低温素烧之后涂上釉药，再进行高温釉烧，就成为瓷质。素烧即进行釉烧之前的状态。无釉瓷砖具吸水性，使用在室外时要进行透明涂装。依制品的不同，也有一开始就附透明涂膜的瓷砖。

**问：**收边砖是什么？

**答：**使用在转角的 L 形特殊瓷砖。

平的瓷砖称为平面瓷砖，L 形瓷砖称为收边砖。在转角贴平面瓷砖会看见切口（厚度部分），较不美观。

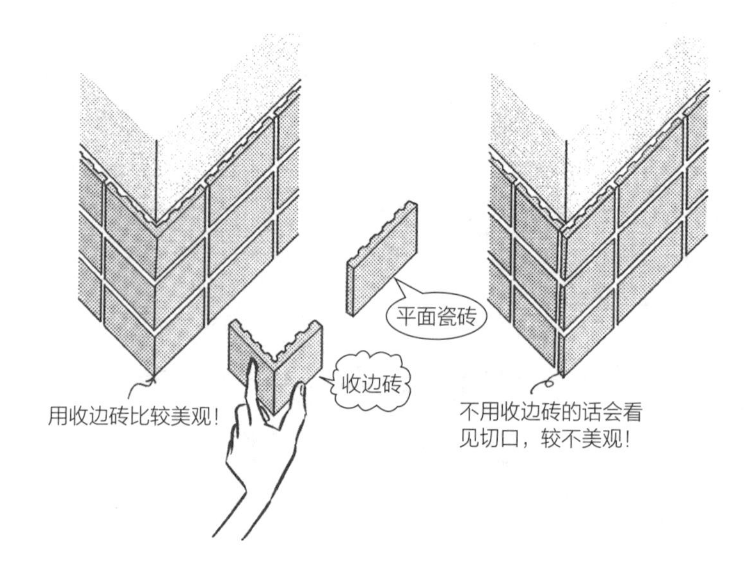


- 举例来说，在柱上贴瓷砖时，转角若不指定使用收边砖，就会用平面瓷砖。由于收边砖为立体造型，材料的成本也较高。如果要在转角以平面瓷砖漂亮收边，必须将平面瓷砖的切口以 45° 角进行“斜接”（参见 R231）。

**问：** 马赛克瓷砖是什么？

**答：** 50 mm 以下见方的小型瓷砖。

色彩丰富的 25 mm 见方马赛克瓷砖，经常用在商业建筑的室内设计，除了瓷质的之外，也有玻璃质马赛克瓷砖。

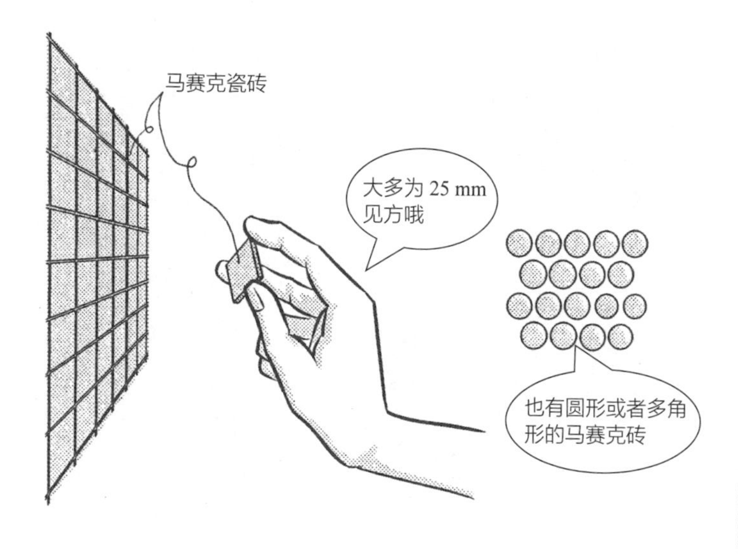


- 马赛克瓷砖也有圆形或者多角形。若接缝纵横向皆为直通称为直缝（通缝），纵向交错者则为纵错缝，另外也有随意粘贴的方式。由于是小瓷砖，也可以使用在曲面上。有时洗脸台也会使用马赛克瓷砖，缺点是接缝很容易脏污。
- 将多个瓷砖贴在 30 cm 见方的面纸上，铺设时整个进行粘贴，再将面纸用水喷湿后撕掉，就完成瓷砖铺设。这种方法称为单位瓷砖压贴法。

**问:** 直缝、纵错缝是什么?

**答:** 直缝是纵横向的接缝皆为直通状态，亦称为通缝，纵错缝则是只有纵向接缝相互交错的接缝。

直缝也可称为通缝。

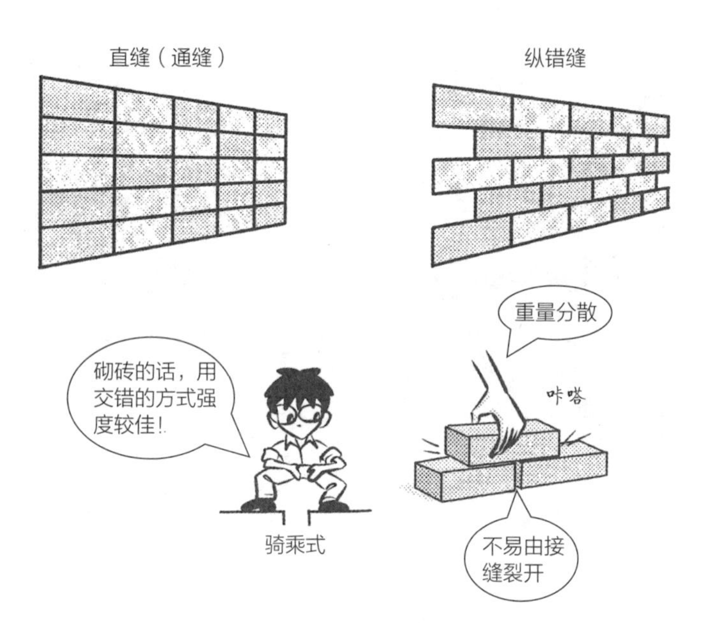


- 接缝的纵横向皆连接在一起，称为直缝；砖是以交错的重叠方法砌成，形成纵错缝。
- 我们可以将瓷砖视为砌砖的简化版。砌砖方式也会影响瓷砖的接缝形式。一般不会以直线方式砌砖，因为上方重量无法往横向分散，容易产生裂缝。不过瓷砖的铺贴与重量无关，小瓷砖多以直缝形式铺设，若以交错方式铺设，外观看起来会杂乱。通常大片瓷砖才会以交错方式铺设。

**问：** 无缝是什么？

**答：** 完全不留接缝宽度的接缝。

铺贴瓷砖或石材时，通常会使用水泥或水泥砂浆来填满接缝。室外部分若不进行这项作业，水会从接缝渗入，但室内装修也常采用不留下接缝宽度的施工方法。

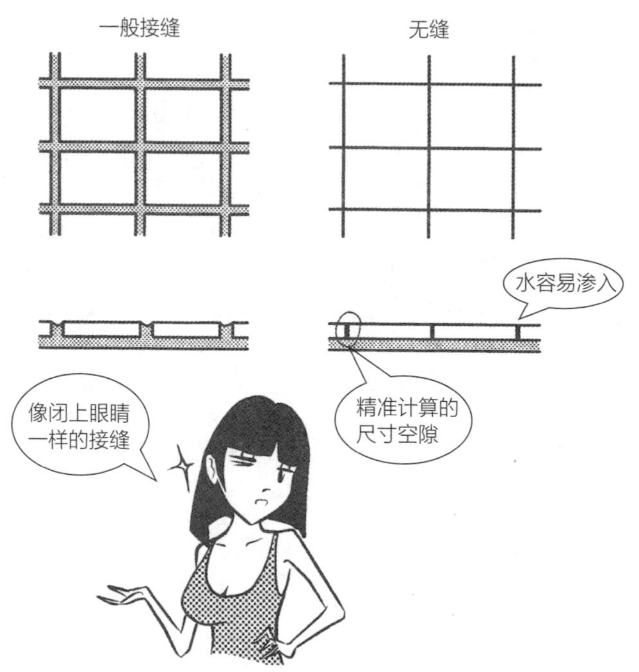


- 有接缝宽度就可以调整瓷砖的比例。例如横向长度不足 5 mm 时，若有 10 条接缝，可以一块一块以 0.5 mm 来调整接缝宽度。无缝的情况就只能切割瓷砖进行调整，所以瓷砖的尺寸空隙要精准拿捏才行。

问：花岗岩是什么？

答：由岩浆凝固而成的一种火山岩，具有良好的耐久性、耐水性、耐磨性。

外装使用的石材几乎都是花岗岩。室内装修部分则是常用于地板和墙壁。作为地板时，必须进行表面的防滑加工。

- 日本国会议事堂也使用了花岗岩。古城的石墙或墓碑等，也多以花岗岩制成。

**问：**大理石是什么？

**答：**既存岩石由于高温、高压的变质作用，再结晶而成的一种变质岩，有美丽的白色外观，它的缺点是抗酸性弱。

希腊的帕特农神庙、印度的泰姬陵都使用了大理石。美丽的大理石也常用于雕刻，不过由于是含钙的酸性物质，其抗酸性较弱，遇酸雨就会变黑。

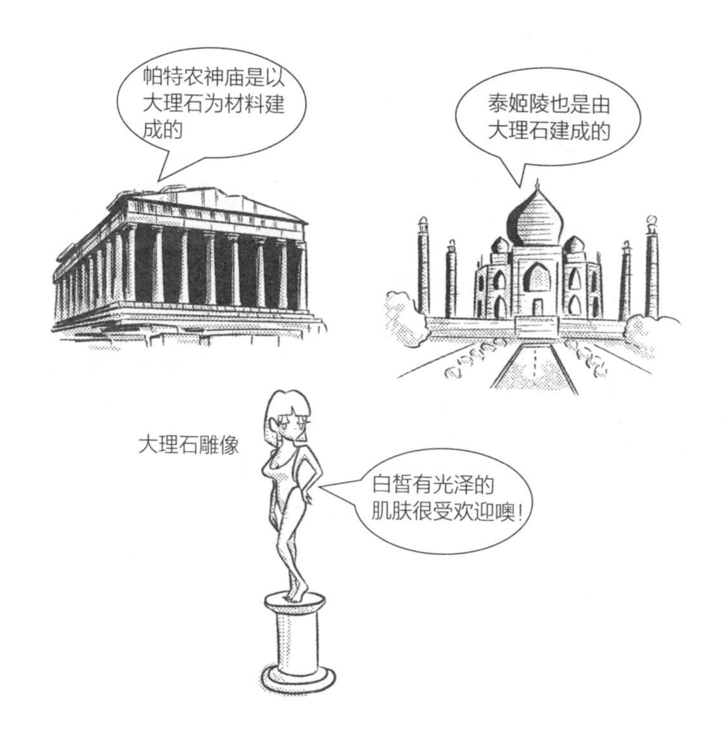


- 帕特农神庙、泰姬陵都是必看的伟大建筑物。泰姬陵在白色大理石壁面上镶嵌了各色宝石，非常美丽，笔者在印度进行长达一个月的建筑物巡礼时，泰姬陵是其中最令人感动的。许多学生会将帕特农神庙当作欧洲建筑史的原点，或是基于对柯布西耶的礼赞，而再次造访帕特农神庙，对于泰姬陵却单纯地视其为一个观光地。有机会前往印度时，请务必一并造访桑奇大塔。

**问:** 石灰华是什么?

**答:** 具条带状花纹、条带状结构的一种石灰石。

图案近似大理石，但不像大理石那样坚硬又具光泽。

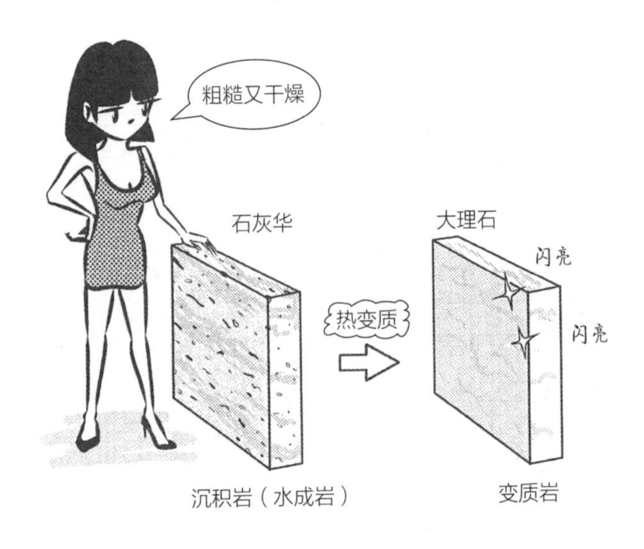


- 石灰石等的沉积岩（也称水成岩）经过热变质再结晶后，就形成变质岩——大理石。
- 石灰华与大理石相同，主要成分为碳酸钙，具碱性；其抗酸性较弱，遇酸雨会变黑，和大理石一样不适合用在外装，常作为内装材。日本使用的石灰华大多是意大利进口石材。

问：蛇纹岩是什么？

答：有像蛇皮般图案（花纹）的深绿色岩石。

深绿色的蛇纹岩表面夹杂带白色的部分，图案就像蛇皮一样，也具有光泽，常用于沉稳风格的室内设计。地板、墙壁、台面（天花板）等处皆有使用。

- 图案的部分容易吸水，因此不适合用在外装。
- 蛇纹岩为橄榄岩（火成岩）变质而成的变质岩。

问：砂石是什么？

答：砂堆积在水中固结而成的沉积岩（水成岩），表面粗糙。

砂岩表面像砂纸一样粗糙，水分容易渗入，也容易附着脏污或发霉等，不可用于外装。优点是具有耐火性、耐酸性，常作为内装的壁材。

· 火成岩：花岗岩等
· 沉积岩（水成岩）：石灰华（石灰石）、砂岩等
· 变质岩：大理石、蛇纹岩等

● 火成岩、沉积岩（水成岩）受到变质作用便形成变质岩。

**问：**为了使石材表面光滑，需要进行什么加工？

**答：**抛光加工等。

以粗磨、水磨、抛光的顺序进行，可以让石材表面平滑又有光泽。各阶段的研磨器具会从粗研磨器具替换至细研磨器具，最后使用由抛盘和毛毡等做成的轮状研磨器具。

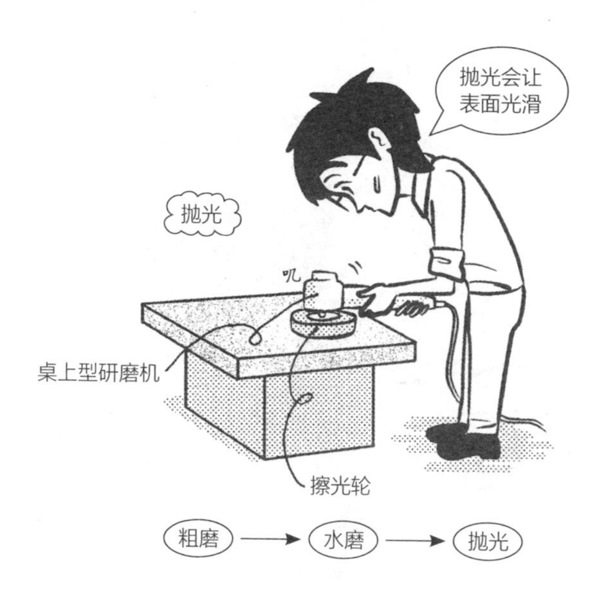


- 桌上型研磨机是附有回转圆盘的机械，可以旋转进行研磨。除了石材之外，也可以用于金属或木材的研磨加工。经过抛光的石材表面会变得平滑，水分不易聚集，常用作墙壁或台面板。不要使用在地板上，避免滑倒。

**问：**喷火枪（喷流燃烧器）加工是指什么？

**答：**以喷火枪烧石材表面，使表面呈现细密凹凸状的加工。

石材因成分的不同，熔点或膨胀率各异，燃烧或熔解的部分与残留下来的部分，使石材表面产生细致的凹凸。花岗岩等石材便会进行这种加工。

- 喷砂加工是在石材表面喷射细致的铁砂，使表面产生细小的坑洞而变得粗糙。依细致程度排序，抛光最细，其次是喷砂，最后是喷火枪（喷流燃烧器）。
- 地板若铺设光滑的石材，潮湿时容易有打滑的危险，因此需要使用喷火枪或喷砂让表面变得粗糙些。经抛光后已铺贴在建筑物表面的石材，之后还是可以利用喷火枪或喷砂加工让表面变得粗糙。

**问：** 开瘤加工是指什么？

**答：** 在石材表面做出大型凹凸的加工（块石铺面加工）。

相较于只把石材切割开的劈面，开瘤加工可形成更大的凹凸。

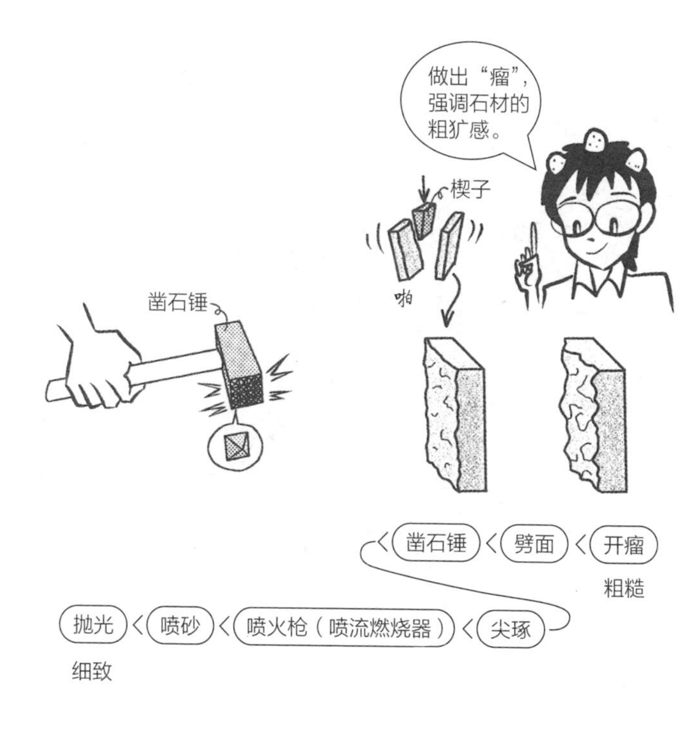


- 石材以金刚石切割器切割时，断面会留下细线状的刀刃痕迹。劈面加工是打入楔子进行切割，会留下漂亮的凹凸形状。
- 利用附有凹凸的铁锤进行尖琢加工，或是用凿石锤留下大型凹凸形状，表面的粗糙程度都不及劈面或开瘤。开瘤加工可以制作出近乎自然岩石的效果。

**问：** 内装用石材的厚度是多少？

**答：** 墙壁用石材厚度最小 5 mm，通常选用 30 mm 左右（日本标准）。

厚度依石材强度而异，大理石、花岗岩 < 砂岩。切割的石材比较薄，劈面的石材比较厚。

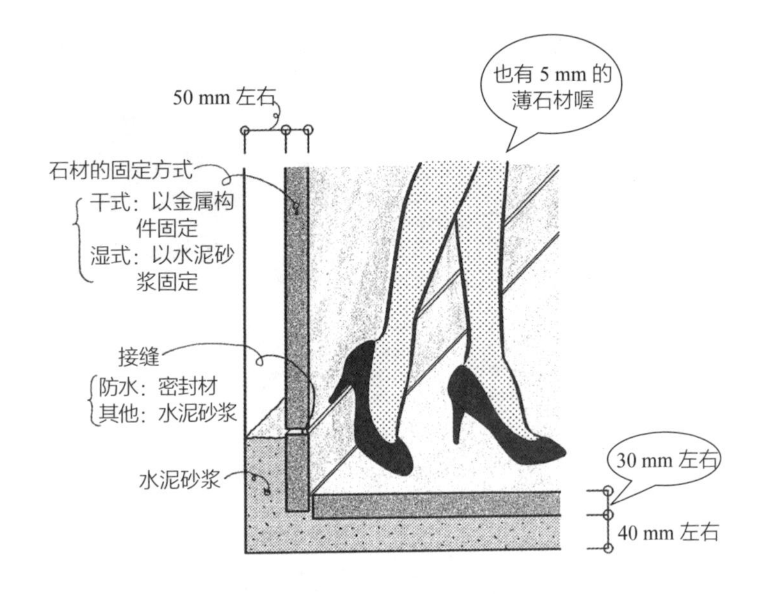


- 地板石材以水泥砂浆抹灰，墙壁石材以金属构件悬挂后，用水泥砂浆填充空隙（称为填充水泥砂浆）。也有只以金属构件来支撑的施工方法。使用水泥砂浆填充的固定方式为湿式，不用水泥砂浆而只用金属构件支撑的方式为干式。
- 会碰到水（防水）的接缝部分要打密封剂（具有弹性的橡胶状填充材），其他接缝用水泥砂浆填充，或是采用无缝接合方式。
- 市面上有销售厚度 5 mm 左右墙壁用的薄石材。由于重量较轻，可以使用抹灰或双面胶进行施工。

**问：** 水磨石是什么？

**答：** 将粉碎的石材加入白水泥等当中固结而成的人造石板。

大型石板价格昂贵，因此将小石材集合固结起来就可以制作便宜的人造石板。水磨石主要用于室内设计，浴室、厕所的地板或间隔墙、拱间墙、扶手的盖板等，经常使用这种石材。

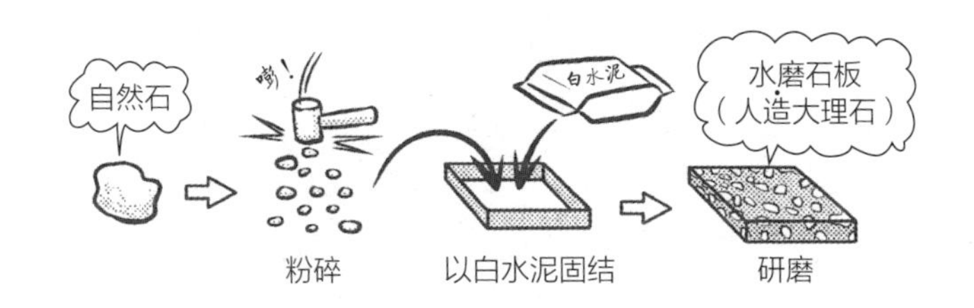


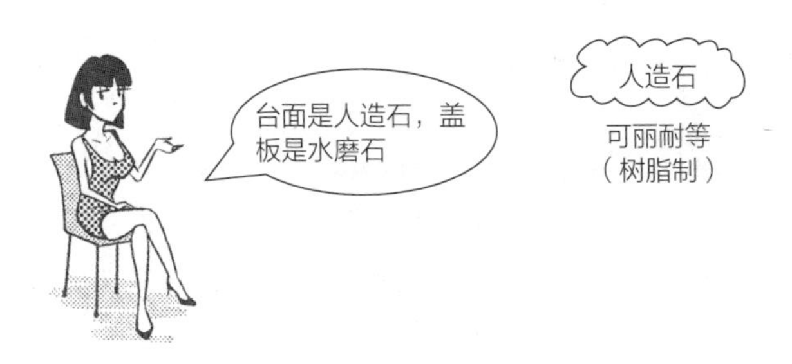




- 水磨石（terrazzo）语源为意大利文，指将粗石敲碎后铺设在地板上的镶嵌加工。
- 水磨石也称为人造大理石，与树脂制的可丽耐人造石（参见 R186）不同。

**问：** 浮法玻璃是什么？

**答：** 浮在熔融金属上制成的透明玻璃板。

玻璃面稍有凹凸不平就会变得不透明。因此，在平滑的熔融金属（锡）上面浮着一层熔融玻璃，可制作出严密的平滑面，形成透明的玻璃板。

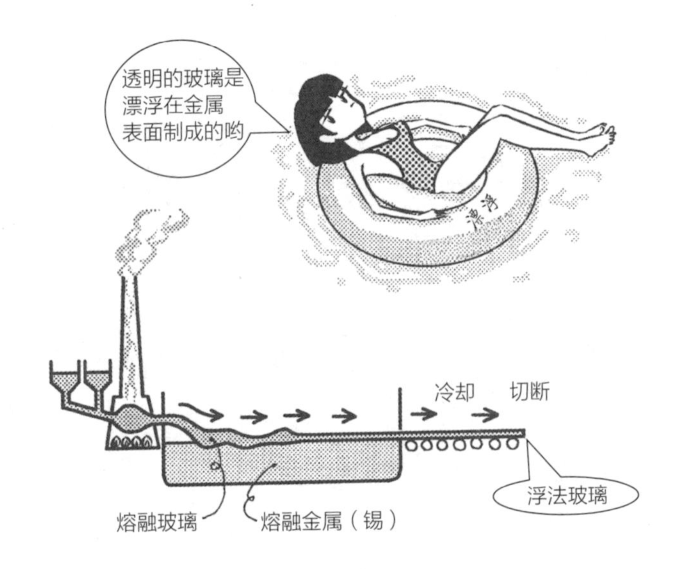


- 浮法玻璃的厚度有 2 mm、3 mm、4 mm、5 mm、6 mm、8 mm、10 mm、12 mm 等尺寸。住宅或公寓用的窗户玻璃大多为 5 mm 厚的浮法玻璃。

**问：** 压花玻璃（滚压玻璃）是什么？

**答：** 单面附有凹凸形状的不透明玻璃。

从熔融金属中做出的玻璃通过轧辊，在轧辊的通过面附上凹凸形状，就成为压花玻璃。

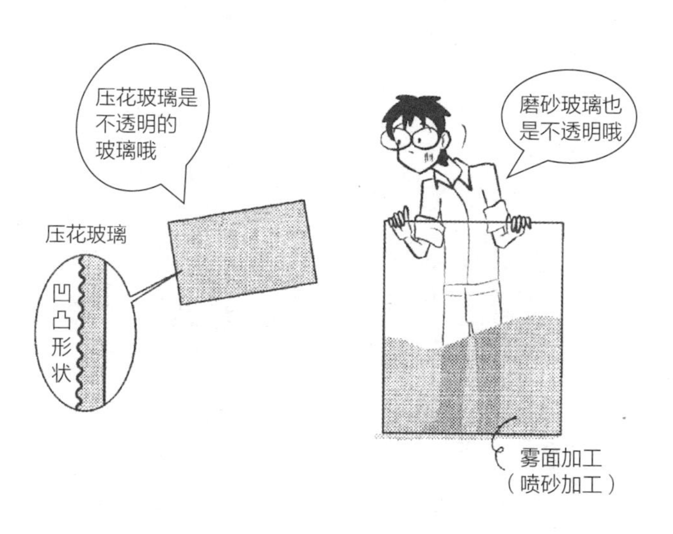


- 非透明玻璃种类不多，其中常见的磨砂玻璃是将砂或研磨材吹附在玻璃表面，造成细小的伤痕，制成的非透明玻璃。也可以部分加工成磨砂面，甚至以此在玻璃面上设计图案。

**问:** 复层玻璃（双层玻璃）、胶合玻璃是什么?

**答:** 复层玻璃是将空气封闭在两层玻璃中间以达到隔热效果的玻璃；胶合玻璃是将树脂像三明治般夹在玻璃中间，常作为防盗用的玻璃。

热能较难穿越空气，将干燥的空气或氧气封锁在玻璃之间，可以提升其隔热性能。由于树脂不易破损，用玻璃以“三明治”方式夹住树脂，可以强化防盗效果。

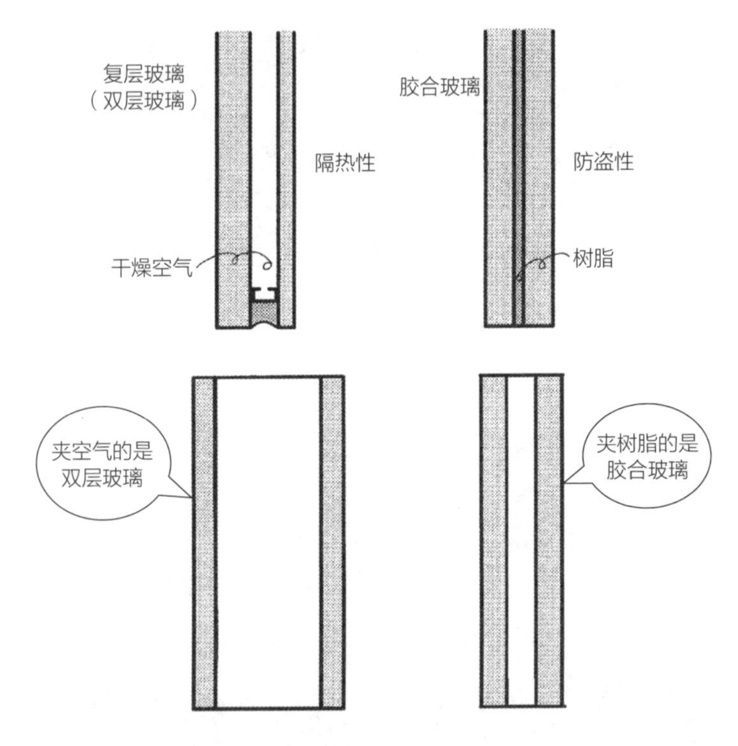


● 双层玻璃常与胶合玻璃弄混，要特别注意。

**问：** 强化玻璃是什么？

**答：** 具有浮法玻璃数倍冲击强度的玻璃。

适用于大型玻璃面、玻璃制扶手、玻璃地板等，也有强化玻璃制的桌子或置物架。安装在地板下方可欣赏埋藏遗迹或都市模型的玻璃地板等，也使用强化玻璃。

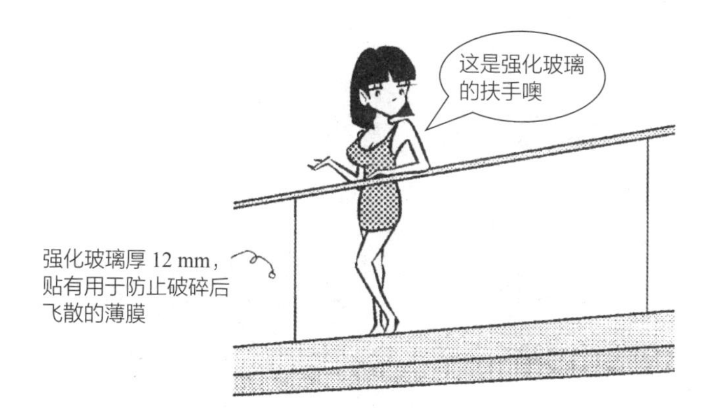


- 将浮法玻璃加热后急速冷却，就形成强化玻璃。强化玻璃破损时不会产生普通玻璃特有的锐角碎片，而是呈现粉碎状，所以较安全。汽车的挡风玻璃是在两片强化玻璃中间夹上一层膜而成的玻璃，因此更加安全。
- 强化玻璃的英文是 tempered glass，temper 是将钢或玻璃烧制后加以强化的意思。

问：如何安装玻璃？

答：将玻璃嵌入沟槽，再以橡胶或密封剂固定，也有开孔后利用螺栓等金属构件固定的方式。

一般的做法是将玻璃嵌入沟槽，以密封剂或橡胶填充缝隙。只用一条橡胶固定的是垫片，压条是在两侧加入的细橡胶。

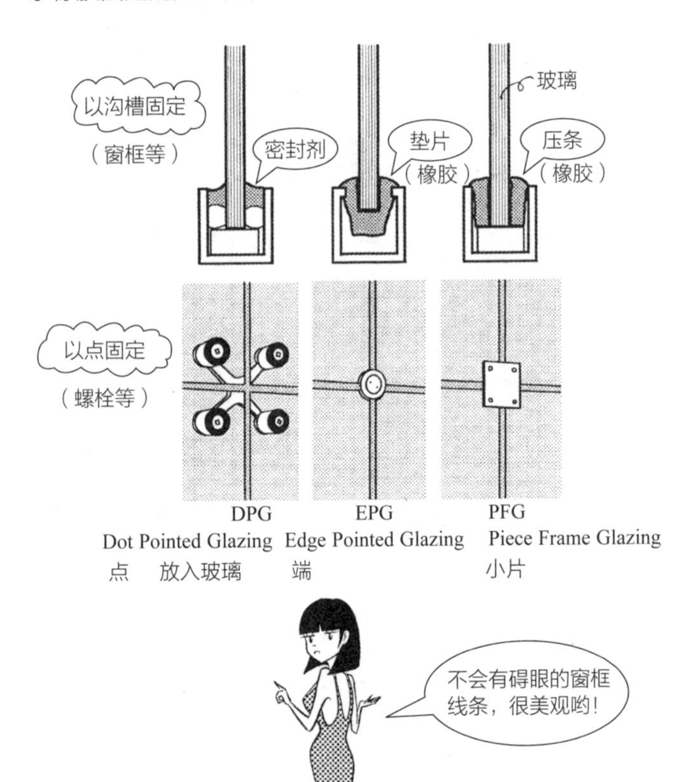


● DPG、EPG、PFG 皆为玻璃外装用法，有时制作内装的扶手时也会用到。玻璃放入窗框等框架后，框架会变得特别碍眼，利用金属构件等进行点固定，外观看起来会比较简洁。

**问：** 聚碳酸酯板是什么？

**答：** 一种高冲击强度的树脂

聚碳酸酯板常用于车库的屋顶、屋檐和外廊的扶手墙，在室内装修中则是用在框门（在门框的内侧以板材和玻璃等组合而成的门）。玻璃的缺点是较重又容易破裂，聚碳酸酯则是重量较轻且不易破损的材料。

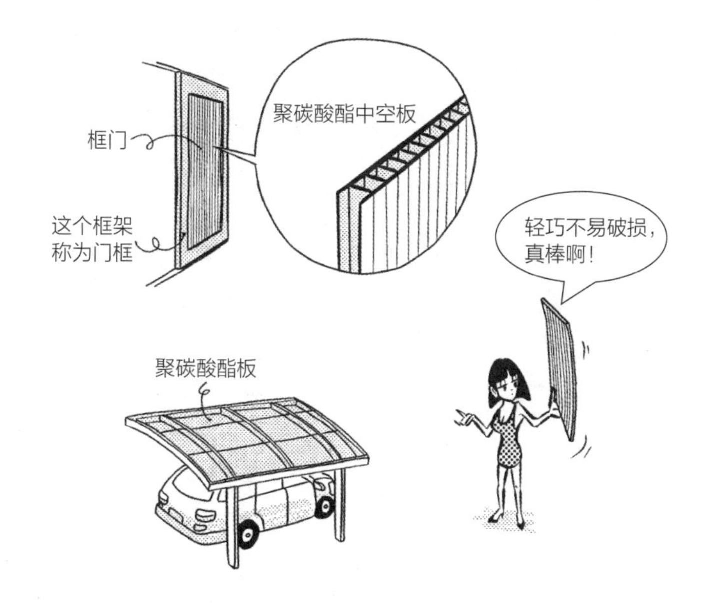


- 聚碳酸酯板虽然不易破损，但由于较软的关系，缺点是表面容易刮伤且易燃。
- 聚碳酸酯板制作成如瓦楞纸般中间有空洞的形式时，会成为不易弯折且重量较轻的板，称为聚碳酸酯中空板。中空板也会用于室内装修的框门或间隔等。

**问：**为什么要装踢脚板？

**答：**为了让墙壁与地板之间的收口更明确，强调墙壁的下部，或是让脏污不那么显眼。

踢脚板是安装在墙壁最下方的细长板材。如果不装踢脚板，地板材与墙壁板材的端部会直接外露。若是两边有切线不平整，或是接缝没有衔接好等情况，看起来比较不美观。此外，吸尘器、鞋子等会碰到墙壁的下部，容易造成损伤或脏污，所以用踢脚板来保护。而装深色的踢脚板更可以让脏污不那么明显。

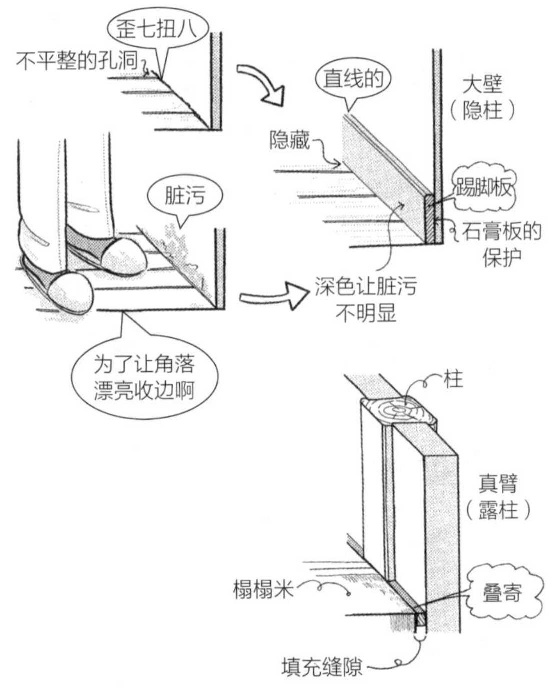


- 木质踢脚板的尺寸约为 6 mm × 60 mm，大多为预制品。树脂制软质踢脚板为 1 mm × 60 mm 左右，剪裁容易，安装过程较轻松，成本也比较低。
- 放入地板面、墙面、天花板面等平面端部的棒状物件，也称为“饰边材”，是收边常见的基本手法，同时负责隐藏板材切口（横断面的板厚部分）。
- 铺设榻榻米的真壁造（柱子外露的墙）房间，可以不使用踢脚板（参见 R128）。

**问：** 凸面踢脚板、凹踢脚板、平踢脚板各是怎样的？

**答：** 与墙面相较，突出墙面者为凸面踢脚板，凹陷者为凹踢脚板，同平面者为平踢脚板。

最常用的是凸面踢脚板。凹面踢脚板和平踢脚板的成本较高，但可以让壁脚看起来简洁。

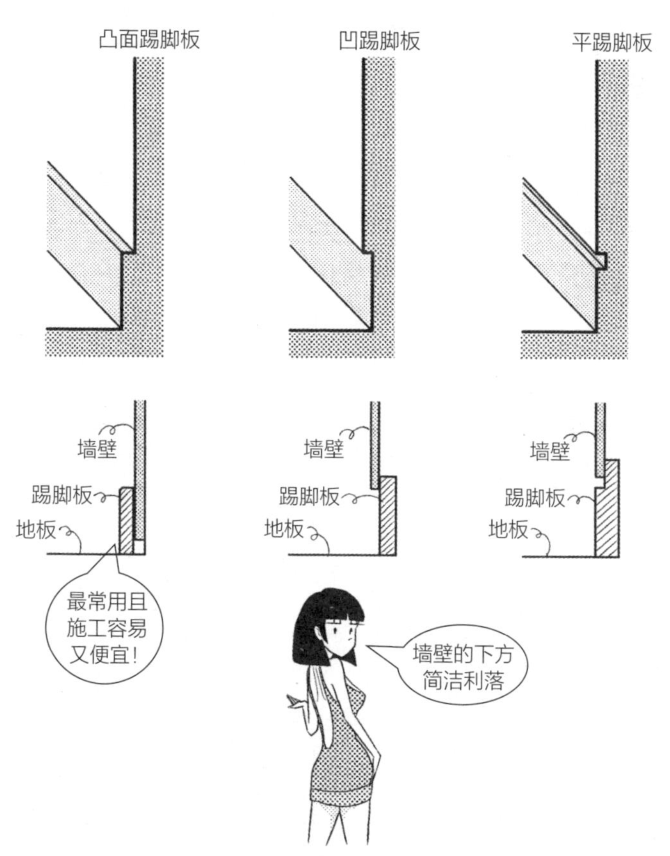


- 建筑师多倾向于同一平面的形式，常见的铺设方式为留设与踢脚板厚度差不多宽的接缝。
- 在凹踢脚板、平踢脚板表面贴壁纸时，会出现与接缝同宽的小弯折，这里比较容易破损。

**问**：门框突出墙壁的宽度（错位）与踢脚板的厚度，哪一个做得比较大？

**答**：如下图，门框突出的宽度比较大，踢脚板不会超出门框。

两个平行面之间的微小距离称为错位（邻接平面差）。框架会稍微突出墙壁，取一小段作为错位。若门框的错位是 10 mm，踢脚板的厚度是 15 mm，那么踢脚板会突出 5 mm。若踢脚板厚度为 6 mm，就可以漂亮地收边。

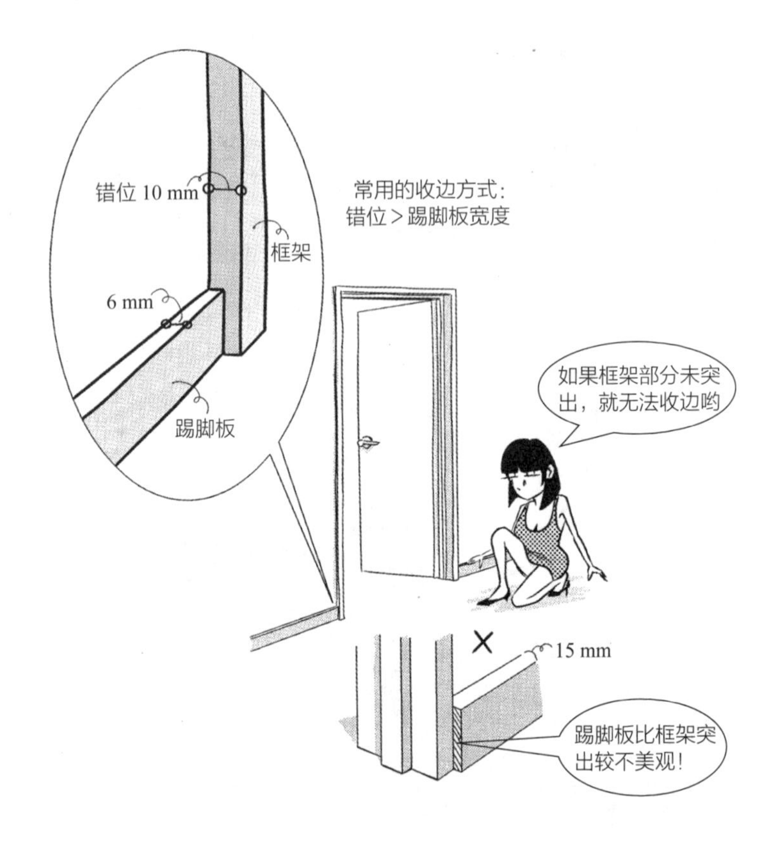


- 一般来说，门框、窗框的错位大约 10 mm。设计方就算不在细部图纸中指定错位尺寸，施工方的收边作业也会采取较佳的收边方式。

**问：** 为什么要装线板？

**答：** 为了让墙壁与天花板的交角处更美观，或者是让天花板的安装工程更轻松等。

墙壁与天花板的相交角隅所安装的细棒称为线板。这个棒材可以隐藏天花板锯齿状的切口，让交角看起来齐整笔直。

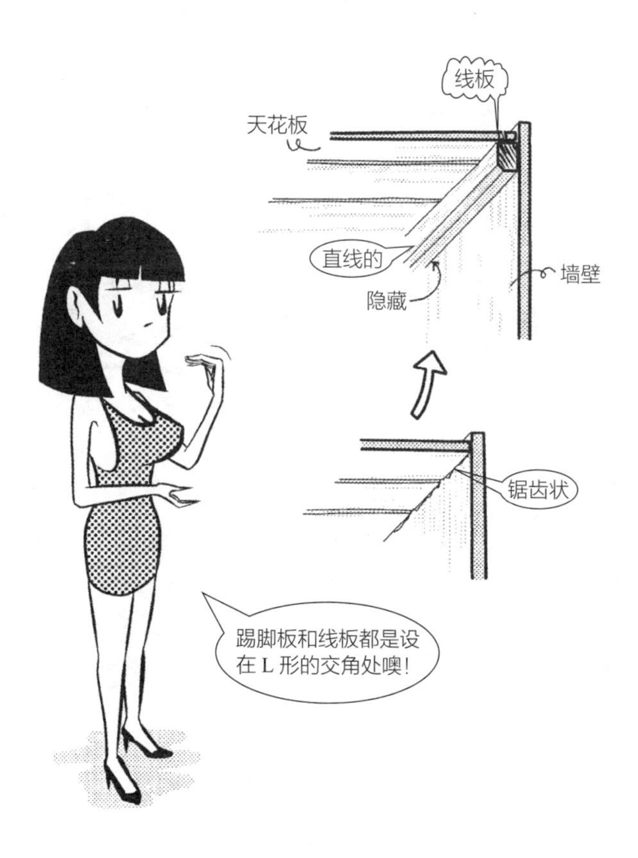


- 安装在板材边缘的细棒，日文称为“缘”。因为作为天花板面、墙面的边界线，亦可称为饰边材、边缘材等。
- 另一种收边方式是不装线板，而在墙壁和天花板上铺设相同的壁纸或做同样的涂装。这种设计方式较简洁，但若要收边漂亮，还是要加入透缝（参见 R228）等。

**问：**双重线板是什么？

**答：**如下图，以两段线板组合而成的线板。

在真壁造的和室中，竿缘天井（参见 R125）的竿缘收边材下方再放入一根构材，就形成两段的线板（回缘）。下段的构材也称为天井长押（参见 R132）。

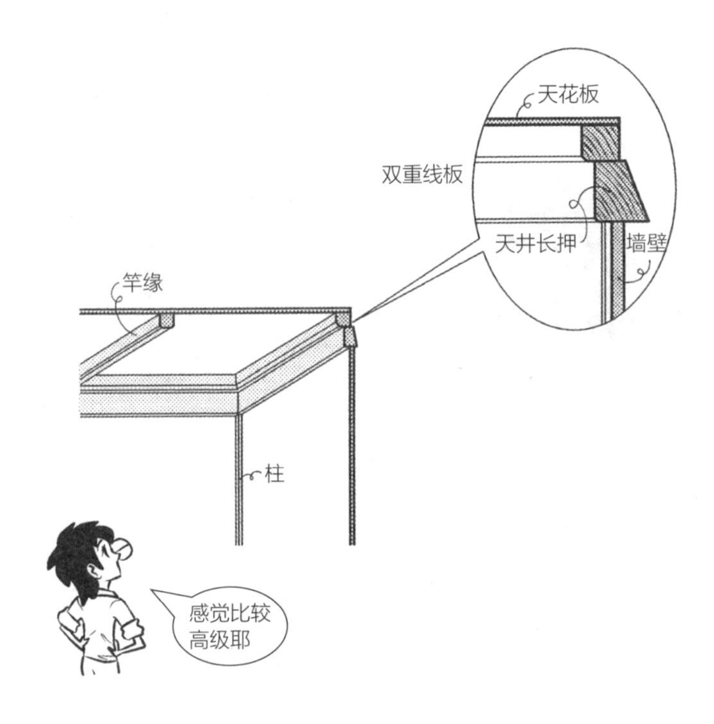


● 成本比安装一根线板高，这种收边方式给人较高级的感觉。

**问：**天花板饰边材是什么？

**答：**如下图，将天花板的石膏板等简单收边，作为线板的替代品。

有塑料制和铝制等不同材质。不像线板是用粗棒，在需要快速而低成本地进行天花板收边时，就可以使用天花板饰边材。广义而言，小型饰边材也是线板的一种。

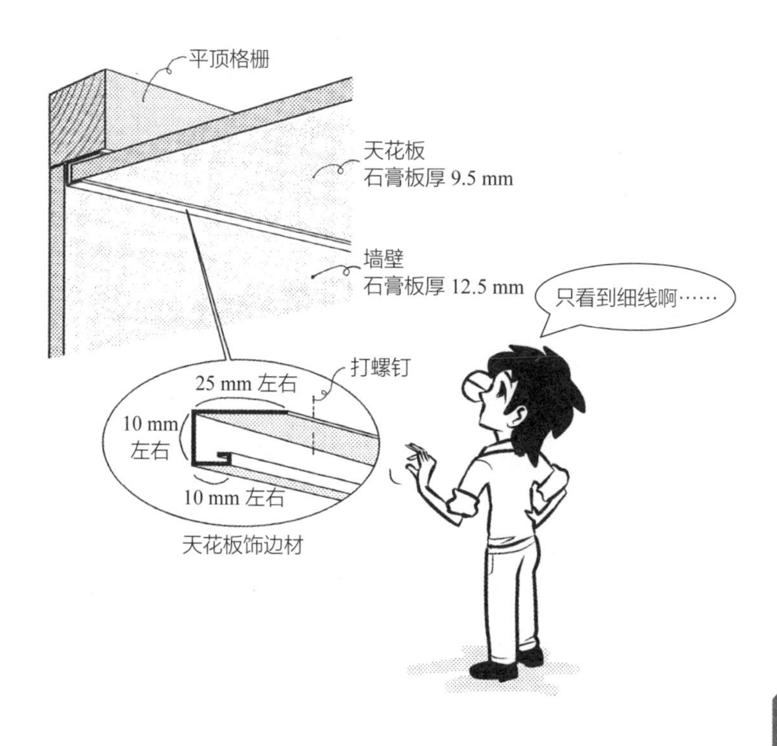


- 先在安装天花板的骨架（平顶格栅，覆面龙骨）上，以螺钉固定饰边材，再将天花板材嵌入后予以固定，施工很轻松。

**问：** 透缝是什么？

**答：** 没有安装线板，而是将天花板与墙壁连接的部分留设些许缝隙的一种铺设方式。

板与板之间没有连接，留有缝隙的铺设方式，称为透缝铺设。有时天花板与墙壁的交角不装线板，而以透缝的方式设计。由于不使用棒材，可以形成简洁利落的设计。

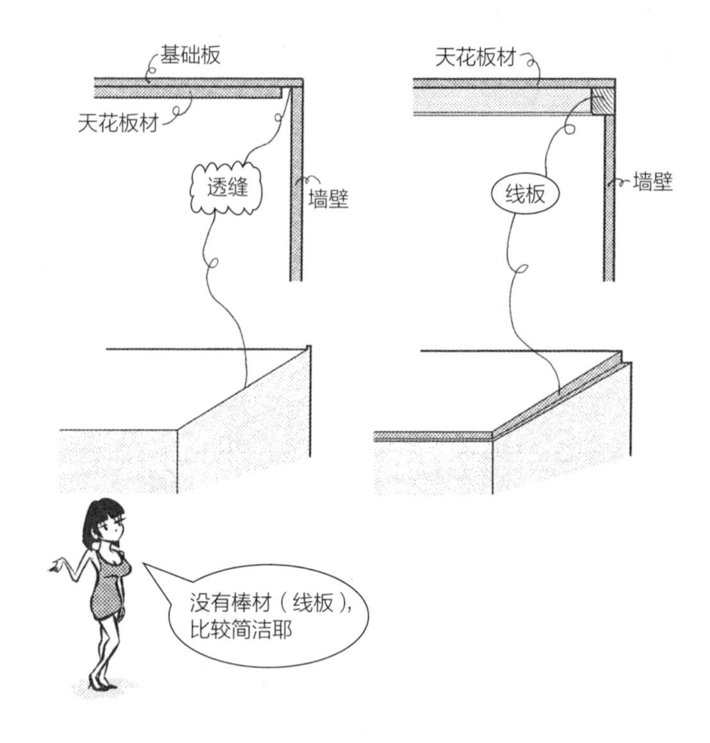


- 有时透缝的缝隙也会安装在墙壁侧。

**问：**如何处理没有线板、饰边材或没有透缝的天花板端部？

**答：**如下图，有使用内装用密封剂等方式。

这是最便宜的简单装修法，不安装线板或饰边材，直接在墙壁、天花板贴壁纸或进行涂装。若要避免交角部分产生缝隙，或是让壁纸更加贴合，常见的做法是使用密封剂。

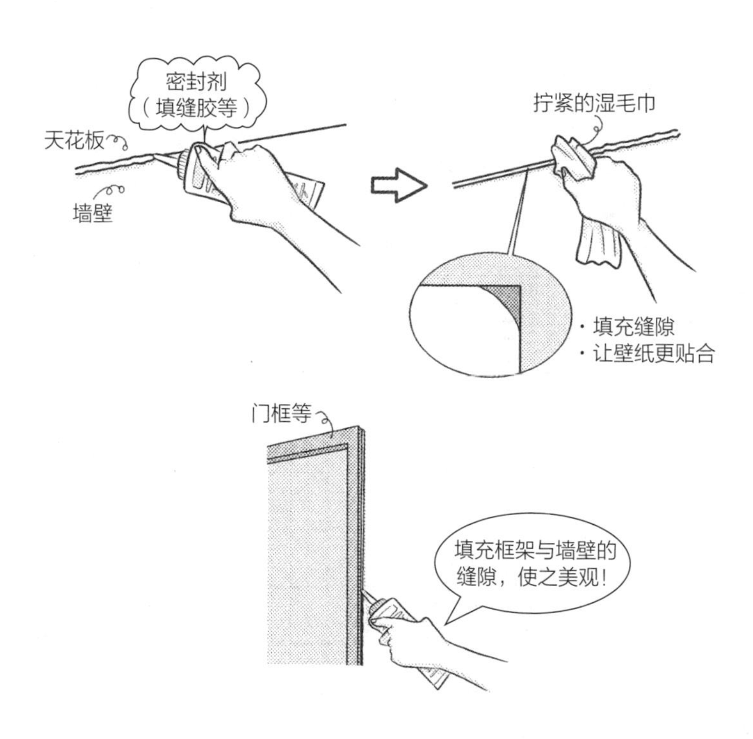


- 交角部分的壁纸容易脱落，也容易产生缝隙，打密封剂后会更加贴合，还能隐藏缝隙。密封剂常作为缝隙的修正、隐藏之用。
- 最常使用的是填缝胶。将填缝胶打设在角落部分，以拧紧的湿毛巾擦拭后，表面就变得更漂亮了。笔者经常处理木造古建筑的翻修工程，填缝胶可是修正的必备品。
- 密封剂也可称为填缝剂。填缝胶的“填缝”一词就是由此而来。

**问:** 线板应比柱突出还是不突出?

**答:** 比柱突出。

虽然线板的面内（参见 R234）也有收在柱内的情况，不过一般会收在柱外。如果柱比线板突出，线板会被切成一截一截的，天花板四周也会变得凹凸不平。

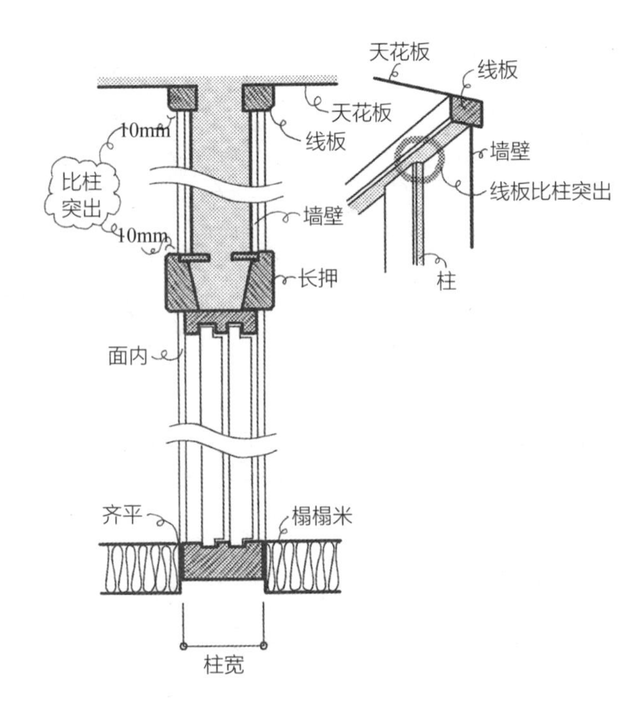


- 基本上，敷居宽等同于柱宽，若是一侧为缘侧，或是板之间有段差，而使敷居比地板高，也会出现只有室内侧收在面内的情况。

**问：** 斜接是指什么？

**答：** 在凸角、凹角处，将两个构材边缘皆切成 45° 角，不会看见切口的接合方式。

由于看不见切口（横断面），看起来美观。常用于门框、窗框、踢脚板、长押和线板等的凸角、凹角。

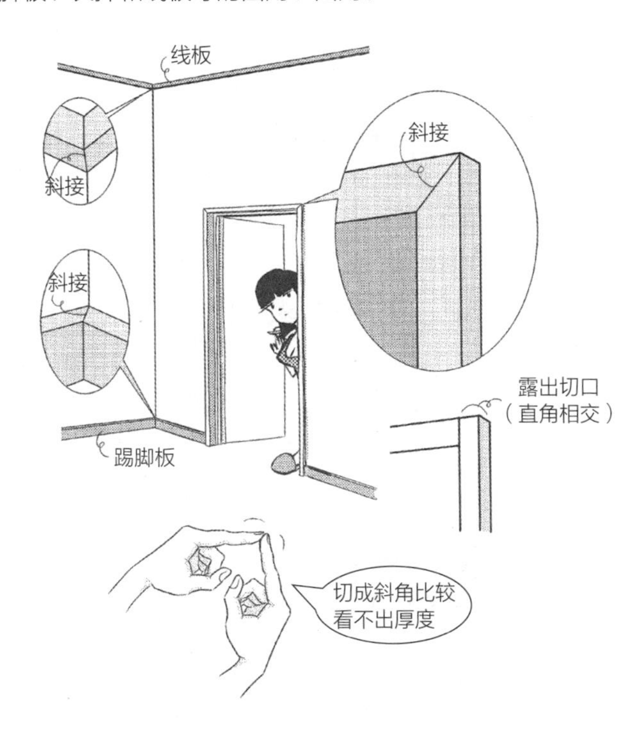


- 构材大小不同时，斜切角度不会是 45° 。门框等较高的地方，就算纵材整个穿透过去也不会看到切口，所以可以不使用斜切的接合方式。某一边穿透的收边方式，称为直角相交。
- 从前的斜接是由厉害的木工师傅以锯子切出 45° 角进行接合。因此，只要看到和室的斜接楼口，就可以知道木工师傅的功力。现在则是使用具有倾斜角度的电锯，可以简单切割出斜接角度。

**问:** 刃挂（刀刃切）是指什么?

**答:** 为了让正面尺寸看起来细长利落，将框架材料进行斜切。

外观如刀刃般的饰边材，主要用于灰泥壁。如果全部以细木材制作，很容易损坏，因此只在外观看得到的地方使用细木材。木板墙壁也一样，将框架进行刃挂，木板的切口斜切，两者接合在一起后，就成为正面尺寸较细的框架。

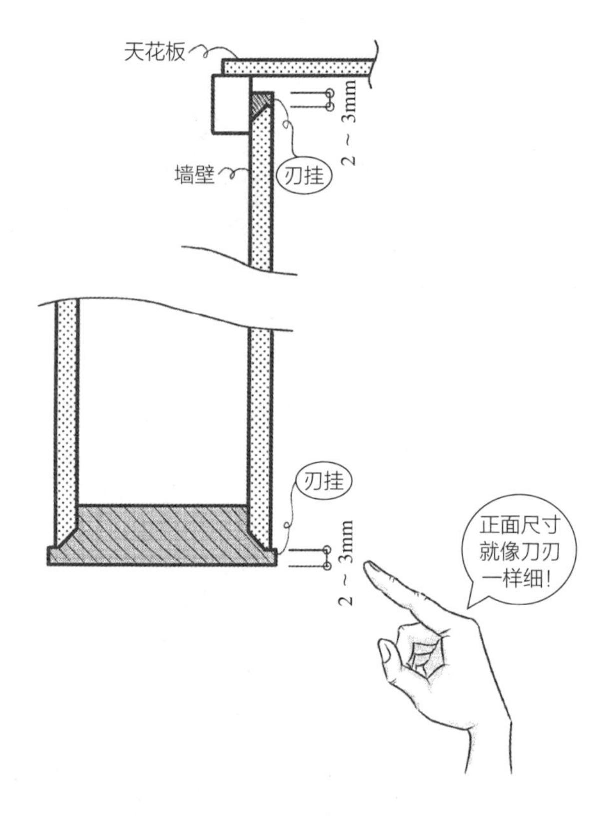


- 刀刃的正面尺寸通常为 2 ~ 3 mm，也有完全不留设正面尺寸，完全将刀刃的尖端外露的情况。不管哪一种都要使用硬木材。
- 可见端的尺寸称为正面尺寸，深度方向的尺寸为侧面尺寸。这些都是现场常见的用语，要好好记住噢。

问：纯涂装是指什么？

答：如下图，让墙壁的角落或开口部分不会突出柱外或安装框架，直接以涂装处理。

安装框架可以让墙壁的角落较坚固，但另一方面，框架的存在让设计变得不简洁，还有需要另外进行收边等缺点。以纯涂装处理，可以强调素朴感。

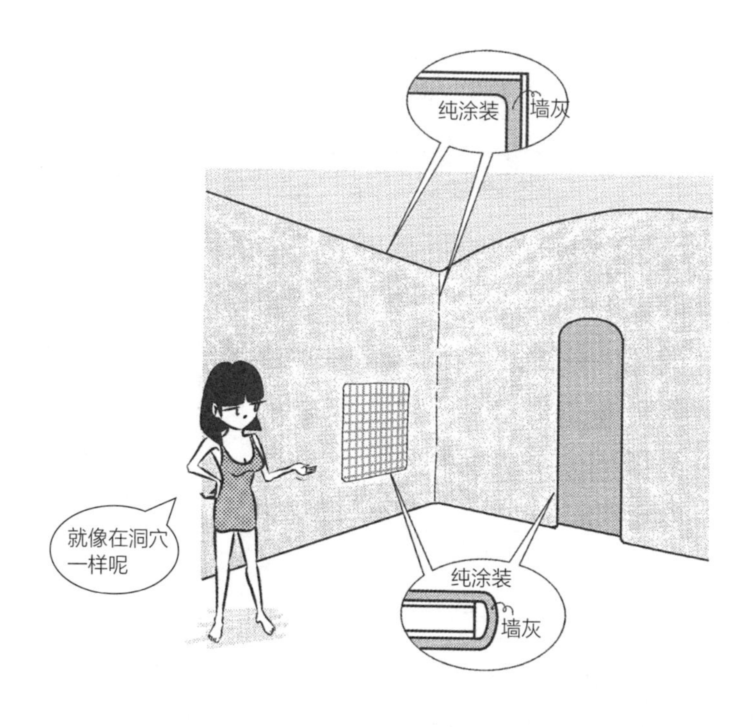


- 纯涂装的地板和柱、墙壁一样，用墙灰涂装，形成洞窟般的床之间。也称裸床。
- 草庵风茶室（参见 R140）就常使用纯涂装。

**问：** 面内、齐平是指什么？

**答：** 将一边的构材在倒角面内侧收边称为面内，在同一表面收边则称为齐平。

柱、线板等木造构材，为了避免缺角或刮到使手受伤，通常会将角落斜切做成倒角。构材之间接合时，就会出现在倒角面的内侧或外侧收边的问题。齐平也称为同面、同平面等。

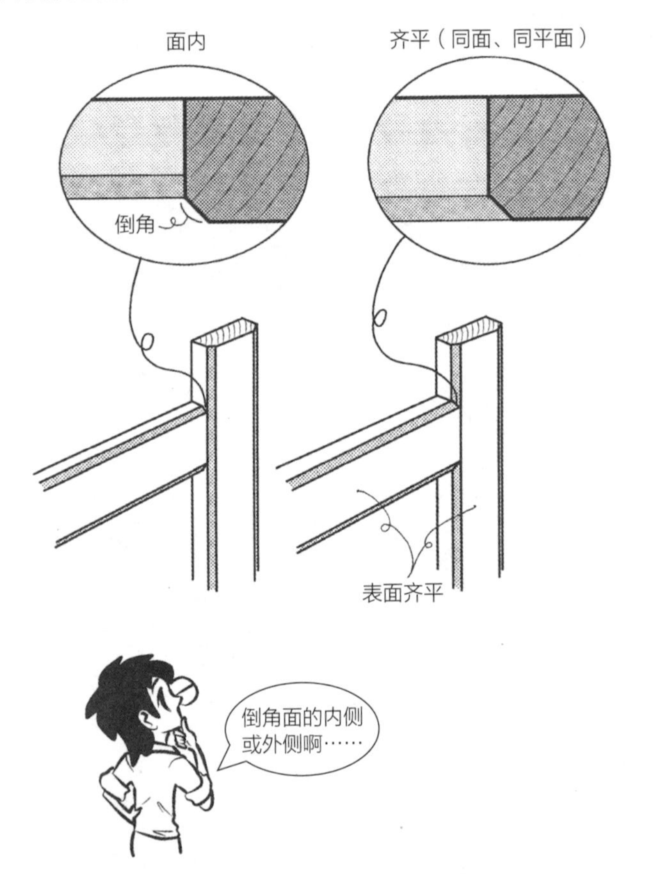


- 要让构材表面之间没有段差、收在同一平面是困难的作业，因此，一般来说，让表面留有段差的工程是比较轻松的施工方式。

**问：** 和室的敷居与柱之间是面内收边还是齐平收边？

**答：** 齐平。

如果柱比敷居突出，榻榻米必定有缺角。此外，叠寄旁的榻榻米和敷居侧的榻榻米大小也会不一样。一般来说，敷居与柱的表面是以齐平的方式收边的。

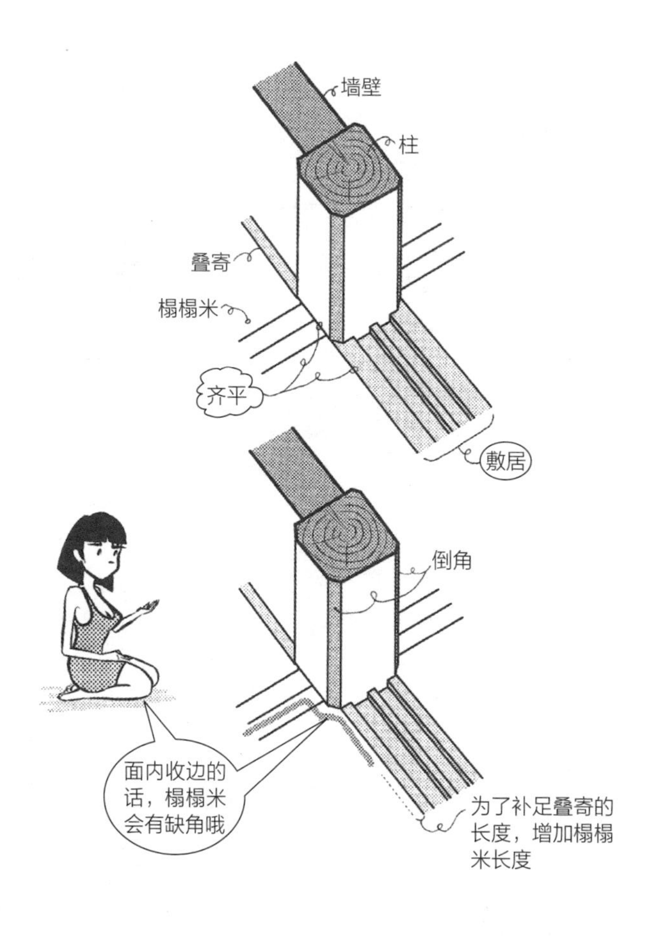

**问：** 和室的鸭居与柱之间是面内收边还是齐平收边？

**答：** 面内。

一般来说，鸭居或栏间的敷居是在柱的面内收边。

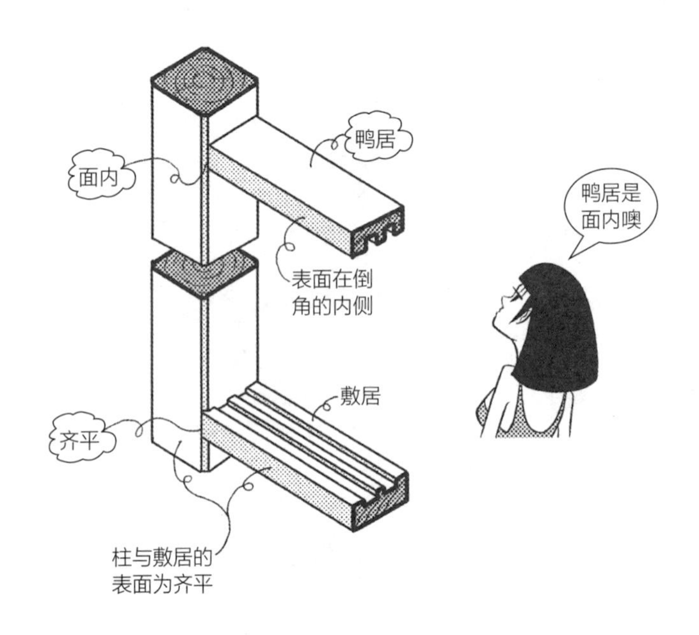


- 柱子容易受到磕碰，因此取倒角可以减少柱的损伤。也由于倒角的关系，表面在接合时的加工变得比较复杂。构材表面稍微错开就会很明显，而且木头是会呼吸的构材，就算竣工时没有错动，随着岁月流逝，很可能渐渐错开来。所以，面内收边会是比较适当的收边方式。
- 安装在柱的倒角中间为“面中”。面中的加工比面内更困难，最近已经很少人采用了。

问：敷居的木表在哪一侧呢？

答：上侧。

靠近木的表面者为木表，靠近芯的部分则为木里。如下图所示，木材会朝木里方向弯曲凸出，此弯曲侧要安装在基础侧。如果反向安装，木材会向上弯曲。同样地，鸭居的木里也要安装在基础侧。

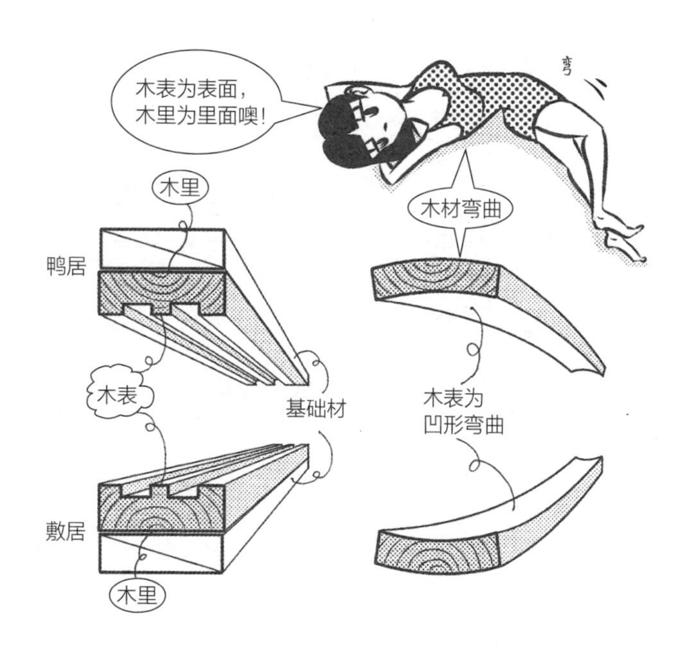




● 通常原木纹板的木表为春材（早材）：生长旺盛时期所形成的木材，质软色白，靠近芯的木里为秋材（晚材）。春材质软，容易产生干燥收缩现象，因此，春材较多的木表侧会收缩而产生凹形弯曲。

问：盖板是什么？

答：安装在扶手的拱肩墙上部等处的构材。

安装在墙壁最上部，用以遮盖墙壁厚度部分（切口）的构材，即为盖板。在墙壁下部铺设装饰用的护墙板时，安装在护墙板上部的饰边材，也可称为盖板。

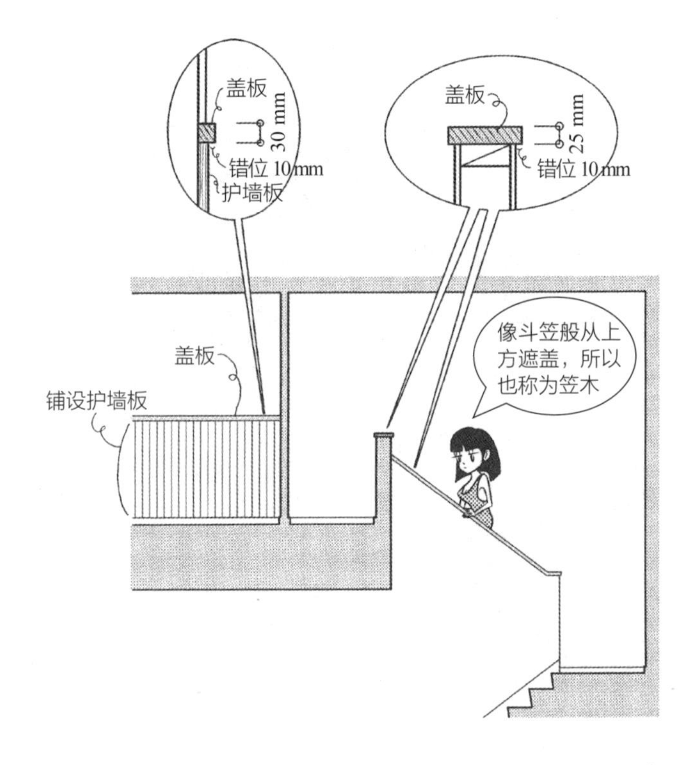


- 将宽度狭小的木板连续铺设，就形成护墙板。木板纵向安装时称为纵向护墙板，横向安装则为横向护墙板。护墙板的上部会露出木板的横断面（切口），为了隐藏断面，要安装作为装饰面板的木棒，这个木棒就称为盖板。
- 在平屋顶的边缘，外墙顶部比平屋顶突出的部分称为女儿墙，其上部安装的也是盖板。女儿墙的盖板除了作为饰面板，另一个作用是避免雨水渗入墙壁内部。

问：如何处理下垂壁的下端？

答：如下图，一般是安装框架予以收口。

从天花板垂下一段的墙壁称为下垂壁或垂壁。盖板通常是指由上往下遮盖，这里则是反过来从下方往上遮盖。

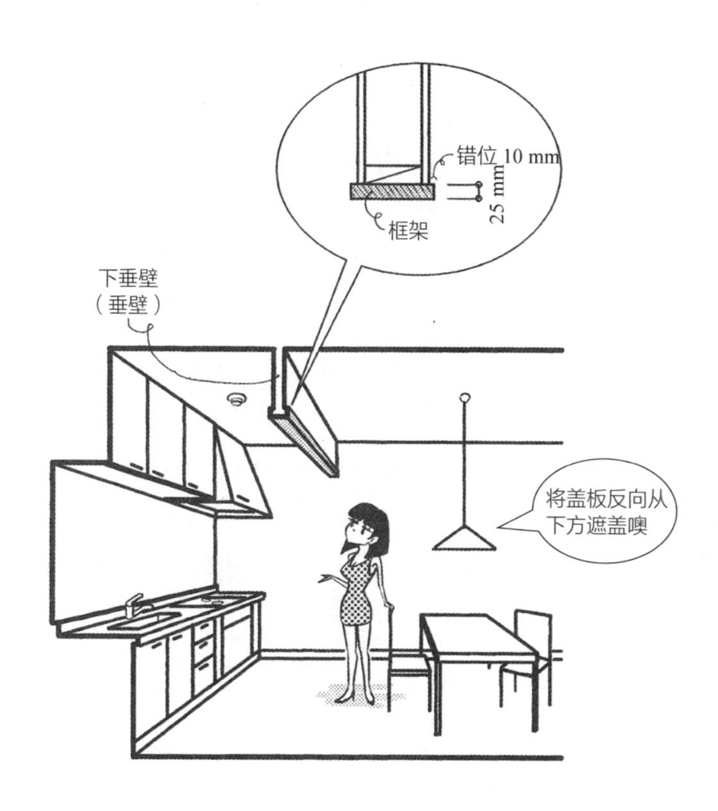


- 安装在凹间垂壁下方的材料，即横木（参见 R127、R134），也算是在垂壁端部安装框架的一种形式。

问：窗框、门框、盖板、下垂壁端部的框架等，为什么要安装让板材嵌入的沟槽？

答：当框架歪斜或板材产生移动、弯曲时，可以避免构材出现裂缝。

除了不容易出现缝隙之外，只要将板材嵌入即安装完成，工程轻松简单。如果没有沟槽，板材就必须切得刚刚好，不留一点缝隙。

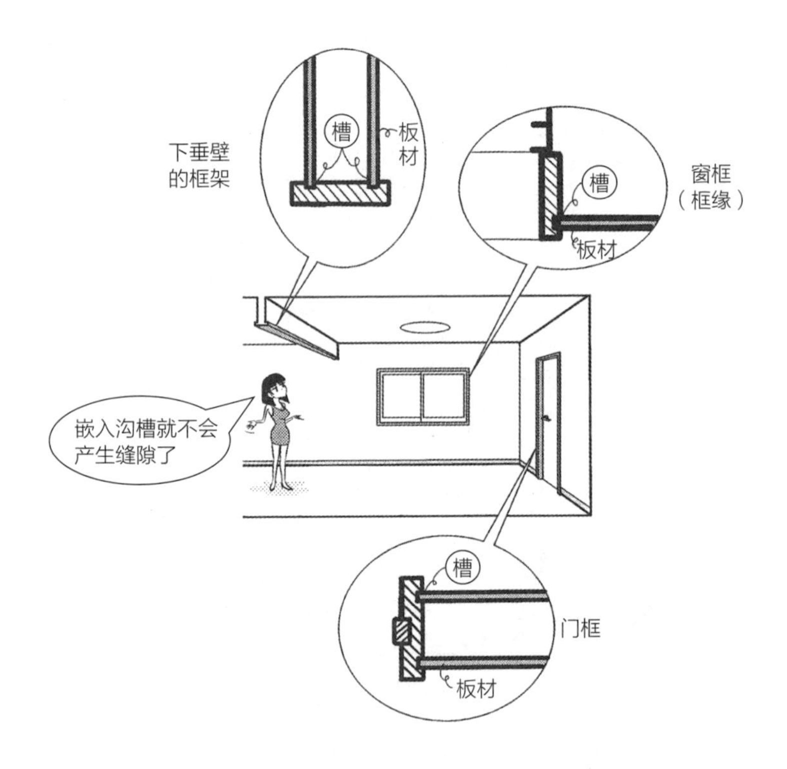


- 当框架为薄木板而成本较低时，也有板材直接接合框架的收边方式。如果没有安装沟槽，工程施工就要特别小心，否则日后很容易产生缝隙。
- 墙面抹灰与回缘、鸭居、叠寄的接合处安装凹槽，让抹灰稍微往内凹陷，可以使之不容易产生缝隙。由于是在突出部分制作凹部，因此可称为凸凹槽。

问：地板的板与板之间如何续接？

答：如下图，利用凸榫接合、暗榫接合等。

一般皆以凹凸的榫槽接合进行续接。榫可分为原本就附在木板上的凸榫，以及另外插入的暗榫。

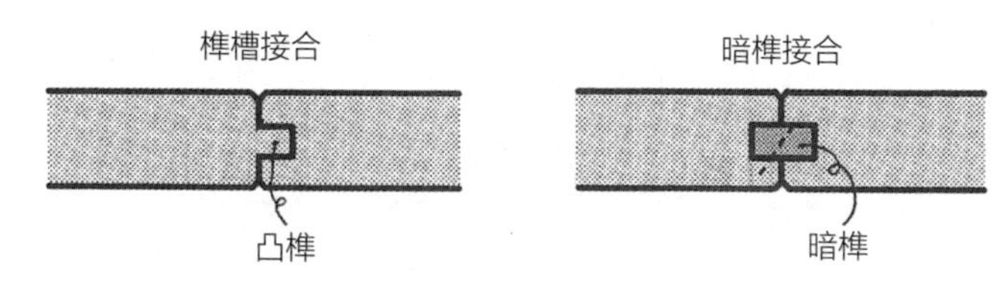


地板的续接法

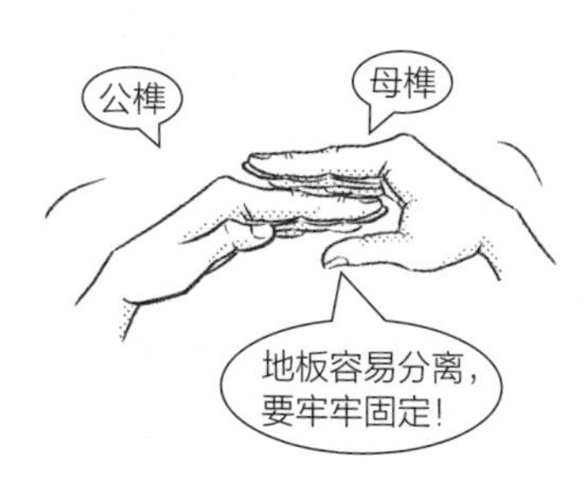


- 市售的地板面板大多一开始就安装好凸榫。地板需要承受重量与振动，若单以平接方式摆放在一起，构材之间很容易分离。
- 榫槽接合也称为企口接合。凸榫是指凸出部分，亦称公榫，凹槽部分为母榫。

**问：** 壁板之间在平面方向如何续接？

**答：** 如下图，利用对开接合、榫槽接合、暗榫接合、平口接合、透缝接合、结合钉等。

采用平口接合时，两边木板先行倒角，形成一个 V 形沟槽。透缝接合是配合厚板，在接缝边缘铺设称为接缝板的木板，避免看见下方的基础。结合钉是接合用的细长材料，市售有塑料制、金属制等产品。

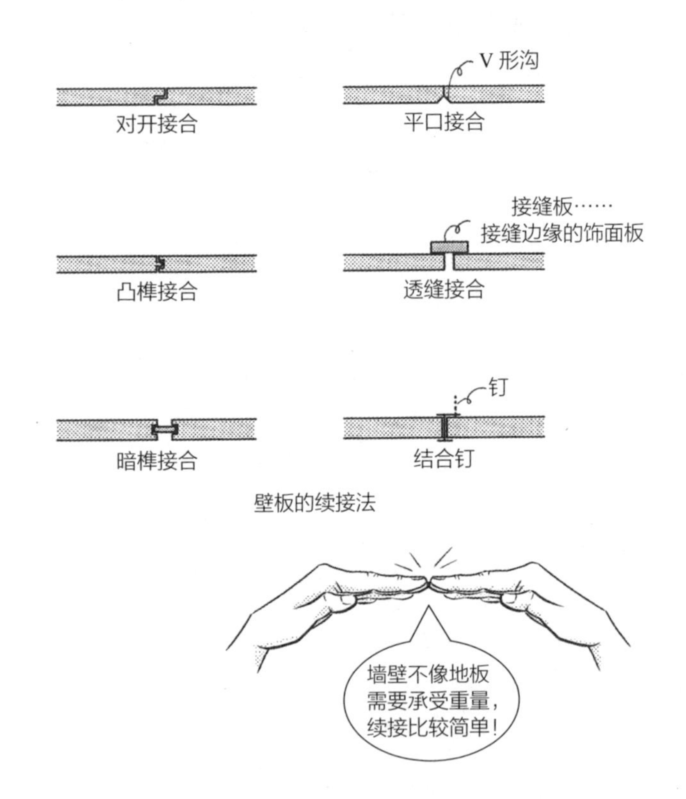


壁板的续接法

- 由于这些不像石膏板接缝施工方法可以形成平滑的表面，因此要制作出沟槽或接缝，让接缝处的线条看起来较美观。

**问：** 壁板之间的凸角如何收边?

**答：** 如下图，使用斜接接合、木质饰边材、转角用结合钉等。

板材又硬又厚时，先进行 45° 的斜切，就可以漂亮地收边。斜接的部分可以使用凸榫或暗榫。虽然用饰边材是最安全的收边方式，但有时也会采用透缝接合。使用转角用结合钉最简便，不过结合钉的品质将决定收边的美观程度。

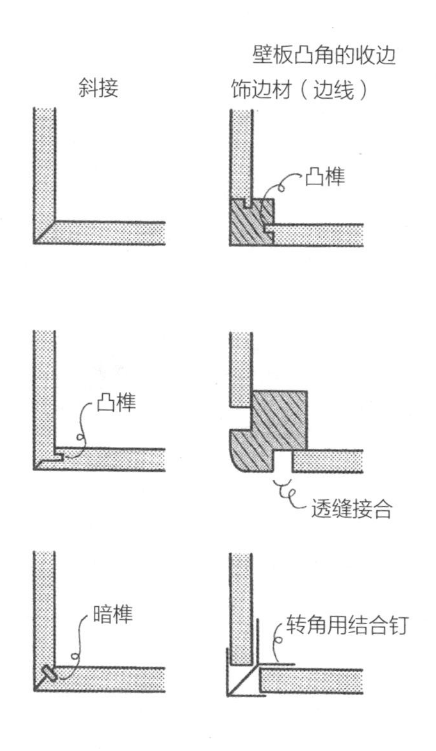


- 凹角的收边比凸角简单，利用平口接合就可以处理转角。
- 转角处为石膏板时，为了防止缺缝，必须加入 L 形补强材、铺设网状胶带和油灰，然后再进行涂装或贴壁纸等作业。

问：天花板材之间如何续接？

答：使用对开接合、榫槽接合、透缝接合、羽重法（搭接、压接法）等。

有将对开接合的一边持续延伸，形成缝隙式的U形接缝（沟状的凹陷接缝），或是将天花板构材交互重叠而成的大和法等，方法各式各样。

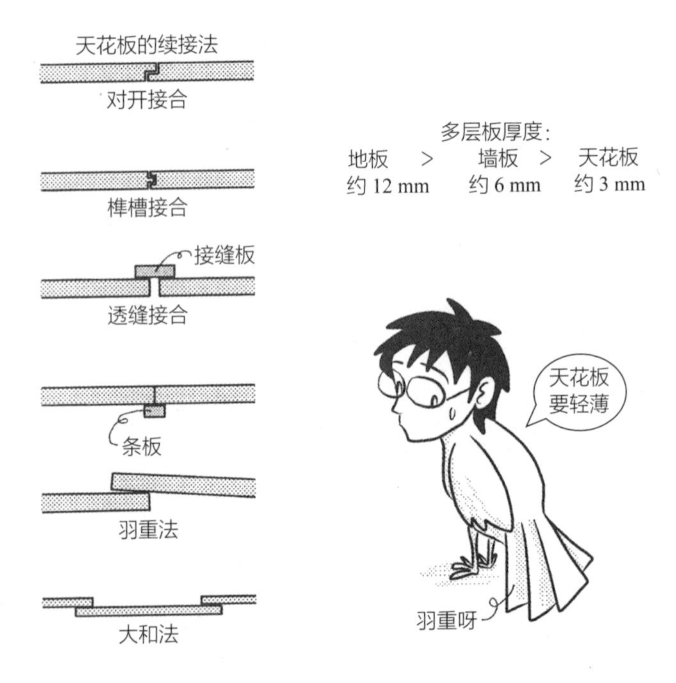


- 利用透缝接合和接缝板的续接法，亦称接缝板铺设法。形成缝隙的U形接缝中，可以放入竹子增添和风设计感。在竿缘天井的竿缘上方，一般以羽重法进行天花板的铺设。
- 多层板的厚度各有不同，地板约12 mm，壁板约6 mm，天花板约3 mm，越往上则板越薄。由于越往上其承重越少，故就续接方法来说是下方较坚固、上方较简单。

问：如何组合地板基础的地板格栅和多层板？

答：如下图，一般是将 45 mm × 45 mm 左右的地板格栅以 303 mm 的间隔安装，上方铺设 12 mm 厚的多层板。

多层板是使用混凝土模板用多层板或结构用多层板。在这个基础多层板的上方，铺贴地板面板或地砖等。



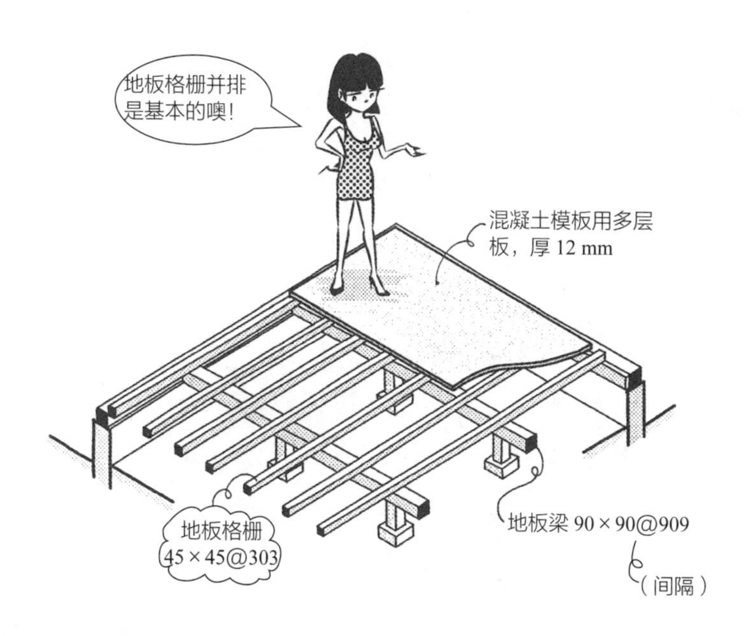


- 303 mm 的间隔，图面上的标记符号为“@303”。@ 是作为间隔、单价等意思的记号。
- 图面记号中以 303 mm 作为间隔，但其实现场是以构材中线至中线的尺寸作为分割间隔，构材之间的间隔不一定刚好是 303 mm。

**问：** 如何搭建木造的壁基础？

**答：** 如下图，将 33 mm × 105 mm 左右的木间柱以 455 mm 的间隔搭建。

木间柱上方的水平方向，使用 18 mm × 45 mm、24 mm × 45 mm 称为胴缘的细木棒，以 455 mm 的间隔安装。

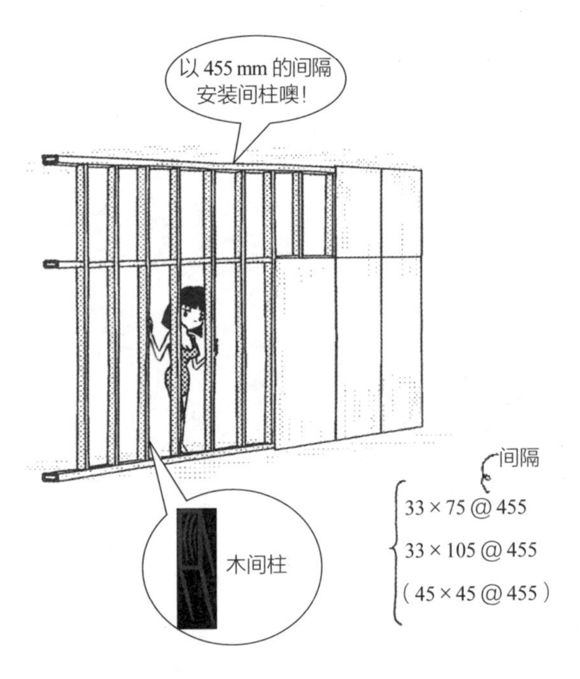


- 木间柱常使用 33 mm × 75 mm、33 mm × 105 mm 等尺寸。高度较低的地方，使用 45 mm × 45 mm 也可。门等处的开口部分，安装双重间柱予以补强。

问：如何搭建轻钢架的壁基础？

答：如下图，将 45 mm × 45 mm 的间柱，以 303 ～ 455 mm 的间隔搭建。



弯折薄钢板做成的轻钢架，常作为内装墙壁或天花板的基础材料。

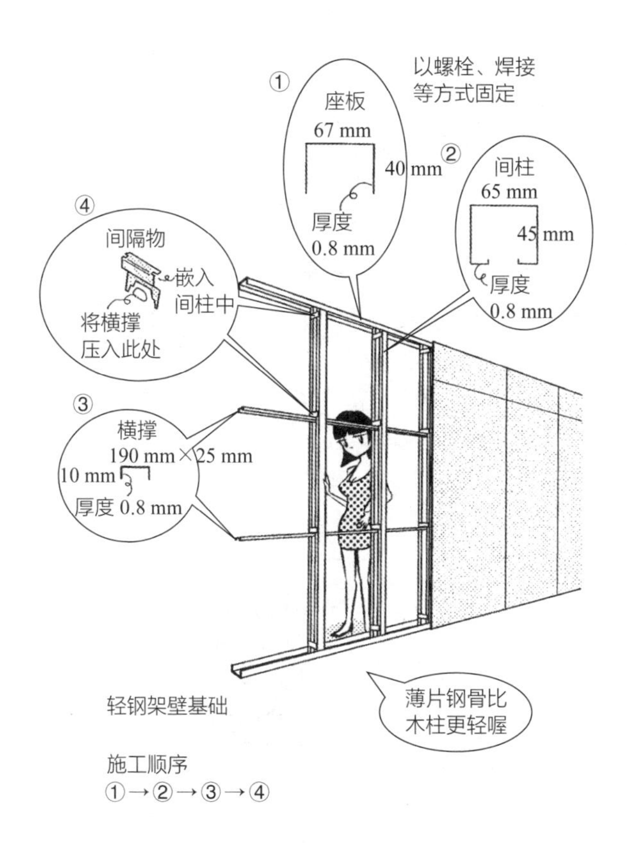


轻钢架壁基础

施工顺序
①→②→③→④

- 地板的座板（敷居、有沟槽的轨道）要先打设铆钉，将间柱嵌入固定，再以间隔物和横撑进行补强。
- 天花板较高时，会使用宽度 75 mm、90 mm、100 mm 等的间柱。门等处的开口部分，以 C 型钢等予以补强。

**问：** 如何搭建木造的天花板基础?

**答：** 如下图，将 45 mm × 45 mm 左右的平顶格栅以 455 mm 的间隔排列。

平顶格栅是作为天花板基础的棒材。除了以平顶格栅支撑材支撑平顶格栅的两段式组合方法之外，还有将平顶格栅安装在同一平面的格子状组合法。

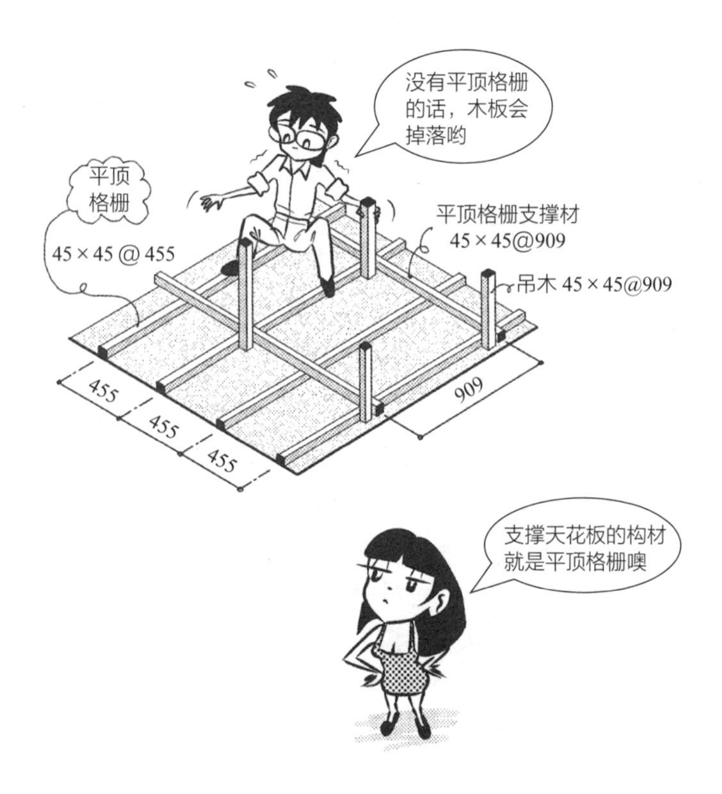


● 将 45 mm × 45 mm 左右的吊木安装在梁上等处，用以悬吊平顶格栅。

问：如何组立轻钢架的天花板基础？

答：如下图，将平顶格栅（覆面龙骨）以 303 mm 的间隔并排，再以直交方式安装在 909 mm 间隔平行排列的平顶格栅支撑材（承接龙骨）上。



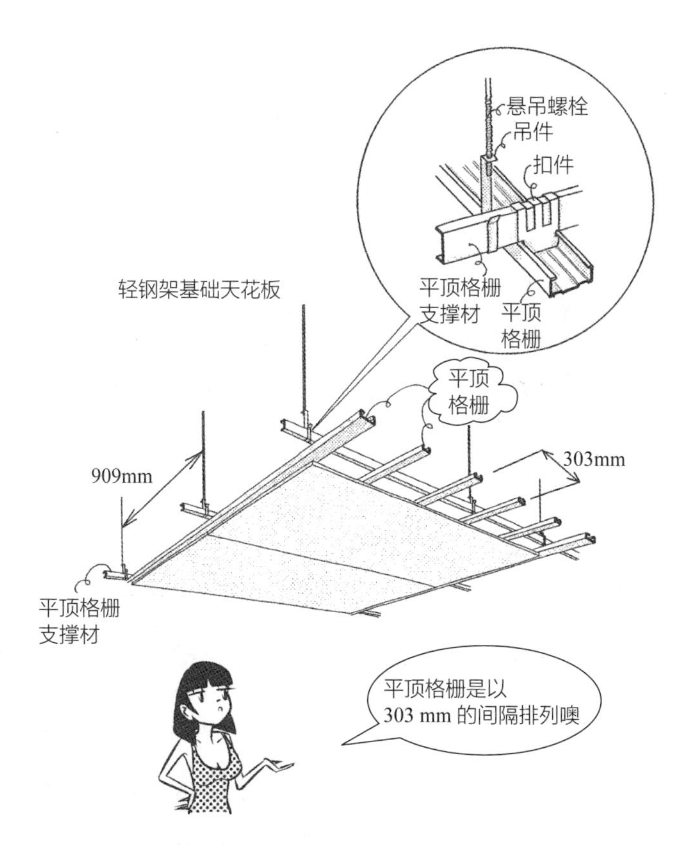


- 以悬吊螺栓和吊件悬挂平顶格栅支撑材。悬吊螺栓与事先埋设在混凝土内的嵌入件进行锁固。悬吊螺栓较长时，需要加入横撑。这是因为过去发生过许多大地震致使轻钢架天花板掉落的例子。
- LGS 就是轻钢架，light gauge steel（轻规格的钢）的缩写。

问：网代、芦苇编是什么？

答：以竹等的薄片交错编织而成的天花板材是网代，以芦苇等的茎并排编成的则是芦苇编。

作为数寄屋风书院造（参见 R141）或茶室等的天花板材。一般而言，虽然天花板以杉木板等进行铺设，但借由使用竹或芦苇这类朴素的材料，能够凸显闲寂草庵的氛围。

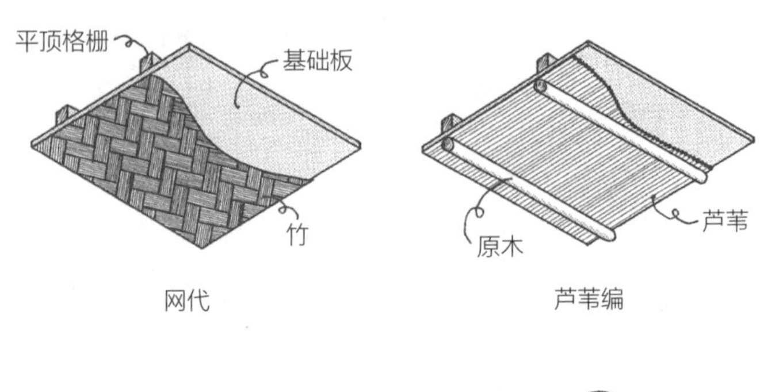

问：壁基础与地板基础，哪一边会先安装？

答：一般是壁基础先安装。

因为壁基础是从下到上直接安装，在这之后再进行地板基础、天花板基础的施工。

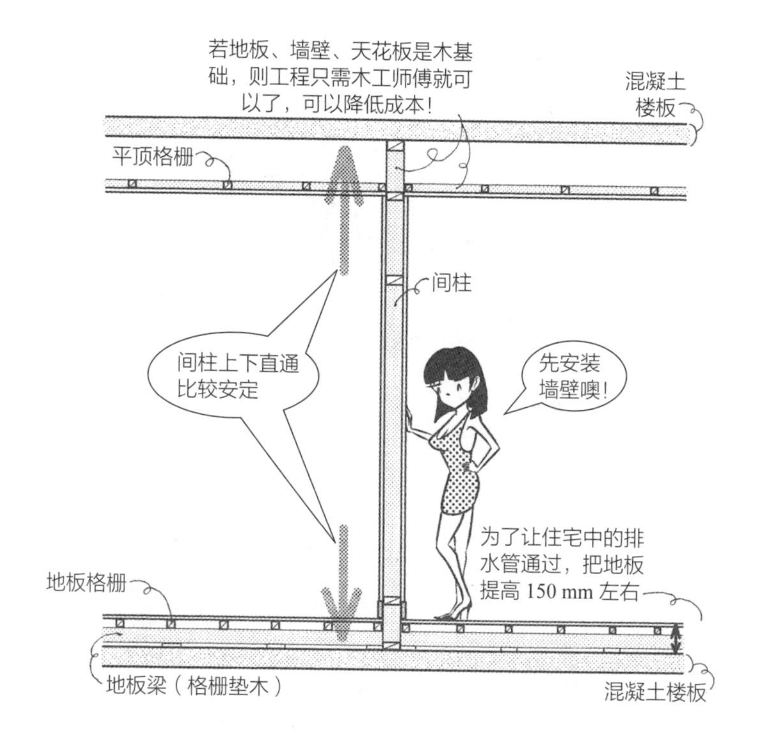


- 偶尔会有先安装地板基础的情况。
- 若是公寓的话，厕所的排水管（内径 75 mm 左右）或厨房、洗脸台、浴室的排水管（内径 50 mm 左右）等，都会安装在地板下方。若配管不安装在混凝土面上方，发生漏水等情况时，就必须从楼下住家的天花板来进行修缮工程。因此，地板需要比混凝土面提高 150 mm 左右的高度。
- 若地板为木质，墙壁和天花板不如全部以木头制作，成本较低。

问：如何让墙壁具有隔声效果？

答：在墙壁安装双重石膏板，并且直通天花板里面和地板下方。

石膏板若只安装到天花板，天花板里的声音会传递出去。铺设两块 12.5 mm 厚的石膏板，并使用 65 mm 宽的轻钢架间柱，就形成 $12.5 \times 2+65+12.5 \times 2=115$ mm 厚的墙壁。

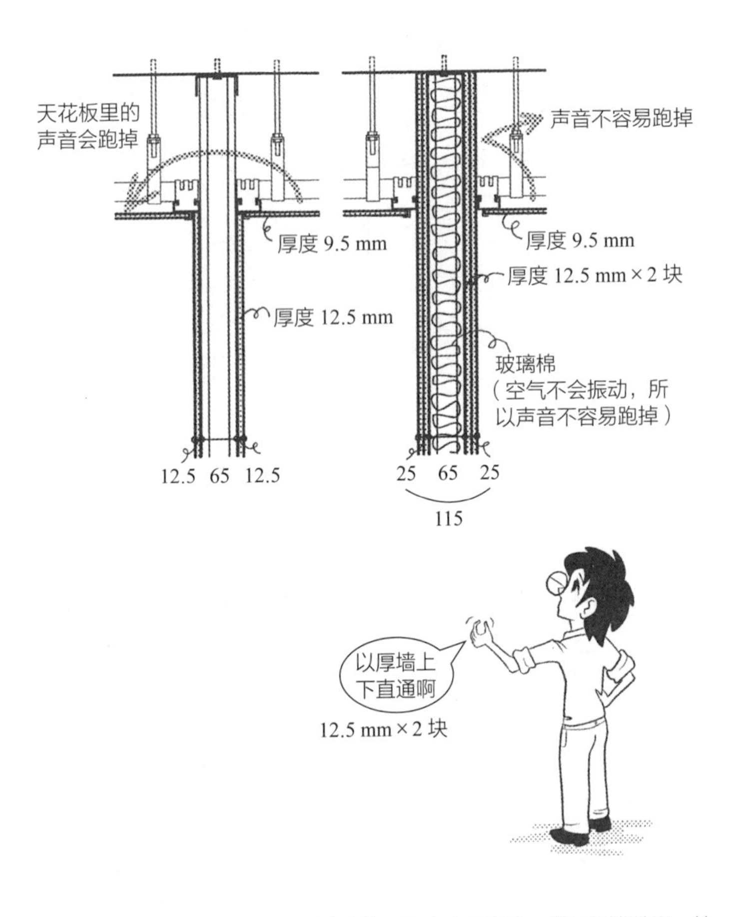


- 更甚者，可以在墙壁内部填充玻璃棉，防止空气振动，增加隔声效果。墙壁越重越不容易振动，这样声波就不容易通过。

**问：** 门框断面为什么是凸字形？

**答：** 门挡向外突出而形成凸字形。

一般来说，安装内装门用的框架是有左右和上方的三边框。下方的框架称为门槛，这里的地板材会和其他地方不同或是有段差，也可以将之省略。门框是从墙壁取大约 10 mm 的错位来安装。框架宽度（正面尺寸）通常是 25 mm 左右。

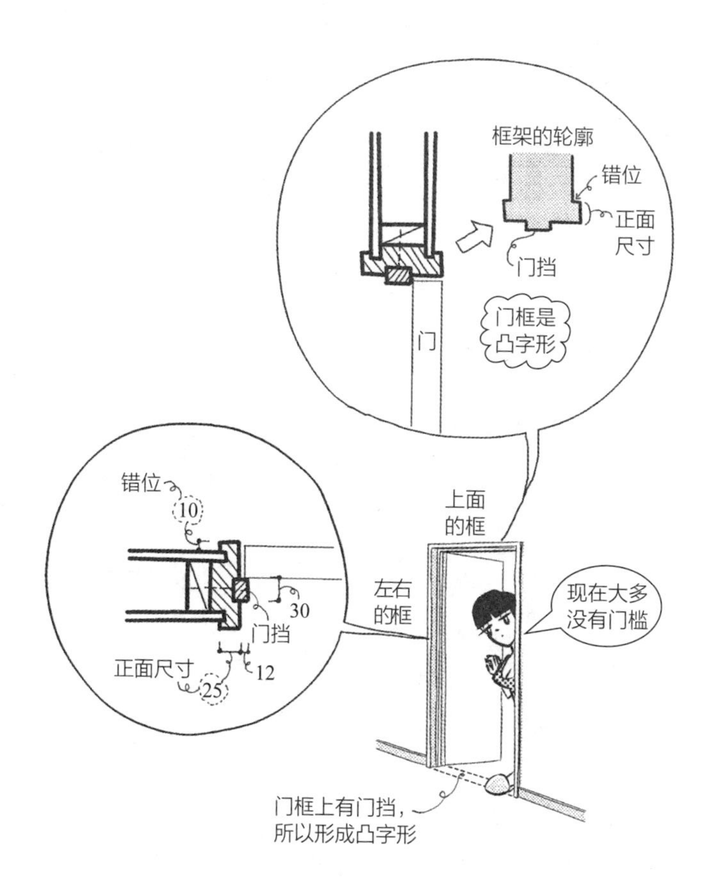


● 在埋设门挡用的沟槽下方，有时会朝向基础柱打螺钉或螺栓，因为可以借由门挡的埋设将螺钉、螺栓的头部隐藏起来。

**问：** 窗框的内侧为什么要装木框或铝框?

**答：** 安装完窗框之后，其余的墙壁厚度会有柱或石膏板的切口等处需要隐藏起来。

只靠窗框的厚度无法遮盖墙壁厚度的断面。若像②一样以石膏板包围墙壁的转角，角落容易产生损伤。为了避免损坏，最简单的方法是铺设 L 形塑料棒（墙角护条）来补强。若像①一样以 25 mm 厚的板做框，即使家具碰撞到，也不会轻易损坏。

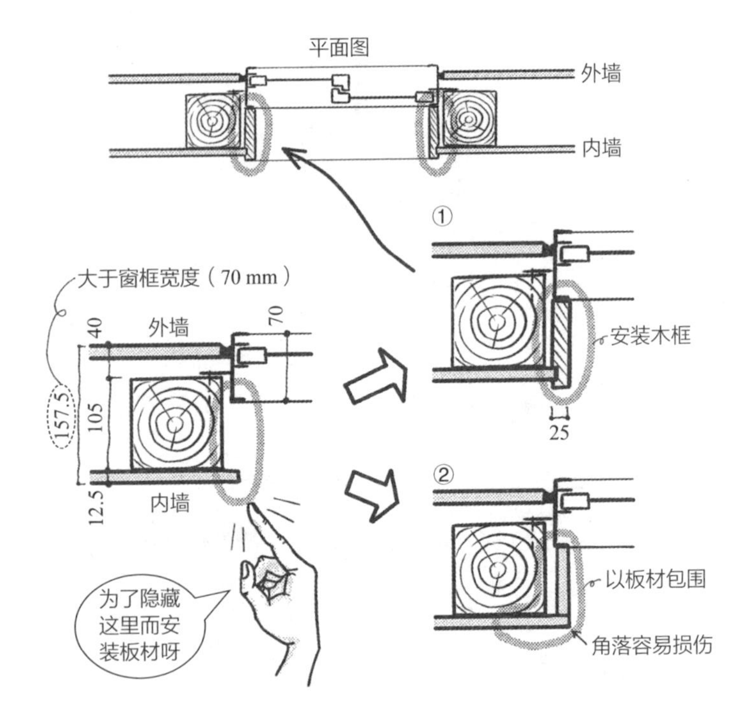


● 窗户或门扇都是在墙壁开设孔洞后进行安装。以板材包围墙壁开洞是最常见的方法。由于门扇开合相当频繁，故很需要坚固的框架。窗框安装在结构体上；门扇则是以铰链接（铰链）方式，安装在结构体的框架上。

**问：**门框、窗框为什么要从墙面取错位？

**答：**让石膏板等像是安装在框架上一样，可以漂亮收边。

框架会从墙面取 10 mm 左右的错位，向外突出。平行平面之间的距离称为错位，这是处理收边时的重要尺寸。框架若是与石膏板同面收边，只要石膏板稍有弯折而比框架突出，就会不美观。



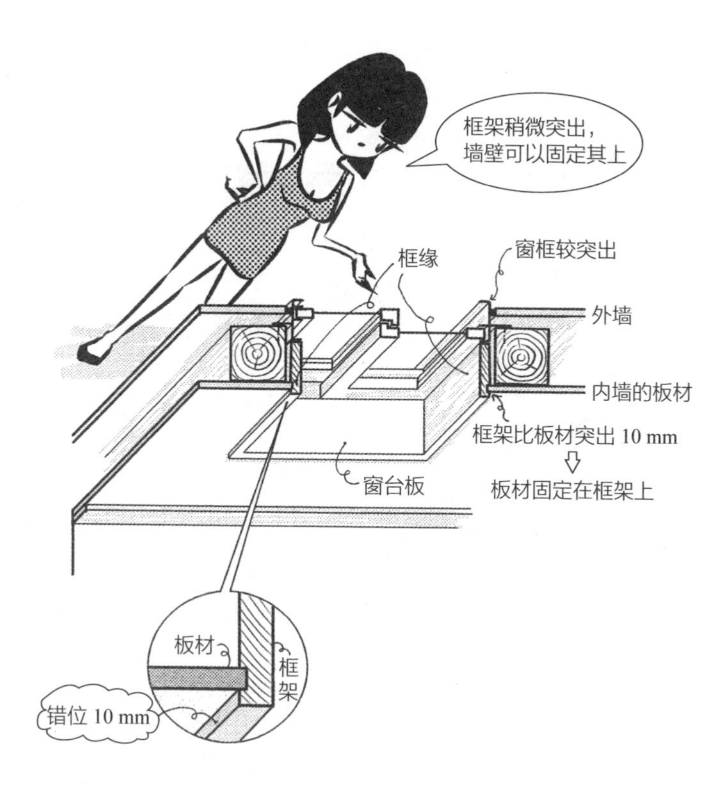


- 视线前方可见的宽度称为正面尺寸或可见端尺寸，而相对于视线端的深度部分则称为侧面尺寸或深度尺寸。框架的正面常用尺寸为 25 mm 或 20 mm。
- 窗框各部位各有其名称。左右和上方的框架称为框缘，下方的框架为窗台板。下方框架上可以放置物品，所以有不同的名称。也可全部统称为窗框。

**问：**开口部分不安装框架而以石膏板包围转角的做法如何实施?

**答：**用墙角护条补强，在上面贴网状胶带和涂油灰后，再进行涂装或贴壁纸等作业。

虽然石膏是不燃材料，但缺点是容易破损。墙壁凸角部分是物品容易撞到而造成破损的地方。因此，需要装上称为墙角护条的 L 形断面细长材料，在上面贴网状胶带后，再涂油灰整平。

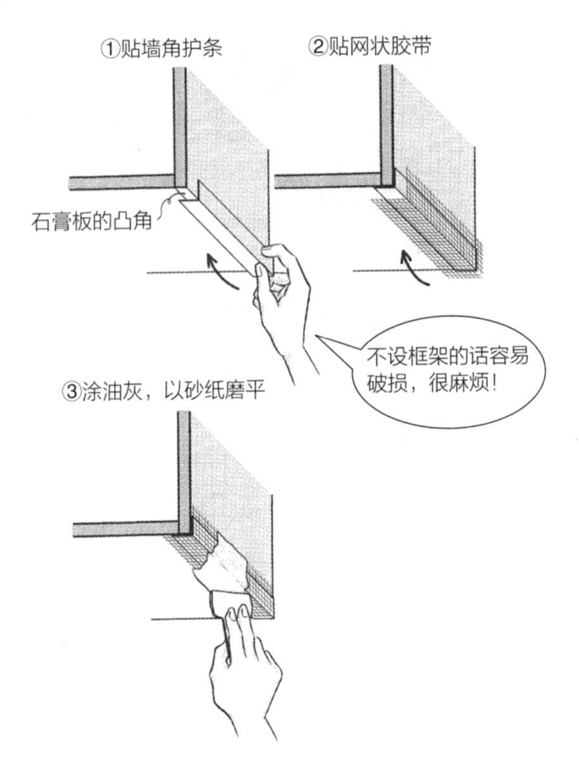


- 石膏板用的墙角护条，若为塑料制品是以双面胶加以贴合，若为金属制品则是以螺钉固定。油灰是用石膏或水泥等制作而成的填充剂，呈黏土状，干了之后会硬固。涂上油灰干燥后，再以砂纸进行整平作业。

**问：**以 1∶20、1∶50、1∶100 的比例绘制的内装木门平面图是什么样子？

**答：**如下图，1∶20 的比例可以画出门挡、错位、板材厚度，1∶50 简化了门框和板材厚度，1∶100 将框架、门框、板材厚度等都省略了。

请用手的大小来比比看，就知道 1∶100 的图面是非常小的。以计算机辅助设计（CAD）绘制精度 1∶20 的 1∶100 图面时，打印出来的效果会是一片黑。必须配合不同的比例尺来绘图。

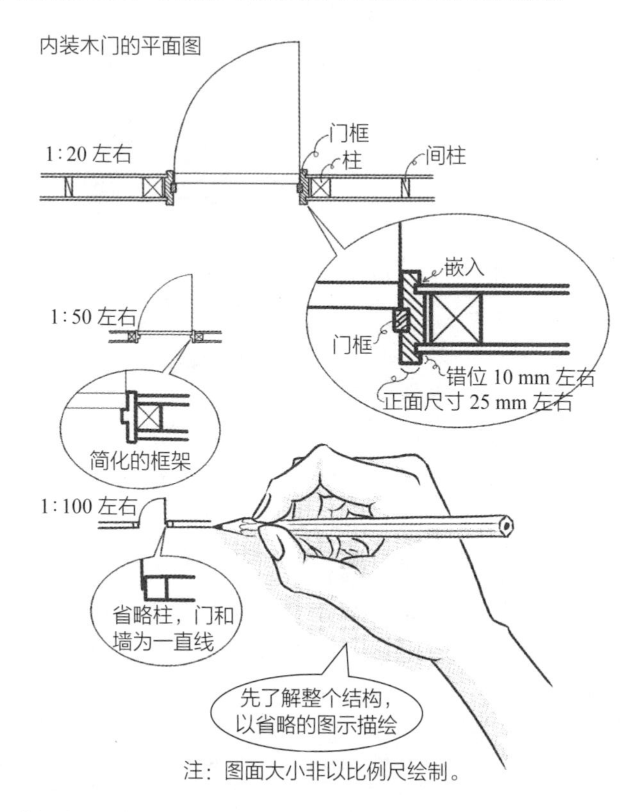


注：图面大小非以比例尺绘制。

- 进行绘图教学时，学生常反映框架周围的面较为复杂，不容易了解。因此，首先要说明框架周围的基本收边方式，配合实物加深印象，才容易理解，之后再以 1∶20 → 1∶50 → 1∶100 的比例实际绘制，就更容易记住了。若不能理解框架周围的构成形式，即使学会画详图也是枉然。

**问：**以 1∶20、1∶50、1∶100 的比例描绘的双扇横拉窗框平面图是什么样子？

**答：**如下图，1∶20 的比例可以画出窗框的错位、板材的厚度，1∶50 简化了窗框和板材厚度，1∶100 将窗框、板材厚度、窗框厚度等都省略了。

窗框周围的收边勉强可以用 1∶20 的图面来绘制。1∶50 的图面一定要将窗框和框架厚度简单化。

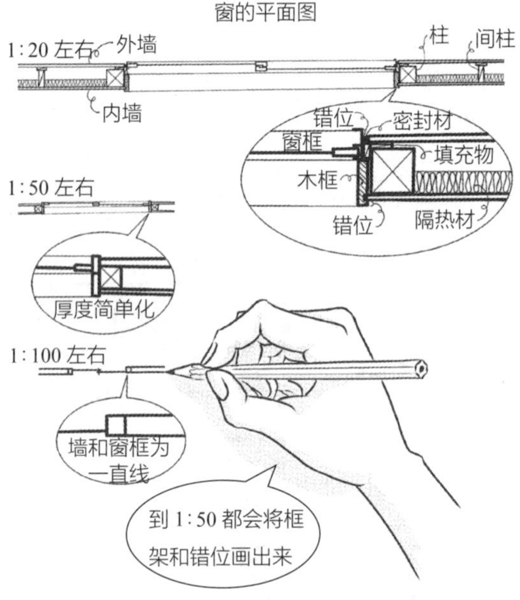


注：图面大小非依比例尺绘制。

- 和门框的情况一样，学生不太擅长详图的绘制。必须先对窗框断面有一定程度的了解。
- 木造用窗框有镶边（翼缘），可以从外侧以螺钉等固定在柱上。固定好窗框后就可以铺设外装材，之后再进行内部木框的安装作业。安装好框架，再以此为基准，进行木板等的内墙铺设作业。笔者曾经安装木结构古建筑的窗框，进行铝制外框的窗框安装时，为了取得正确的水平、垂直线，着实吃了不少苦头。水平、垂直线只要有一点点误差（变成平行四边形），月牙锁就会无法开关。可以借由放入填充物（小木片）进行螺钉的微调整，使水平、垂直线密合在一起。窗框安装完成后，木框的安装就简单多了。

**问：** 单扇横拉门可以在墙壁的内侧收口吗？

**答：** 可以，只要墙壁有一定的厚度。

如下图，若是收在墙壁里，门的维护和打扫变得很麻烦。简便的安装方式是将门外露，让安装侧的墙壁厚度变薄一些。还有保持墙壁厚度，直接将门安装在墙壁外侧的方法。这种方式必须安装门挡、敷居、隐藏悬吊轨道的框架或鸭居等，这些都外露在墙壁外侧。



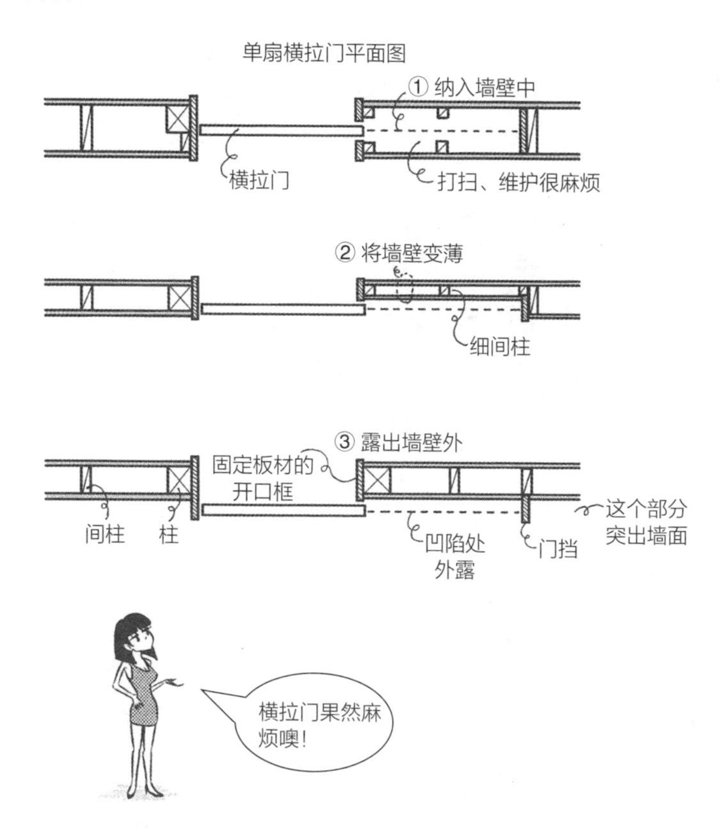


- 请记住，虽然同样是横拉门，单扇横拉门的安装可不像双扇横拉门一样简单。
- 外露式的单扇横拉门不会对空间使用造成妨碍，常用在盥洗室和厨房等地方。

**问：**角柄（突角）是什么？

**答：**两个构材以直交接合时，一边向外延伸突出，形成突角的情况。

亦称突出角。刚好在转角处收边显得较无趣，此时可将一边突出，显示出强调这一侧的感觉。水平侧突出是强调其水平性，垂直测突出则是强调垂直性。

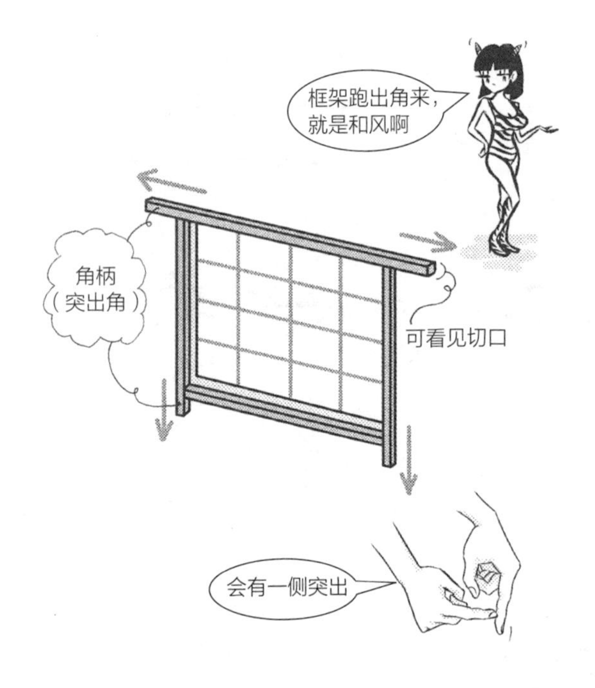


- 框架材做成角柄时，便形成和风，必须考量与整体设计之间的调和。不将凸窗的突出材留设在墙壁转角上，而是水平延伸后嵌入左右的墙壁，这种做法和角柄的构想如出一辙。

**问：**框门的竖框与横栈，哪一个先安装？

**答：**竖框先安装。

框门是先以纵横的横材组成框架，中央再嵌入板材或玻璃等门扇。纵框架称为框，横框架称为框或栈。若是横栈先安装，外观上会看见横栈的断面。如果先安装竖框，断面会藏在地板的正上方和门的最上部，不会外露出来。



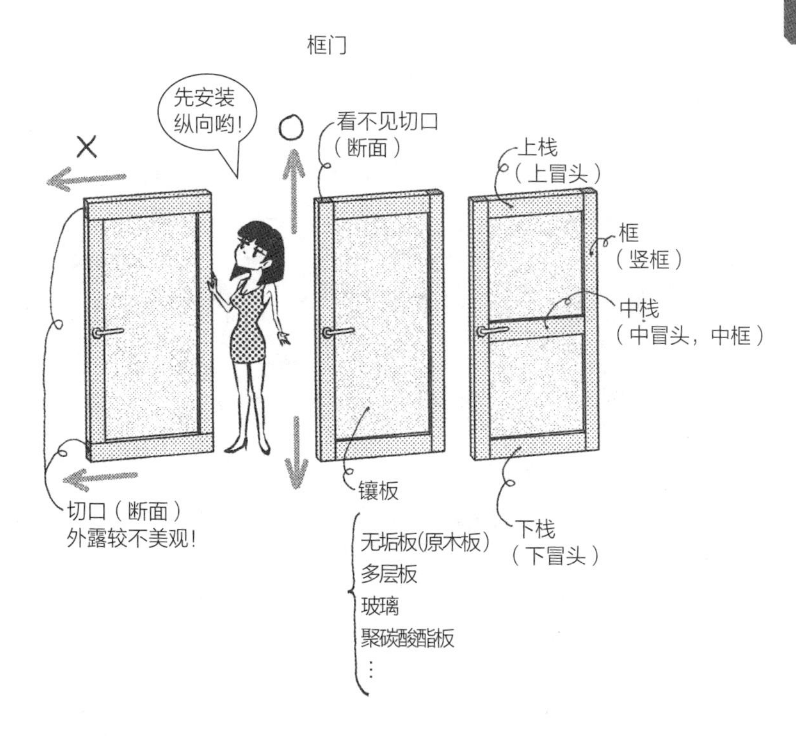


- 通常不会将框架的断面外露，因此也不需要进行任何加工作业。此外，被框架包围的装饰板称为镶板。

**问：** 障子（纸拉窗、纸拉门）、袄（槅扇）的框与栈，先安装纵向还是横向？

**答：** 先安装纵向。

和框门的情况一样，先安装纵向。如果横向先安装，那么就会看见横栈的切口。

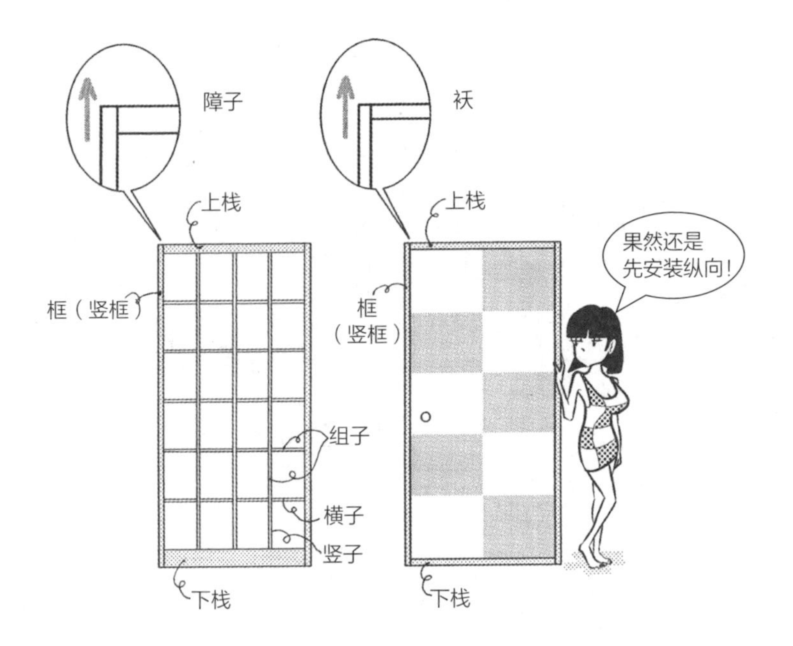


- 和框门一样，纵框架为框，横框架为栈。袄的框会涂成黑色，切口较不明显。障子一般不会涂黑，若是先安装横栈，就会看见明显的切口。
- 铺贴在上面右图的袄上的方格图案是桂离宫松琴亭使用的形式。颜色是淡蓝色。

**问：** 如何处理中空夹板门的切口？

**答：** 安装薄饰面边缘材，隐藏板材的切口（横断面）。

中空夹板门（平面门）是指用两片板材，以中空方式做成门扇。板的内侧可以用角材或蜂巢芯材（以纸或金属做成六角形蜂巢状芯材）进行补强。由于板材切口外露较不美观，所以可以铺贴称为大手的饰面边缘材来隐藏（国内称为封边）。



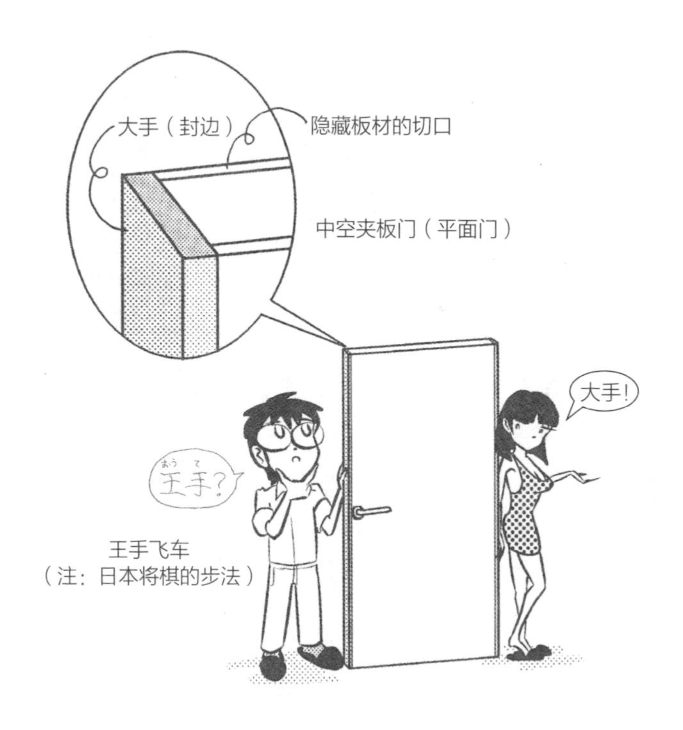


- 中空夹板门不像一般框门是将镶板安装在框架的内侧，而是安装在同一平面，所以也称为平面门。
- 中空夹板门的板材可能是柳安木多层板、椴木多层板、聚酯多层板等。

**问：** 木制书架的搁板长度（跨距）大约是多少？

**答：** 400 ~ 600 mm。

用厚 20 mm 左右的多层板制作书架时，若跨距为 750 mm 或 900 mm，书架会因书的重量发生弯曲。400 mm 左右是最适当的长度。

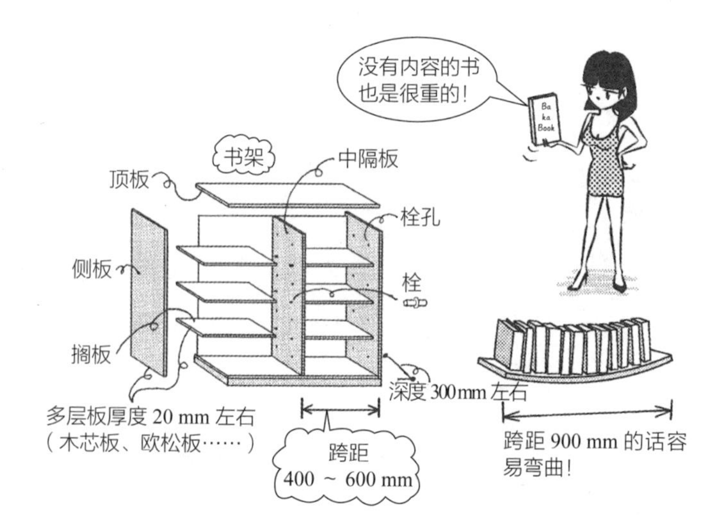


- 市售常见的多功能附搁板柜子，是以厚约 20 mm、跨距 400 mm 的欧松板制作而成的。跨距较短时，承载较重的书本也不容易弯曲。笔者曾设计跨距 900 mm 和 700 mm 的书架，结果都因为书本的重量致使木板弯曲，如此失败过很多次。大家也要留意市售的长跨距书架。虽然可以在搁板的中间以金属构件（棚架支撑构件）进行补强，但建议还是以短跨距的方式安装竖板比较简便。
- 在侧板上以 50 mm 左右的间隔安装孔洞，再插入圆筒形的金属构件来支撑搁板，就可以调整搁板的高度。

**问：**吊挂衣服的衣架杆长度（跨距）是多少?

**答：**900 ~ 1200 mm。

以直径 25 mm 的钢管，安装长度 1 m 左右，是安全可行的方式。若是以 1800 mm 的跨距安装，只在两端加以支撑，吊挂大量衣服后肯定会让钢管弯曲。钢管的长度超过 1200 mm 时，最好在钢管的中间安装悬吊用金属零件。

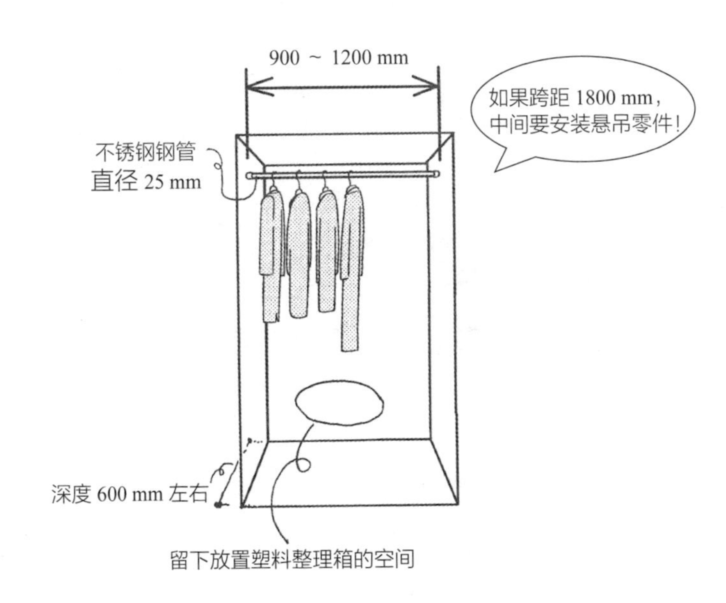


- 笔者认为住宅可以利用衣架杆来收纳，不需要用衣柜等方式。近来市面上有许多尺寸多样化的便宜塑料制抽屉整理箱，这种堆叠式收纳除了耐久性，维护也很轻松，搬家或换房时可以更便捷。而固定式收纳需要根据既定空间定制，除了价格高，之后若要重新配置也比较困难，所以不建议采用。

**问：** 厨房料理台、洗脸台（台面板）的挡水板是什么？

**答：** 为了避免水流入台面与墙壁之间的缝隙，从台面板向上方延伸 50 mm 左右部分的板材。

台面板一定要安装挡水板，才能避免水流入台面与墙壁间的缝隙。厨房各部位的尺寸如下图所示。

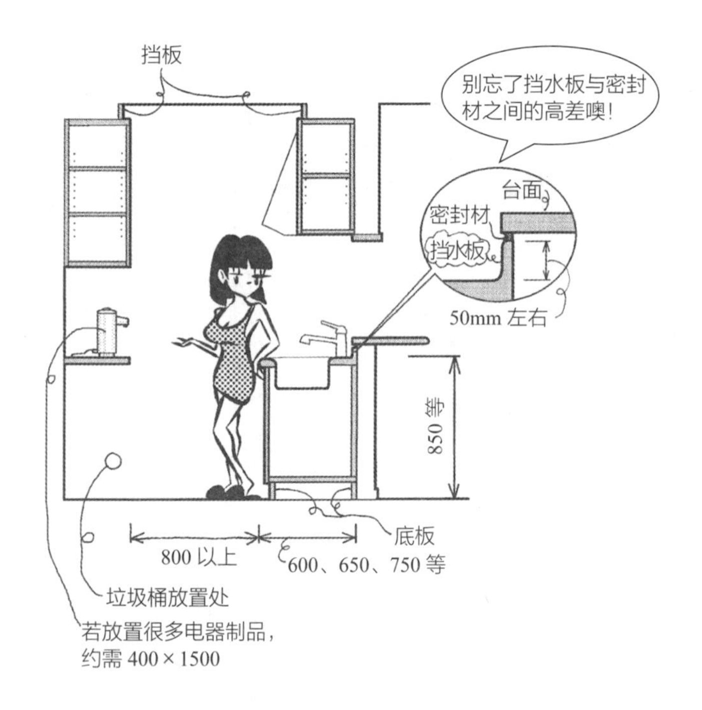


- 厨房料理台的对侧若是设有作业台面，至少要距离料理台 800 mm 左右。冰箱与料理台之间的距离也要有 800 mm。厨房的作业台面上需要放置电锅、微波炉、烤箱、电热水瓶等许多电器制品，因此深度要有 400 mm 左右，长度需要 1200 ~ 1500 mm。
- 安装在厨房料理台等箱型家具下方的板材称为底板。安装在箱型家具上方与天花板之间填塞缝隙的饰面板称为挡板。

**问：** 椅子和桌子的高度是多少？

**答：** 椅子约 400 mm，桌子约 700 mm，两者相差 300 mm。

若吧台的高度为 950 mm，椅子的高度就是 950−300=650 mm。市场上有销售可以用气压棒调整高度的这类吧台椅。

- 餐桌和办公桌的高度约 700 mm，椅子约 400 mm，此为通用尺寸。由于坐的人的身高腿长不同，适合的尺寸高度有所不同，若是很在意这点，就要选择可以调整高度的椅子。

问：**1.** 内装用门扇的厚度是多少？
**2.** 收纳用门扇的厚度是多少？

答：**1.** 30 ～ 40 mm
**2.** 15 ～ 30 mm

门扇的厚度会因大小、样式及等级的不同而有若干差异，原则上是 40 mm 左右。收纳用门扇高度若为 2000 mm，则厚度为 30 mm 左右；若是高度 600 mm 的小型门，则厚度为 20 mm 左右。

- 为居住者的健康考虑，房屋必须具有持续 24 小时的换气功能，可以利用门下方或墙上的气窗来达成。
- 可开合的门会安装门挡，避免看见建筑物内部，同时也有阻断空气和声音的作用。
- 障子（纸拉窗、纸拉门）的厚度为 30 mm 左右，而袄（槅扇）的厚度为 18 mm 左右。

问：可以将家具门扇的框隐藏起来吗？

答：可以隐藏在门扇的下方。

出入口的门会嵌在框架中，因此一般来说，门扇都是在框架里面。若是家具的门扇使用同样的安装方式，框架或板材会变得很明显，看起来不美观。现在一般是在框架或板材的上方安装门扇，让框架或板材隐藏安装在门扇的内侧。

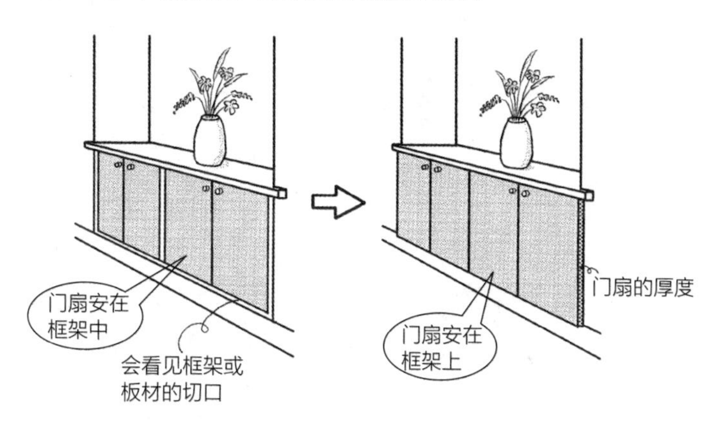


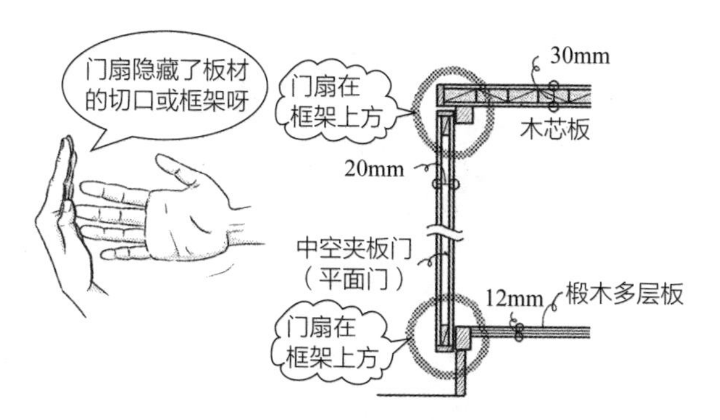


- 厨房料理台和洗脸台下方的门扇等，都不会看见内部的框架和板材。读者可以就近确认一下家里料理台和洗脸台下方的情况。
- 像普通的门扇一样安装在框架内的方式称为嵌入式，像上述安装在框架外的称为浮出式。

**问：** 承前项所述，将门扇安装在框架或板材所用的铰链是什么？

**答：** 滑动铰链。

由于前后都会滑动，框架或板材与门扇才不会撞在一起。普通的铰链可能会发生门扇卡到框架而打不开，或是金属零件外露等情况，但借由滑动的铰链就可以顺利开关。

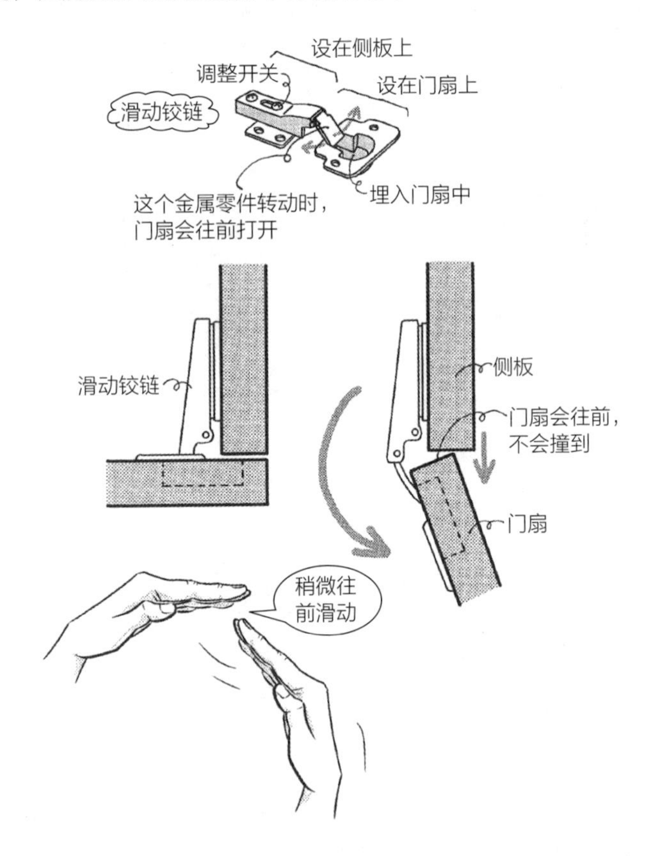


- 预制的厨房料理台和洗脸台等下方的门扇，都是安装滑动铰链，大家不妨打开来看看。
- 使用滑动铰链时，要先在门扇上安装可以放入金属零件的凹槽，若为玻璃门扇，会有一边的金属零件外露。

**问：** 可以将家具侧板、天板、门扇的厚度都隐藏起来吗？

**答：** 如果在板材和门扇的端部都进行刃掛（刀刃切）的话就有可能。

把板材端部斜切，角落以斜接方式拼接，这样就可以将两者的厚度都隐藏起来。

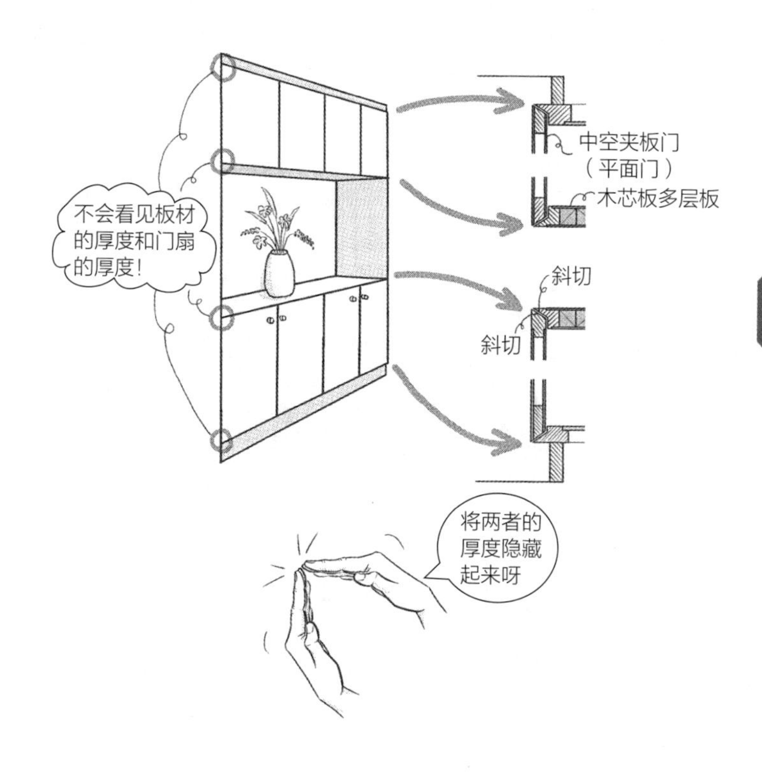


- 将板材端部斜切时为了让前端不易受损，这个部分要特别使用硬一点的木材。
- 中空夹板门的表面材为了便于装饰，一般会先粘贴一层薄木板（单板）。树脂的聚酯多层板虽然不容易附着脏污，但看起来比较廉价。

**问：** 安装内装木门需要几个铰链？

**答：** 高度不超过 2 m 的中空夹板门为两个，超过 2 m 的中空夹板门或加入玻璃的厚重框门等需要三个。

若为高度不到 2 m 的轻中空夹板门，只需要两个 100 mm × 100 mm 的普通铰链就足够了，但若是加入玻璃的厚重框门就需要 3 个。以螺钉固定铰链时，需要有 25 mm 或 30 mm 的框架厚度才能牢牢固定。

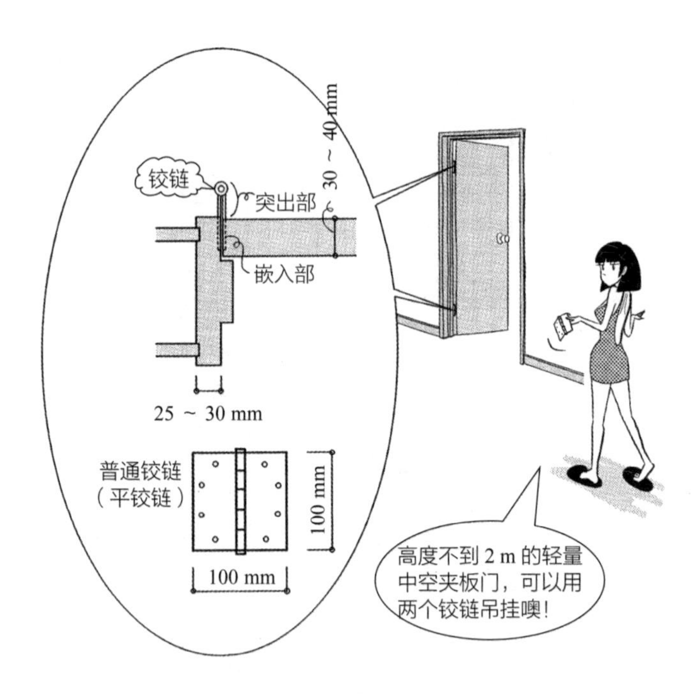


- 若为钢制中空夹板门，就算高度不到 2 m 也很重，因此需要三个。

**问：** 枢轴铰链是什么？

**答：** 如下图，固定在门扇的上下端，作为回转轴使用的铰链。

普通铰链的回转轴在门扇的中段部分突出于外侧，是像蝶翼般开合的金属零件。而枢轴铰链安装在门的上下端，转轴部分突出于外侧，门扇会随之回转。

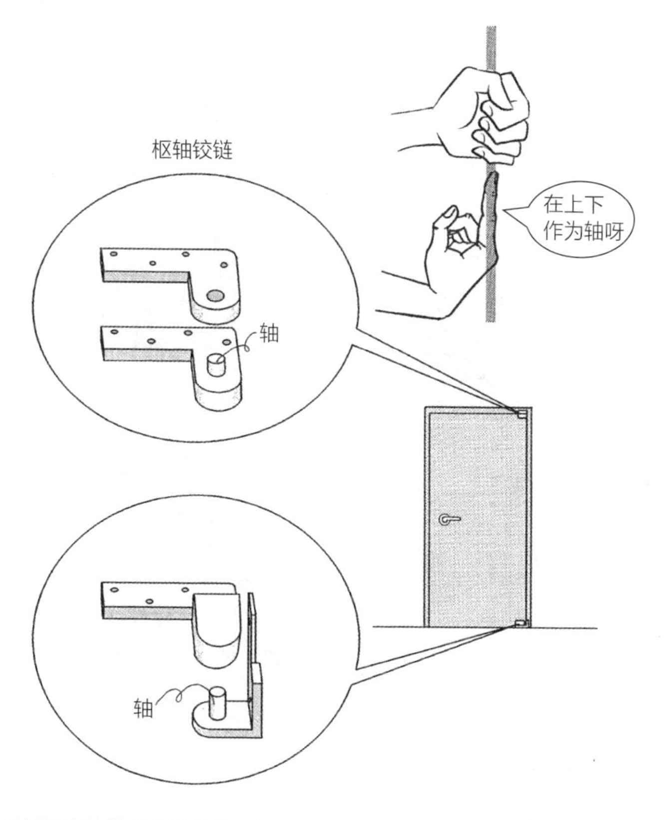


- 虽然所有铰链都有回转轴，但由于枢轴铰链的转轴部分安装在上下方，形成转轴较明显的形式。
- 下方的金属构件要设计成能够承重的形式，才能支撑厚重的门扇。高度不到 2 m 的门扇可以在上下方使用两个铰链加以支撑，超过 2 m 就需要在中段安装悬吊用金属构件。

问：地铰链是什么？

答：作为门扇的关闭结构而埋设在地板的铰链。

将设有闭门器功能的箱型部分埋设入地板，上方只有转轴突出。上方框架也埋设承载转轴的金属构件，从外侧看不到铰链。

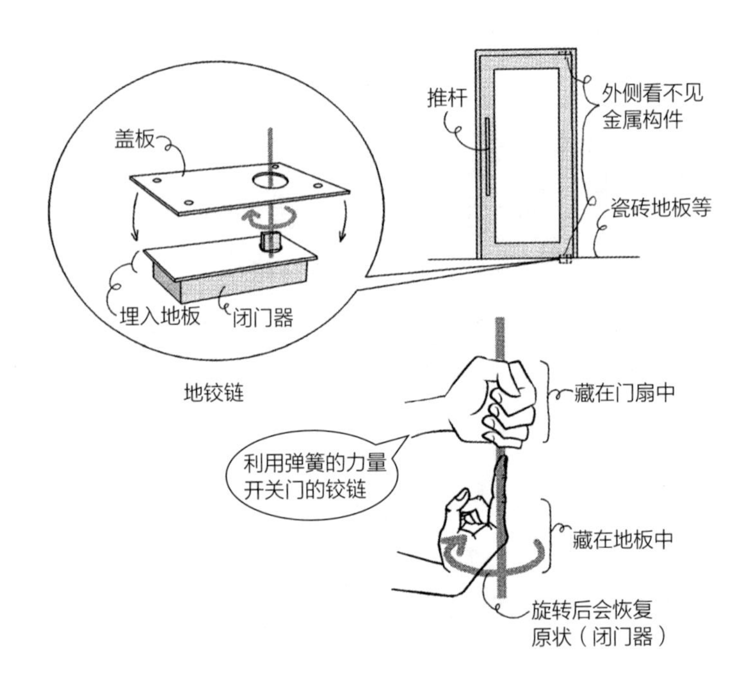


- 店铺或公寓的入口门等，经常使用埋设在混凝土地面中的铰链形式。因为装闭门器看起来会比较显眼，所以需要设计显得简洁时就会用地铰链。

**问：** 除了普通铰链（平铰链）之外，门还可使用哪些铰链？

**答：** 如下图，圆头铰链、旗形铰链、法式铰链等。

圆头是指圆形装饰，常用在桥的栏杆等处。圆头铰链也称为附圆头铰链。旗形铰链为旗子的形状，法式铰链的转轴部分为蛋形。

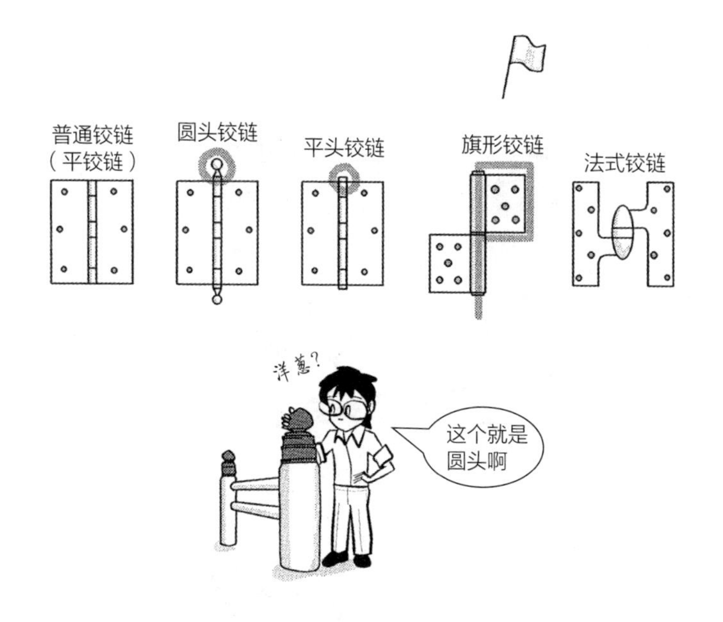


- 除了上述几种铰链，还有两边皆可开关的自由铰链（双开铰链）、关上时看不见的隐形铰链，以及用以悬吊厚重门扇的长形铰链等各种形式。

问：闭门器是什么？

答：安装在门的上部，让开启的门自动关上的装置。

闭门器，虽然能让门在关门中迅速移动，但关上的瞬间却是缓缓进行的。

● 利用弹簧和油压等使之关闭，并可调整开关的速度。

**问：**门闩锁是什么？

**答：**如下图，法式暗门闩、面门闩、通天插销等，门扇与框架或地板等之间用以锁固的金属构件。

用于单边需要长时间关闭等的子母门。在有大型家具或是多人通过时，才会必须开启。

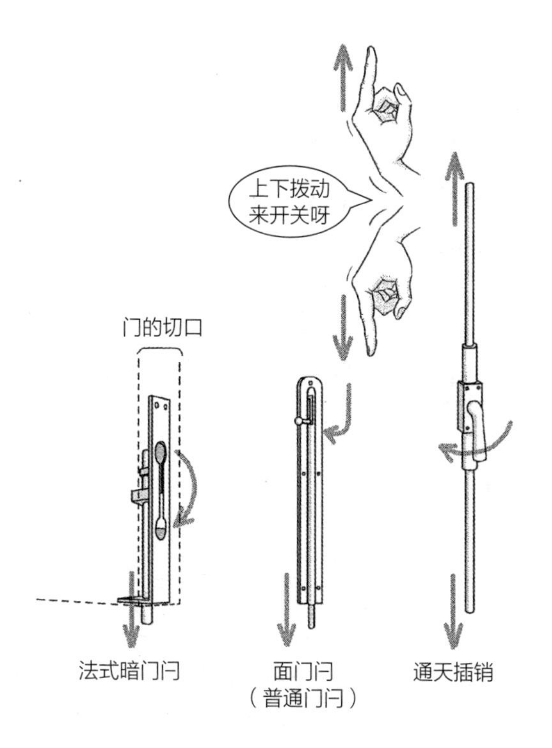


- 门扇的上下安装法式暗门闩、面门闩时，需要分别进行开关操作，若是用通天插销，只要一个把手，就可以同时进行上下开关操作。
- 法式暗门闩会嵌入门扇的切口，从外观基本不可见。面门闩安装在门扇的表面，通天插销安装在门扇表面的中央位置。如果想让门扇看起来简洁，可以采用法式暗门闩。
- 从前常用于双扇横拉门，以螺钉进行锁固的锁是螺钉锁，厕所门扇使用的横向滑动门闩等，都是门闩锁的一种。

**问：** 锁闩、固定闩是什么？

**答：** 为使门扇不要随意开合而开设孔洞使门锁卡入的称为锁闩，需要用锁匙开合而开设横向孔洞使门锁嵌入的是固定门闩。

锁闩也称为弹键闩、碰锁。承受锁闩、固定闩的孔洞称为承座。

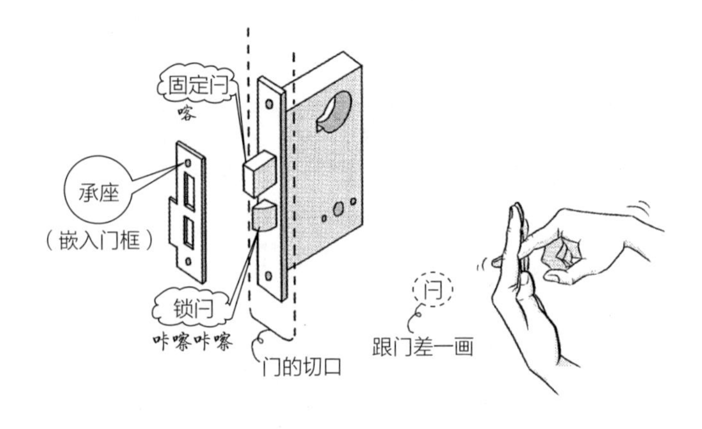


- 承座是以一片金属片开设孔洞做成，要先在木框上安装一个金属的凹槽。在锁闩、固定闩的部分，则是安装可使之嵌入的孔洞。
- 闩以滑动方式进入孔洞，达到门锁的功效。

**问：** 喇叭锁是什么？

**答：** 圆筒形的内部有并排的弹簧和销簧（弹子、珠）以此作为开关结构的锁。

喇叭锁是现在最常用的锁，也称为圆筒锁、销簧锁（弹子锁、珠锁）。将圆筒放入外侧圆筒的内侧，两者之间以销簧来连接。当锁匙的凹凸将销簧前端齐平之后，就可以旋转内侧的圆筒来进行开关作业。

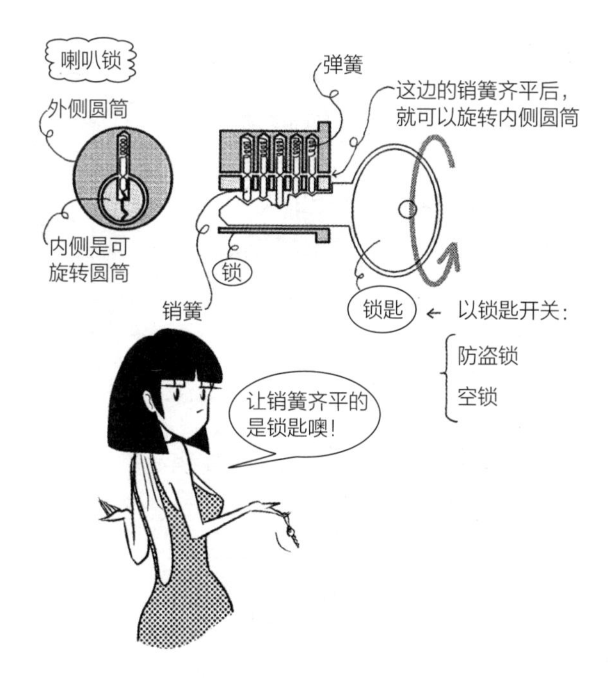


- 需要使用锁匙开关的是防盗锁，不需要锁匙就可以开关的是空锁。空锁只要转动把手或握把就可以操作开关，作为旨在防止门扇随意开合，而不是防盗必要的锁。
- 防盗效果较好的是酒窝锁（锁匙的表面有圆形凹凸）、号码锁、卡片锁等。

问：单片锁是什么？

答：在锁头握把中加入喇叭锁的金属零件。

门的外侧为锁匙的插入孔，内侧为用手指旋转扭手的转锁（扣锁）。开关与锁匙并设，常用于公寓或内门等，等级较低的门。

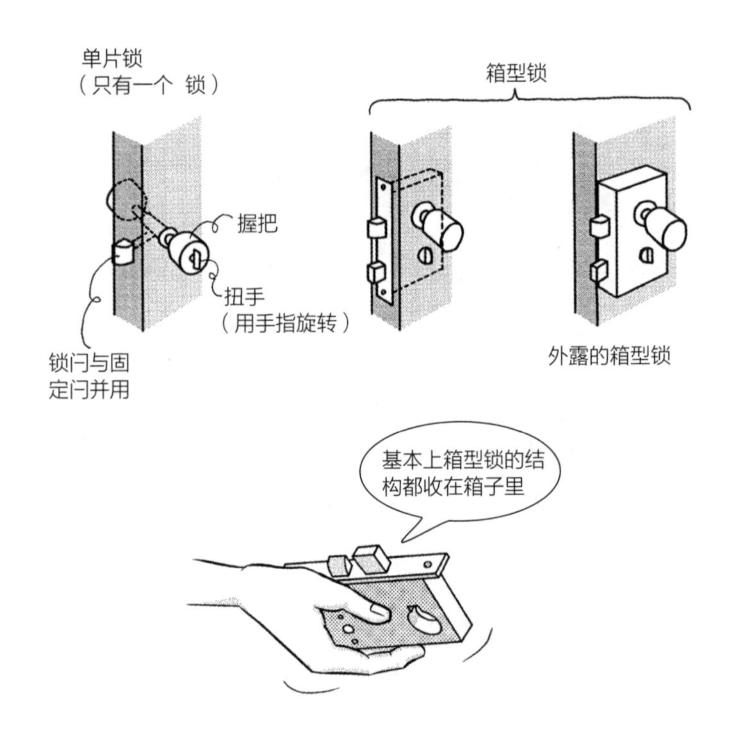


- 锁与握把分开安装的是箱型锁。有些箱型锁直接安装在门中，有些是外露在室内侧表面。

问：月牙锁是什么？

答：安装在横拉门上的新月形状的锁。

旋转时会和另一边的金属零件扣合在一起，可以提升气密性和水密性。双扇横拉铝合金窗常使用月牙锁。

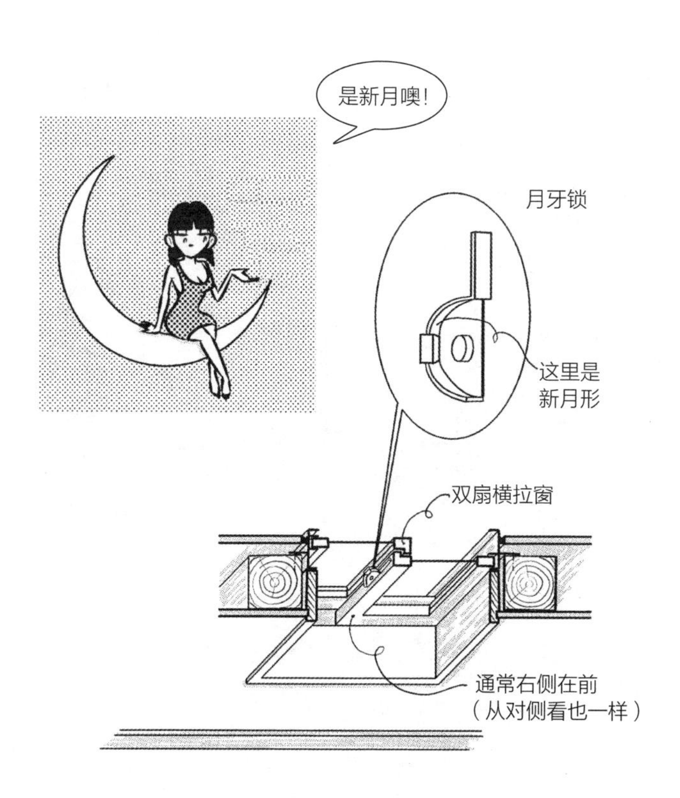


- 月牙锁的圆弧造型似新月，为其名称的由来。
- 当横拉门需要以锁匙开关时，作为固定闩的替代品，会使用镰刀状金属零件。另外也有双扇横拉门专用锁。
- 双扇横拉门通常是右侧在前。从对侧看也一样。

**问：** 水平把手是什么？

**答：** 如下图，使用水平杆作为开关的门的金属零件。

回转的力量，即力矩，由力与力臂之积决定。和圆形握把相比，水平把手是在轴的外侧施加回转力，老少皆可轻松操作。

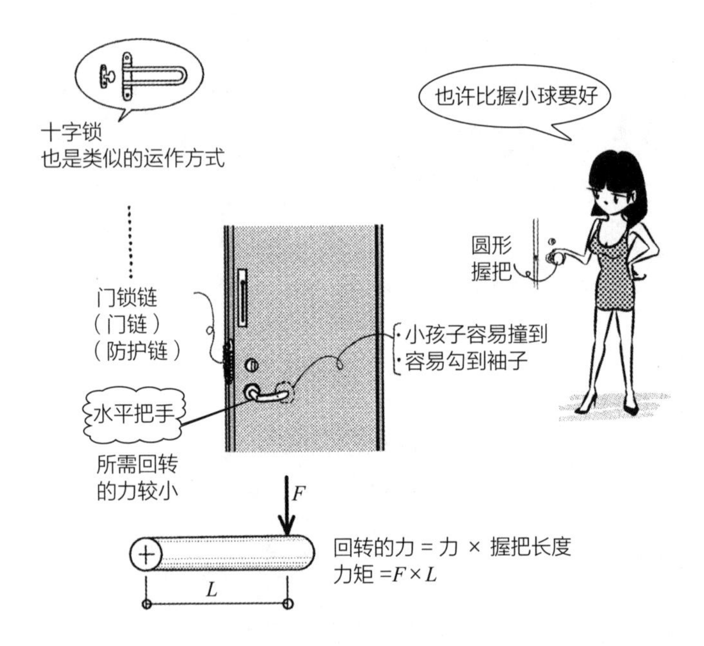


- 小孩可能撞到水平把手的前端而受伤，因此前端要加工成圆形。要注意它的另一个缺点是容易勾到衣服。

**问：** V 轨是什么？

**答：** 承载横拉门滑轮用的 V 形沟金属制轨道。

---

以前常用突出地板的圆形轨道，经过时很容易绊脚，所以后来 V 轨逐渐普及。滑轮也对应于 V 轨而成为 V 形。其他还有平型或 U 形的轨道。

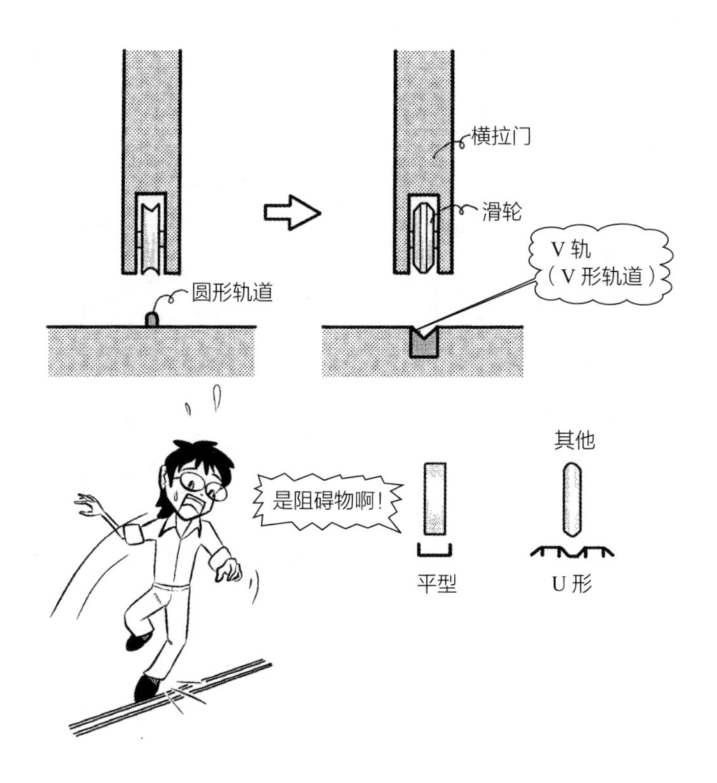


- V 轨埋入地板时，基础材要使用坚硬的材料。否则当基础下陷时，轨道也会跟着弯曲，门就无法平顺地滑动了。

---

**问：** 如何悬吊横拉门？

**答：** 使用悬吊构件和专用轨道。

悬吊构件附有滑轮，让横拉门可以在轨道上滑动。由于地板不会承受重量，滑动较平顺。这种轻巧的设计也用在医院或适老化设施的横拉门、收纳式折叠门。

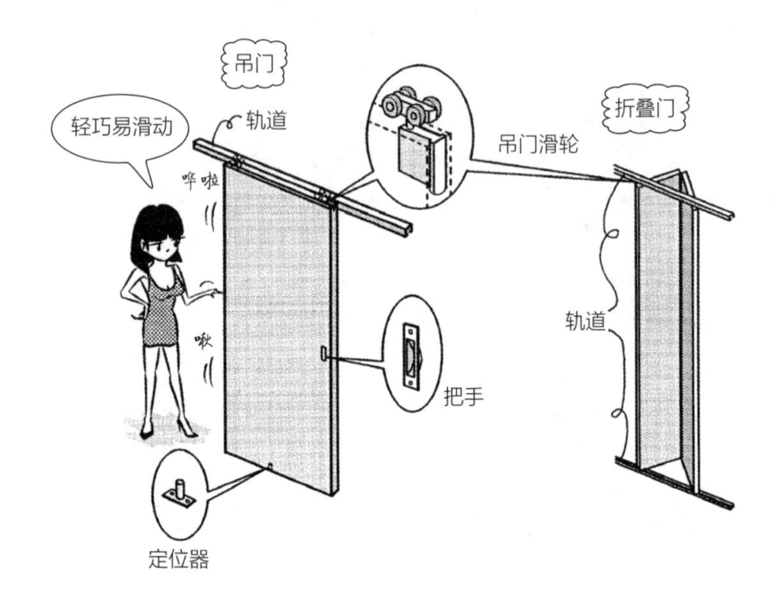


- 为了让横拉门保持直立，地板上需要安装一凸起点。折叠门大多直接在下方设置轨道。

**问：** 住宅用窗帘盒需要多大呢？

**答：** 如下图，宽 150 mm，高 100 mm 左右。

由于要安装蕾丝和遮光帘用的两组轨道，因此宽度需要 120 ~ 150mm。另外为了隐藏轨道等，高度需要 50 ~ 100 mm。

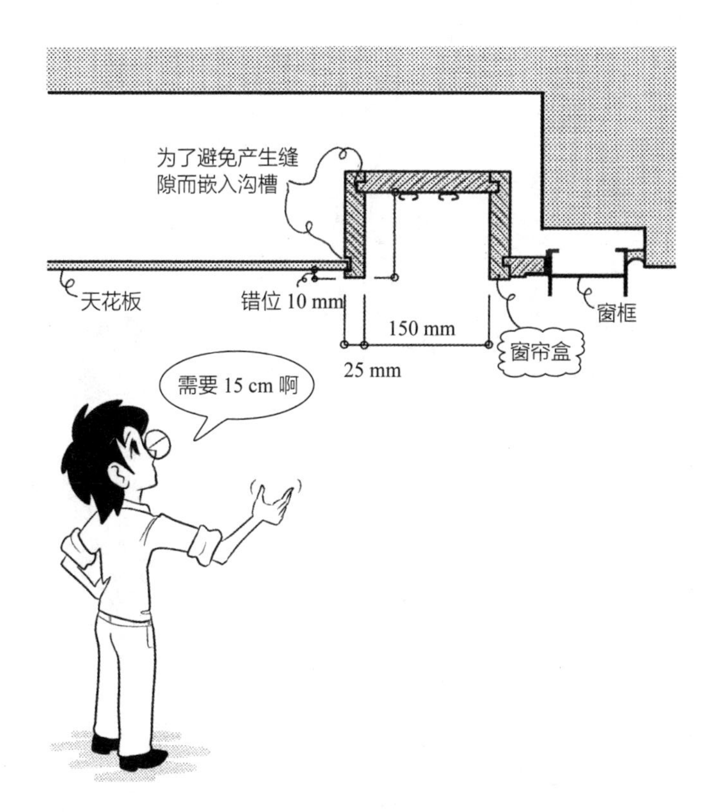


- 悬挂较厚重的窗帘（幔帐）时，宽度需要 180 mm 左右。
- 使用木材制作时，板材与门框、窗框一样是 25 mm 左右的厚度。另外也有铝制的预制品。
- 若是木制，还有两种形式可选择，一种是使用油性着色清漆（oil stain clear lacquer，OSCL）让木纹更加明显，另一种是使用合成树脂调合漆（synthetic resin oil paint，SOP）上色来隐藏木纹。

**问：** 幔帐是什么？

**答：** 厚布料窗帘。

以厚重布料做的窗帘称为幔帐，但其厚重程度并无明确定义。除了蕾丝窗帘之外，日本也常用幔帐。

● 纱帘、窗帘使用不同于蕾丝的编织物，是以通透性较高的薄织物制成的。

**问：** 窗帘的褶是什么？

**答：** 褶痕、打褶的意思。

褶有各种不同的形式，但最普遍的是两褶式。先将窗帘褶挂在挂钩上，再安装于轨道滑钩。

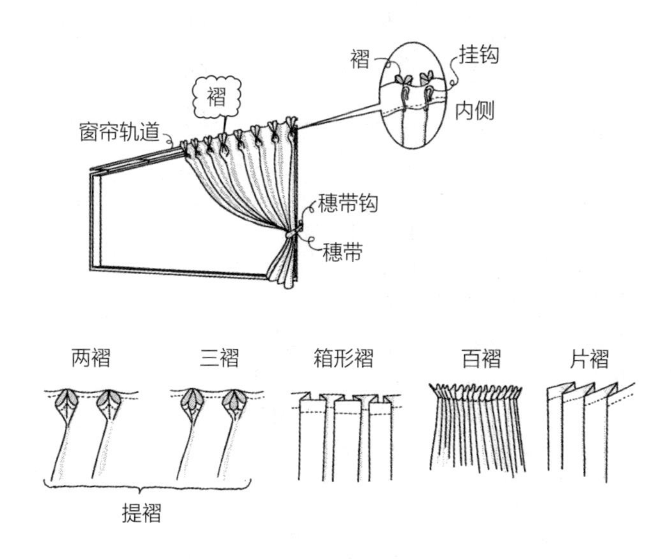


- 两褶、三褶统称为提褶，做成箱形为箱形褶，将窗帘全部聚集在一起为百褶，朝单一方向打褶则为片褶。
- 用以围束窗帘的物件称为穗带，固定穗带的构件为穗带钩。
- 除了一般的 C 形钩之外，窗帘轨道也可以使用圆形断面的窗帘杆。窗帘杆上使用环形滑钩。

**问：** 窗帘有哪些开法？

**答：** 双开、单开、中央交叉、全体交叉等。

除了一般的双开、单开之外，也有让上半部以交叉方式作为装饰的形式。窗帘的上半部有时会安装称为“上盖”的短装饰。

- 依据选择的窗帘材质或褶的不同，可分为遮光窗帘、隔声窗帘、吸声窗帘等，功能各异。

**问：** 罗马帘是什么？

**答：** 如下图，窗帘布以折叠方式上下升降开关的遮帘。

依据折叠方式的不同，有简约式、平坦式、气球式、奥地利式、草原式、孔雀式等罗马帘类型。

- 由于罗马帘是利用绳索进行升降，用在大型窗户上时，开关比较困难，因此一般多用于小型窗户。

**问：** 百叶窗有哪些类型？

**答：** 依据叶板走向，分为水平型百叶窗（横型百叶窗，或直接称为威尼斯百叶窗）、垂直型百叶窗（纵型百叶窗），以及布料向上卷的卷帘等。

---

水平叶板的横型百叶窗最容易调整日照强度。

- blind 的原意为“目盲、看不见”的意思，Venetian 为威尼斯的，vertical 为垂直的，roll 则是卷状的。在日本，室内装修领域常使用许多外来语译音，因为这样的说法感觉比较时尚。

**问：** 吊灯是什么？

**答：** 从天花板悬吊而下的照明器具。

pendant 的原意是脖子上的吊饰，照明中是指悬吊在天花板上的灯具。

- 悬挂吊灯时经常使用只要嵌入后拧紧就可固定的悬挂构件，也有从电源盒进行配线的情况。如果安装在桌子上方，吊灯大概需要悬挂在 1500 mm 左右的高度，若下方没有家具则需要超过 2000 mm，以免撞到头。
- 吸顶灯是直接安装在天花板上的照明器具，一般不是指吊灯。

**问：** 安装在天花板或墙壁上的照明器具有哪些？

**答：** 如下图，天花板里埋设型照明、天花板直接安装型照明（天花板灯）、嵌灯、壁灯等。

嵌灯是灯泡安装在圆筒形器具内的埋设型照明器具，非常普及。

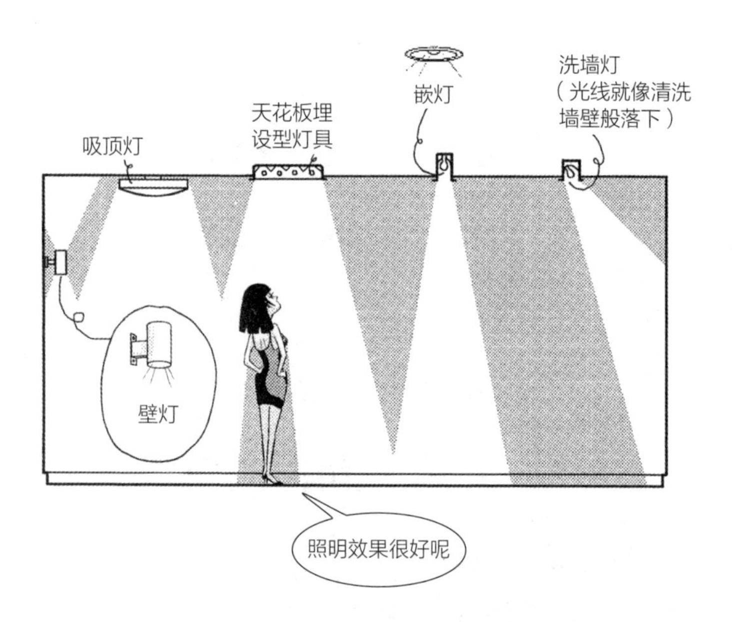


- 如果嵌灯的光线方向朝向墙壁侧，就形成洗墙灯，光线就像清洗墙壁般落下。如此一来，墙壁或窗帘的垂直面会变得很光亮，增加外观的明亮度并凸显设计效果。
- 普通灯泡可利用开关改变电流，让灯具具有调光机能。荧光灯泡常与嵌灯的电灯泡并用，两者产生混合光线，同时展现出荧光灯泡的明亮感及电灯泡的舒适感。
- 照明设备（照明管、管道轨、配线管）常安装在天花板或墙壁，有时也会安装聚光灯等。灯具的数量或位置可以改变，非常便利。

**问：**间接照明是指什么？

**答：**光先打到墙壁或天花板等处再反射出来的照明方法。

虽然经常采用的方式是将照明器具安装在长押部分往天花板照射，但还有其他许多设计尝试，包括往墙壁照射、往地板照射、往植栽照射，或是照射植栽后方的墙壁而投射出植栽剪影等。

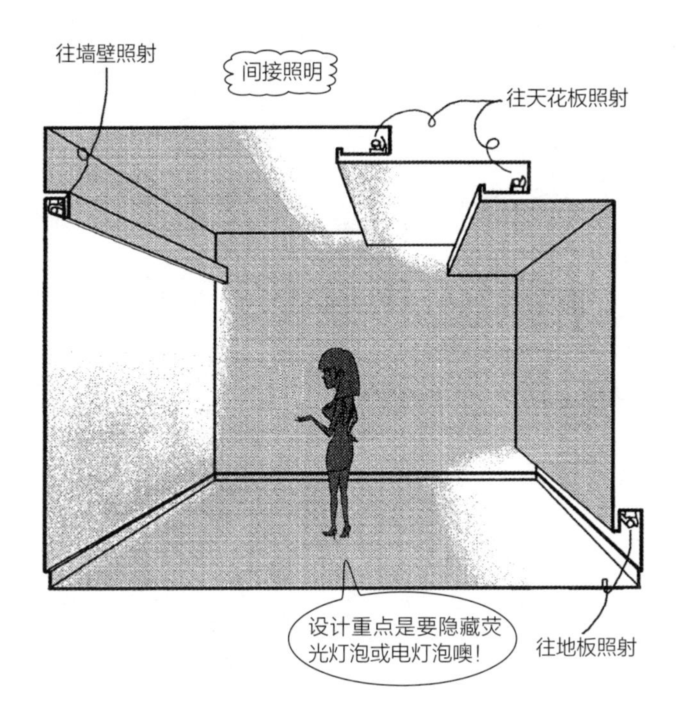


- 设计间接照明时，就是要将电灯泡或荧光灯泡隐藏起来。
- 往线板下方墙壁照射的方式称为线板照明，从长押上方墙壁照射则为凹圆线脚照明。
- 立灯、吊灯等照明器具，也都是先往天花板或灯罩等照射后，再以间接照明方式进行打光。

问：如何隐藏天花板埋设型照明与板材孔洞之间的缝隙？

答：利用器具的边缘来隐藏。

具有这种作用的边缘称为镶边、翼缘、凸缘等。嵌灯、天花板埋设型荧光灯、天花板埋设型换气扇、天花板埋设型空调等，与天花板的接触部分都附有边缘，用以隐藏开设大孔洞造成的缝隙或板材的切口。

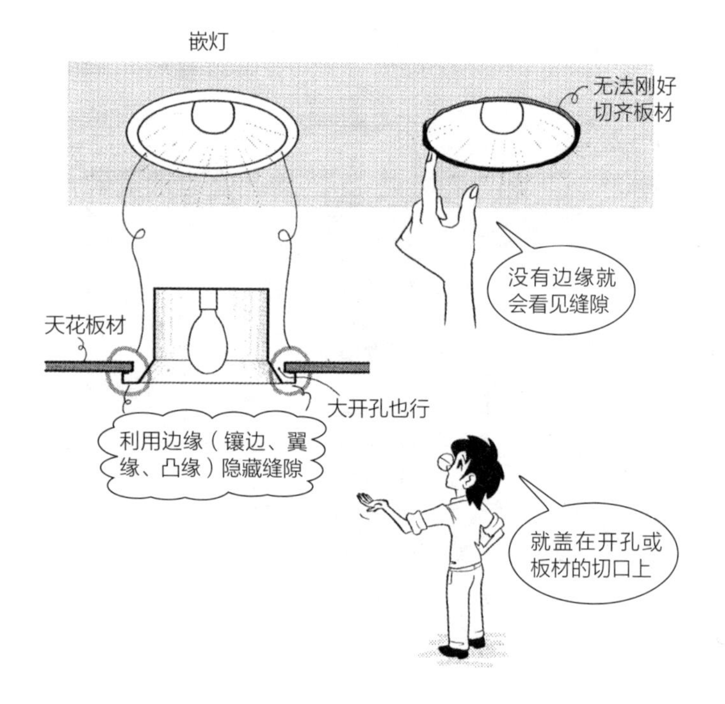


- 嵌灯是指将装入灯泡的圆筒形器具埋设在墙壁中的照明。这种灯具可能得名自其向下照明的方式。在天花板开设圆形孔洞，就可以在中间看见电灯泡。
- 天花板埋设型换气扇在替换换气扇时，会用比换气扇大一些，附有格栅（格子状孔洞）的盖子从下方覆盖起来。

**问：** 如何隐藏住宅用空调设备或通风套管与板材之间的缝隙？

**答：** 利用套管帽的边缘来隐藏。

sleeve 原意为西装的袖子，如同穿过袖子的手腕般，意指空调用冷媒管、电缆线、排水管等通过的洞。住宅的空调设备用或通风用套管（套筒）直径为 60 ~ 100 mm，也有专用的树脂制或不锈钢制套管帽。套管帽附有边缘，可用以隐藏圆筒形的筒与板材开洞之间的缝隙。

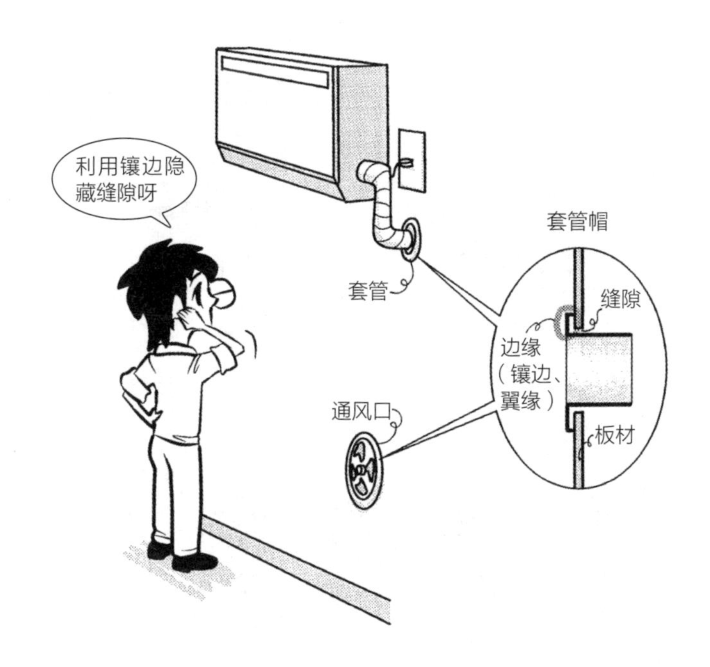


- 需要在板材上开设孔洞加以收纳的器具包括嵌灯、天花板埋设型照明、天花板埋设型换气扇、天花板埋设型空调、插座、开关、套管灯，这些都附有边缘（镶边、翼缘），可作为盖子将开孔的缝隙隐藏起来。

**问：** 如何处理开关、插座与板材孔洞之间的缝隙？

**答：** 装修完工后，利用开关、插座的盖板来遮盖隐藏。

安装开关盒时，施工顺序如下：①在板材上开设孔洞，进行涂装、贴壁纸等加工；②安装设置插座器具等的安装架；③安装盖板框架；④安装盖板。若为翻修工程，只要先将盖板拆下，进行替换、涂装等作业，施工完成后将盖板装回去即可。盖板还可以隐藏装修缺点。

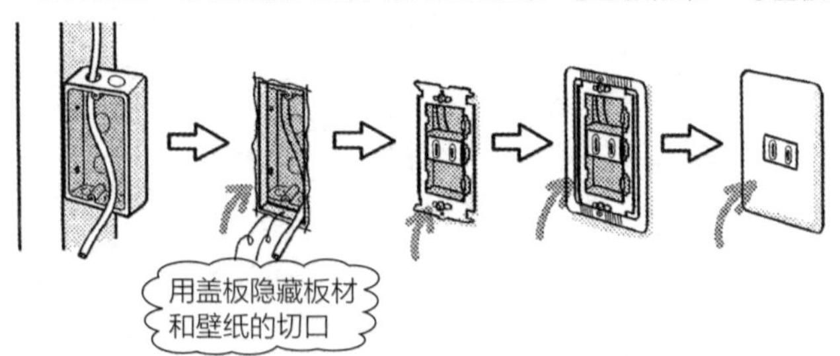


- 塑料制开关盖板最便宜又普遍，也有金属制、陶制、木制等。另外还有绘有图案的样式。插座、开关的形状是相同的，两者的盖板可以通用。